建筑物抗震构造设计详图与实例

（多层、高层钢筋混凝土结构）

徐斌　孙磊　韩玲　等编著

中国建筑工业出版社

图书在版编目(CIP)数据

建筑物抗震构造设计详图与实例(多层、高层钢筋混凝土结构)/徐斌，孙磊，韩玲等编著. —北京：中国建筑工业出版社，2014.9
ISBN 978-7-112-17095-1

Ⅰ.①建… Ⅱ.①徐…②孙…③韩… Ⅲ.①多层结构-钢筋混凝土结构-抗震设计-防震设计②高层结构-钢筋混凝土结构-抗震结构-防震设计 Ⅳ.①TU973

中国版本图书馆 CIP 数据核字(2014)第 152251 号

本书将《建筑工程抗震分类标准》GB 50223—2008、《建筑抗震设计规范》GB 50011—2010、《混凝土结构设计规范》GB 50010—2010、《高层建筑混凝土结构技术规程》JGJ 3—2010 以及其他新编规范的相关设计原则、设计方法，特别是构造措施方面的内容进行了归纳。内容包括：多层和高层建筑结构抗震设计准则及概念设计、材料及一般构造要求、框架结构、剪力墙结构、框架-剪力墙结构（钢支撑-框架结构）、板柱-剪力墙结构、部分框支剪力墙结构、简体结构、楼梯、非结构构件、复杂高层建筑结构构造设计及实例、楼板的抗震设计及构造做法，每章均配有构造图示和实际工程图纸及照片。

本书可供建筑结构设计人员、施工及监理等人员使用，也可供大专院校建筑结构专业师生参考。

责任编辑：张伯熙　杨　杰　万　李
责任设计：张　虹
责任校对：张　颖　王雪竹

建筑物抗震构造设计详图与实例

（多层、高层钢筋混凝土结构）

徐斌　孙磊　韩玲　等编著

*

中国建筑工业出版社出版、发行（北京西郊百万庄）
各地新华书店、建筑书店经销
北京科地亚盟排版公司制版
北京建筑工业印刷厂印刷

*

开本：787×1092毫米　1/16　印张：15¾　字数：392千字
2014年12月第一版　　2016年2月第二次印刷
定价：**42.00**元
ISBN 978-7-112-17095-1
(25869)

前　言

我国是一个地震灾害频发的国家，进入 21 世纪以来，据不完全统计，截止到 2013 年底，我国境内（包括台湾及台湾附近海域）共发生 6 级以上的地震 66 次，其中，发生 7 级以上的地震 7 次，2008 年四川汶川地震达到 8 级，2010 年青海玉树地震为 7.1 级。说明我国目前已进入地震活动的活跃期，地震形势严峻，防震减灾任务艰巨。我国历史上历次大地震都造成了大量人员伤亡和严重的财产损失。由于地震具有突发性和不可预测性，人类至今对地震的成因和规律认识得还很不够。在无法准确预测地震的情况下，我们可以做的就是保证建筑物具有一定的抗震性能，从而保证人民生命财产安全。建筑物的抗震设计就成了防震减灾的重要环节。

我国现阶段的抗震设防目标要求是："小震不坏、中震可修、大震不倒"，即"三水准"抗震设防目标。并通过"两阶段（弹性、弹塑性）"设计实现三个水准的设防目标。对于大多数建筑结构而言，一般只需要进行多遇地震（小震）的地震动参数进行弹性地震作用计算，通过考虑承载力调整的结构构件承载力验算，满足"小震不坏、中震可修"，通过概念设计和抗震构造措施来满足"大震不倒"的设计要求。在计算机技术发达，计算性能日益强大的今天，应用计算机技术已经可以分析更复杂的建筑结构，也能够进行结构弹性、弹塑性分析。然而，地震作用的不确定性，使得抗震设计不能完全依赖计算，构造措施在保证建筑物的抗震性能方面有着非常重要的作用。

我国与建筑结构相关的设计标准、规范很多，多层和高层建筑钢筋混凝土结构的设计，涉及多本国家标准和行业标准，为方便设计人员和施工人员的使用，本书希望编写成一部混凝土结构抗震构造方面的工具书。为了便于查阅，本书将《建筑工程抗震分类标准》GB 50223—2008、《建筑抗震设计规范》GB 50011—2010、《混凝土结构设计规范》GB 50010—2010、《高层建筑混凝土结构技术规程》JGJ 3—2010 等其他相关新编规范的相关设计原则、设计方法，特别是构造措施方面的内容整合在一起。使用者在碰到混凝土结构构造方面的问题可以快速查阅，免去翻阅大量不同规范和图集的烦恼。内容包括：多层和高层建筑结构抗震设计准则及概念设计、材料及一般构造要求、框架结构、剪力墙结构、框架-剪力墙结构（钢支撑-框架结构）、板柱-剪力墙结构、部分框支剪力墙结构、筒体结构、非结构构件、复杂高层建筑结构构造设计与实例等，配有构造图示和实际工程图纸及照片。

本书在编写过程中还参考了《建筑物抗震构造详图》11G329—1、《混凝土结构施工图平面整体表示方法制图规则和构造详图》11G101—1 等国家建筑标准图集。本书的主要内容均来源于新版规范，做了一些图示和引申，为多层和高层混凝土结构的抗震构造，不涉及地震作用计算和结构承载力的计算。

　　本书可供建筑结构设计人员、施工及监理等人员使用和大专院校建筑结构专业师生参考。

　　本书主要编写人有：徐斌、孙磊、韩玲、闵宗军、闫莹等，李会珍、陆宜倩、刘景波等绘制了本书的插图。

目　　录

第 1 章　多层和高层建筑结构抗震设计准则及概念设计

1.1　地震及地震作用

1.1.1　地震动

地震动是地球表层的震动。大多数地震是由于地壳运动产生的一直自然现象，就是所谓天然地震，另外一些人为的因素也会引起地表震动，称为人工地震。人们通常所说的地震是指能够形成灾害的天然地震，这种地震的破坏力非常强，却又无法预测。

地球上每天要发生上万次地震。不过它们之中绝大多数不能造成危害，人们甚至感觉不到，须用地震仪才能记录下来。真正能对人类造成严重危害的地震，全世界每年大约有一二十次。

（1）地震的类型与成因

地震可分为天然地震和人工地震两大类。天然地震根据其成因一般认为主要是三类：构造地震、火山地震、塌陷地震。人工地震，主要指大型水库蓄水、矿山开采、地下化学装置或核装置的爆炸引起的地震。人工地震一般不会太强烈，很少引起较大的破坏。天然地震中的火山地震和塌陷地震的强度和影响范围都比较小，一般不会造成严重的地震灾害。构造地震是世界上大多数地震的诱发因素，是造成地震灾害的主要地震。

构造地震是地震研究的主要对象。构造地震是指由于板块构造活动及断裂构造活动所产生的地震，其数量占全球发生地震总数的90％以上。

地球最外层的地壳由欧亚板块、太平洋板块、美洲板块、非洲板块、印澳板块和南极板块六大板块组成。地球表面的板块漂移，相邻板块之间的挤压、碰撞致使板块边缘破碎、滑动，使得长时间聚集的能量瞬间释放引起地震。大多数地震集中发生在板块边缘，也有发生在板块中间的地震。板块中间发生的地震，称为板内地震，板内地震的强度大，破坏作用也大。地球上地震分布集中的地带通常称为地震带，主要是三大地震带：环太平洋地震带、欧亚地震带、海岭地震带。环太平洋地震带，分布在太平洋周围，从南美洲、北美洲的太平洋沿岸、阿留申群岛、堪察加半岛、日本列岛至我国台湾省，经菲律宾群岛直到新西兰。环太平洋地震带是全球分布最广、地震发生最多发的地震带。环太平洋地震带上所发生的地震释放的能量总和约占全球所有地震所释放的能量总和的75％；欧亚地震带，自地中海向东，经中亚至喜马拉雅山，然后向南经我国横断山脉，过缅甸，呈弧形转向东，至印度尼西亚。海岭地震带，分布在太平洋、大西洋、印度洋中的海岭地区（海底山脉）。环太平洋地震带和欧亚地震带是地球上两个较活跃的地震带。

地震成因的宏观背景一般认为是地壳板块的构造运动。地幔的对流使得地壳板块相遇时挤压引起地壳岩层的破裂引发地震。地震成因的局部的机理是地壳运动产生的能量在岩层断裂带附近长期积累，当能量超过一定程度时，引起两侧岩体发生错动，地震瞬间发生，大量能量瞬间释放。

（2）中国地震的特点

中国位于欧亚板块的东南端，是一个地震频发的国家，处于世界上最活跃的两大地震带——环太平洋地震带和欧亚地震带之间，地震灾害严重。我国地震灾害特点是地震活动分布广，而且大多数属于浅源构造地震，强度大，造成的危害大。其中，1976 年唐山地震造成 24 万多人死亡，2008 年汶川地震造成 8 万余人死亡，地震是造成死亡人数最多的自然灾害。

1.1.2　地震引起的灾害

地震灾害分为一次灾害和二次灾害，一次灾害是指地震造成的直接灾害，如建筑物倒塌，各种工程设施的破坏、山体滑坡、地基土液化等；二次灾害，又叫次生灾害，如地震引起的火灾、水灾、爆炸、海啸等。

（1）地面运动引起的建筑物和构筑物的破坏

地震灾害大多表现在建筑物和构筑物的大量破坏上。建筑物和构筑物的破坏是造成人员伤亡和财产损失的主要原因。调查和研究建筑物和构筑物的震害特点，对我们从事的建筑抗震设计会有所帮助。

我国房屋建筑以钢筋混凝土结构为主，这类房屋在地震中的表现有以下几个特点：

1）框架结构震害特点主要表现在：框架结构的柱端比梁端破坏严重、边柱和角柱破坏比中柱严重；砌体填充墙较主结构破坏严重，并对主结构造成损害；底层较空旷，上部填充墙较多的上重下轻的框架结构底层框架受损严重；楼梯间的楼梯斜板断裂，由于楼梯间斜板的支撑作用引起框架结构刚度不均匀产生结构扭转，引起的扭转破坏；在长、短柱结合的框架结构，中短柱破坏严重；梁柱节点产生剪切破坏；同时，由于框架结构的结构累积损伤较砖石结构突出，薄弱层塑性变形的集中往往导致结构局部或整体倒塌。

2）剪力墙结构和框架-剪力墙结构的震害较框架结构轻。剪力墙结构的震害主要表现在连梁的破坏上，在强震下也会发展成墙体开裂现象。

3）薄弱层破坏，1995 年日本阪神地震中发现大量建筑中间层破坏，其主要原因就是结构沿竖向的刚度和承载力突变引起的破坏。

4）相对于上部结构来说，地下室部分的震害往往比地上建筑破坏程度轻。

（2）地表破坏

地表的破坏主要是地震区断层破裂造成的地陷、地裂、山体滑坡、砂土液化等。地表的破坏可以直接导致地面建筑破坏，也可导致地下管线等地下设施的破坏。

（3）次生灾害

历次地震都会引起地震次生灾害，其主要形式有火灾、水灾、爆炸、海啸、瘟疫等。2008 年汶川地震造成的泥石流将北川县城大面积埋没。

1.1.3　地震震级与地震烈度

（1）地震的震级

地震震级是衡量地震本身大小的指标。它与震源释放出来的能量大小有关，震级的高低是衡量一次地震释放能量多少的尺度。常用的震级为里氏震级。震级通常是通过地震仪记录到的地面运动的振动幅度来测定的。一次地震只有一个震级。震级越高，表明震源释放的能量越大；震级相差一级，能量相差 30 多倍。

（2）地震烈度

地震烈度是反映某一地区地表和各种建筑物受到一次地震影响的平均强弱程度和破坏程度的一个指标，简称烈度。这个指标反映了地震在一定地区引起地震动强度的总体平均水平，是地震破坏作用的总体评价。

地震烈度作为一定范围内地震影响强弱的总体评价，是一种定性的、宏观的、综合的等级概念。以当前的地震研究水平，还不能从地震烈度上来区分地震动各种作用的量化指标。从工程抗震的角度出发，我国规范把地震烈度作为联系地震动，尤其是地面运动的峰值加速度的一个量化指标。

（3）地震震级与烈度的关系

地震震级与地震烈度是两个完全不同的概念。地震震级反应地震释放能量的大小，而地震烈度反映了遭遇地震时某一地区受到地震影响的强弱。烈度与地震的震级、震中距、传播介质和场地土质有关，一次地震后不同地点的地震烈度是不同的。因此，一次地震只有一个震级，而烈度则各地不同。一般而言，震中地区烈度最高，随着震中距加大，烈度逐渐减小。

（4）地震烈度评定

我国的地震烈度是根据《中国地震烈度表》GB/T 17742—2008 评定，地震烈度按表1.1-1 划分地震烈度等级。

中国地震烈度表　　　　　　　　　　　　　　　　表 1.1-1

地震烈度	人的感觉	房屋震害			其他震害现象	水平向地震动参数	
		类型	震害程度	平均震害指数		峰值加速度 (m/s²)	峰值速度 (m/s)
Ⅰ	无感	—	—	—	—	—	—
Ⅱ	室内个别静止中的人有感觉	—	—	—	—	—	—
Ⅲ	室内少数静止中的人有感觉	—	门、窗轻微作响	—	悬挂物微动	—	—
Ⅳ	室内多数人、室外少数人有感觉，少数人梦中惊醒	—	门、窗作响	—	悬挂物明显摆动，器皿作响	—	—
Ⅴ	室内绝大多数、室外多数人有感觉，多数人梦中惊醒	门窗、屋顶、屋架颤动作响，灰土掉落，个别房屋墙体抹灰出现细微烈缝，个别屋顶烟囱掉砖		—	悬挂物大幅度晃动，不稳定器物摇动或翻倒	0.31 (0.22~0.44)	0.03 (0.02~0.04)

续表

地震烈度	人的感觉	房屋震害			其他震害现象	水平向地震动参数	
		类型	震害程度	平均震害指数		峰值加速度（m/s²）	峰值速度（m/s）
Ⅵ	多数人站立不稳，少数人惊逃户外	A	少数中等破坏，多数轻微破坏和/或基本完好	0.00～0.11	家具和物品移动；河岸和松软土出现裂缝，饱和砂层出现喷砂冒水；个别独立砖烟囱轻度裂缝	0.63（0.45～0.89）	0.06（0.05～0.09）
		B	个别中等破坏，少数轻微破坏，多数基本完好				
		C	个别轻微破坏，大多数基本完好	0.00～0.08			
Ⅶ	大多数人惊逃户外，骑自行车的人有感觉，行驶中的汽车驾乘人员有感觉	A	少数毁坏和/或严重破坏，多数中等破坏和/或轻微破坏	0.09～0.31	物体从架子上掉落；河岸出现塌方，饱和砂层常见喷水冒砂，松软土地上地裂缝较多；大多数独立砖烟囱中等破坏	1.25（0.90～1.77）	0.13（0.10～0.18）
		B	少数中等破坏，多数轻微破坏和/或基本完好				
		C	少数中等和/或轻微破坏，多数基本完好	0.07～0.22			
Ⅷ	多数人摇晃颠簸，行走困难	A	少数毁坏，多数严重和/或中等破坏	0.29～0.51	干硬土上亦出现裂缝，饱和砂层绝大多数喷砂冒水；大多数独立砖烟囱严重破坏	2.50（1.78～3.53）	0.25（0.19～0.35）
		B	个别毁坏，少数严重破坏，多数中等和/或轻微破坏				
		C	少数严重和/或中等破坏，多数轻微破坏	0.20～0.40			
Ⅸ	行动的人摔倒	A	多数严重破坏或/和毁坏	0.49～0.71	干硬土上多处出现裂缝，可见基岩裂缝、错动，滑坡塌方常见；独立砖烟囱多数倒塌	5.00（3.54～7.07）	0.50（0.36～0.71）
		B	少数毁坏，多数严重和/或中等破坏				
		C	少数毁坏和/或严重破坏，多数中等和/或轻微破坏	0.38～0.60			
Ⅹ	骑自行车的人会摔倒，处不稳状态的人会摔离原地，有抛起感	A	绝大多数毁坏	0.69～0.91	山崩和地震断裂出现，基岩上拱桥破坏；大多数独立砖烟囱从根部破坏或倒毁	10.00（7.08～14.14）	1.00（0.72～1.41）
		B	大多数毁坏				
		C	多数毁坏和/或严重破坏	0.58～0.80			

续表

地震烈度	人的感觉	房屋震害			其他震害现象	水平向地震动参数	
		类型	震害程度	平均震害指数		峰值加速度（m/s²）	峰值速度（m/s）
XI	—	A	绝大多数毁坏	0.89～1.00	地震断裂延续很长；大量山崩滑坡	—	—
		B					
		C		0.78～1.00			
XII		A	几乎全部毁坏	1.00	地面剧烈变化，山河改观	—	—
		B					
		C					

注：表中给出的"峰值加速度"和"峰值速度"是参考值，括弧内给出的是变动范围。

1.1.4 地震动特性与地震作用的特点

地震作用，指由地震动引起的结构动态作用，分为水平地震作用和竖向地震作用。与静力荷载不同，地震作用属于动荷载。地震作用的特点主要体现在以下几个方面：第一，结构承受的地震作用的大小与结构自身的结构动力特性有关，结构自身的质量和刚度大小直接影响地震作用的强弱。第二，地震作用是一种与时间相关的往复荷载。第三，地震作用有着随机性。地震特性还表现在地震发生的时间、地点、强弱和发生过程的不确定性上。正是由于这种不确定性，一般的建筑物和构筑物都无法保证不在未来的强震中发生破坏。一般来讲，地震动的主要特性可以通过地震动幅值、地震动频谱和持续时间等主要要素来描述。

（1）地震动幅值

地震动幅值可以用地面加速度、速度、位移等描述。一般工程上采用地面加速度峰值来计算结构的惯性力。加速度的大小与地震的强度有关，与震中距有关。地震动幅值与烈度相类似，随震级和震中距的变化而变化。

（2）地震动频谱

震害现象表明，峰值加速度大小并不是造成震害大小的唯一因素，有些震害调查表明，较小的峰值加速度却造成非常严重的震害。说明地震动频谱特性，会对某些地区、某些结构进行有"选择的破坏"。不同的地震波周期分量对不同结构有着不同的影响。一般来讲，震级大、震中距远、软土地基上的地震波长周期分量越显著。

（3）地震动持时

地震的持续时间对结构的破坏有着重要的影响。一般来讲，很少有建筑在地震开始的瞬间倒塌。结构在遭受地震作用冲击时，从局部构件的破坏开始到整个结构倒塌会有一个过程。混凝土结构从初裂开始，结构要遭受多次往复振动，结构从弹性进入弹塑性，在往复荷载作用下，结构塑性变形和能量损耗的累积最终发生倒塌破坏。

地震作用是一种不规则的往复荷载，不仅与地震作用峰值有关，还与地震动作用的持续时间有关。结构破坏也不仅仅与承受的最大荷载有关，还与结构变形和损伤积累有关。

1.2 抗震设防目标

1.2.1 "三水准"的抗震设防目标

（1）"三水准"的设防目标

《建筑抗震设计规范》GB 50011—2010 总则 1.0.1 条规定我国建筑抗震设防目标是："当遭受低于本地区抗震设防烈度的多遇地震影响时，主体结构不受损坏或不需修理可继续使用；当遭受相当于本地区抗震设防烈度的设防地震影响时，可能发生损坏，但经一般性修理仍可继续使用；当遭受高于本地区抗震设防烈度的罕遇地震影响时，不致倒塌或发生危及生命的严重破坏。"这就是通常所说的"三水准的设防目标"即"小震不坏，中震（设防烈度地震）可修，大震不倒"。

"三水准"的设防目标是在《建筑抗震设计规范》GBJ 11—89 中确立的，一直延续至《建筑抗震设计规范》GB 50011—2010。自 1989 年《建筑抗震设计规范》GBJ 11—89 发布以来，按技术标准设计的所有房屋建筑，均应达到"多遇地震不坏、设防地震可修和罕遇地震不倒"的设防目标。2008 年汶川地震表明，凡是严格按照现行抗震规范进行设计、施工和使用的房屋建筑，均达到了规范规定的设防目标，在遭遇到高于地震区划图一度的地震作用下，没有出现倒塌破坏——实现了生命安全的目标。

（2）三水准对应的地震作用水平，按地震概率的统计分析，按三个不同的超越概率水平区分为三个烈度水准

第一水准烈度（小震）：50 年内超越概率为 63% 的地震烈度为对应于统计"众值"烈度，重现期 50 年，称为"多遇地震"。比基本烈度约低一度半。

第二水准烈度（中震）：50 年超越概率 10%，重现期 475 年的地震烈度，称为"设防烈度"。

第三水准烈度（大震）：50 年超越概率 2%～3% 的地震烈度，重现期 1641～2475 年，称为"罕遇地震"。

（3）对应于三个地震烈度水准的建筑物性能要求（设防目标）

"小震不坏"，当建筑物遭遇第一水准烈度（多遇地震）影响时，建筑处于正常使用状态，结构视为弹性体系，采用弹性反应谱进行弹性分析，满足多遇地震下的承载力要求，此时建筑弹性变形不超过规定的限值。

"中震可修"，当建筑遭遇第二水准烈度（设防地震）影响时，建筑结构进入非弹性阶段，但非弹性变形或结构体系的损坏控制在可修复范围。

"大震不到"，当遭遇高于本地区规定设防烈度的第三水准烈度（罕遇地震）影响时，建筑可能产生较严重的破坏，但不致倒塌或发生危及生命的严重破坏。"大震不倒"要求建筑要具有足够的延性和变形能力，其弹塑性变形不能超过规定的弹塑性变形限值的要求。

1.2.2 两阶段的设计方法

我国抗震设计从 1989 年版规范开始就制定了用三个不同概率水准抗震设防要求，通

过两阶段设计实现"小震不坏、中震可修、大震不倒"的设防目标。两个阶段也就是我们通常所说的弹性阶段和弹塑性阶段。

（1）第一阶段（弹性阶段）

第一阶段设计是承载力验算，按多遇地震的地震动参数，对结构进行弹性阶段的整体抗震分析，得出地震作用，进行多遇地震下的承载力验算，以及结构在弹性状态下的变形验算。

多遇地震下的承载力验算：地震动参数取 50 年超越概率 63% 的第一水准烈度，进行结构内力分析，采用《建筑结构可靠度设计统一标准》GB 50068 规定的分项系数设计表达式进行结构构件的截面承载力抗震验算，结构满足承载力极限状态要求。

变形验算：进行多遇地震下的弹性变形计算，层间变形满足正使用极限状态要求，防止多遇地震下结构和非结构构件等发生破坏。

（2）第二阶段（弹塑性阶段）

第二阶段设计是弹塑性变形验算，按罕遇地震的地震动参数，进行结构弹塑性（非线性）分析，验算结构在罕遇地震下的变形。对地震时易倒塌的结构、有明显薄弱层的不规则结构以及有专门要求的建筑，除进行第一阶段设计外，还要进行结构薄弱部位的弹塑性层间变形验算并采取相应的抗震构造措施，实现第三水准的设防要求。最终要满足"大震不倒"的要求。

对于大多数建筑结构，高度和规则性符合规范适用范围，即"不超限"的建筑结构。一般只需要进行第一阶段弹性阶段的计算分析，考虑各种分项系数、荷载组合系数进行结构和构件的内力组合，通过承载力调整的抗震措施进行结构承载力验算和构件设计，并满足结构弹性变性要求，满足第一水准的设防目标要求。通过抗震措施和抗震构造措施保证结构延性要求，满足第二水准和第三水准的要求，实现"中震可修"和"大震不倒"。规范并不要求所有建筑结构都进行第二阶段的结构弹塑性分析。

对于需要进行弹塑性分析的钢筋混凝土结构有以下几种：7～9 度的框架结构、甲类建筑和 9 度的乙类建筑，以及超限高层建筑结构。弹塑性分析，按 50 年超越概率 2～3 的罕遇地震动参数，进行结构弹塑性变形计算，分析确定结构薄弱层，控制层间弹塑性位移，防止结构在罕遇地震下倒塌，保证人员安全。

1.3　抗震设防分类

建筑结构抗震设计时，除了要考虑建筑所在地的基本设防烈度外，还要根据建筑物的使用功能和重要性，采取不同的标准，使得比较重要或者受灾后会产生严重后果的建筑具有比大多数建筑更高的抗震性能。这就是我国抗震规范中的两个重要概念："抗震设防烈度"和"抗震设防标准"。

我国抗震减灾政策的一个特点就是按照遭受地震破坏后可能产生的后果，即造成人员伤亡、经济损失的大小、对社会造成的影响程度，以及建筑物在抗震救灾中的作用等，将建筑工程划分为不同的类别，针对不同的类别区别对待，采取不同的设计要求，达到既能减轻地震灾害，又能合理控制建设投资的目的。

提高建筑物抗震安全性的设计方法有很多种。通过提高地震作用可以提高结构的抗震安全性能，比如：基本烈度为 7 度，计算时按 8 度计算，加大了设计的地震作用，从而提高了结构的抗震性能。但是，提高地震作用，会使全楼上下各个构件承受的地震作用而产生内力统统予以加大，结构的各部分构件的材料用量都会加大。另外，在构件截面和配筋都加大了的同时，如果忽略结构构造措施，结构安全性和结构的延性不一定有较大提高，经济效果也不好。我国规范针对不同建筑，根据其重要性程度，采取分别提高或同时提高地震作用和提高抗震措施的方法来保证结构的抗震性能。比如，对于特殊设防类（甲类）建筑，抗震设计时要同时提高抗震措施和地震作用；重点设防类（乙类）建筑只提高抗震措施，不提高地震作用。提高地震作用和提高抗震措施都可以达到提高结构抗震性能的目的，但提高抗震措施，包括地震内力调整和构造措施，是针对结构重要部位或薄弱部位，将有限的材料和资源优先用到加强抗震重要部位和薄弱部位上。与只提高地震作用相比，对提高建筑结构的抗震性能更经济和有效。当然，同时提高地震作用和抗震措施，会大大提高结构的抗震安全性。

我国抗震分类标准规定：抗震设防地区的所有建筑都应确定其抗震设防类别。新建、改建、扩建的建筑工程其抗震设防类别不应低于《建筑工程抗震设防分类标准》的规定。

1.3.1　抗震设防类别

《建筑工程抗震设防分类标准》GB 50233—2008 明确了建筑工程的设防分类和相应的设防分类标准。根据不同性质的建筑在遭受地震损坏对各方面的影响后果的严重性，将建筑工程分为以下四个抗震设防分类：

1）特殊设防类：指使用上有特殊设施，涉及国家公共安全的重大建筑工程和地震时可能发生严重次生灾害等特别重大灾害后果，需要进行特殊设防的建筑。简称甲类。

2）重点设防类：指地震时使用功能不能中断或需尽快恢复的生命线相关建筑，以及地震时可能导致大量人员伤亡等重大灾害后果，需要提高设防标准的建筑。简称乙类。

3）标准设防类：指大量的除 1）、2）、4）款以外按标准要求进行设防的建筑。简称丙类。

4）适度设防类：指使用上人员稀少且震损不致产生次生灾害，允许在一定条件下适度降低要求的建筑。简称丁类。

1.3.2　各抗震设防类别建筑的抗震设防标准

各抗震设防类别建筑的抗震设防标准，应符合下列要求：

1）标准设防类，应按本地区抗震设防烈度确定其抗震措施和地震作用，达到在遭遇高于当地抗震设防烈度的预估罕遇地震影响时不致倒塌或发生危及生命安全的严重破坏的抗震设防目标。

2）重点设防类，应按高于本地区抗震设防烈度一度的要求加强其抗震措施；但抗震设防烈度为 9 度时应按比 9 度更高的要求采取抗震措施；地基基础的抗震措施，应符合有关规定。同时，应按本地区抗震设防烈度确定其地震作用。

3）特殊设防类，应按高于本地区抗震设防烈度提高一度的要求加强其抗震措施；但抗震设防烈度为 9 度时应按比 9 度更高的要求采取抗震措施。同时，应按批准的地震安全性评价的结果且高于本地区抗震设防烈度的要求确定其地震作用。

4）适度设防类，允许比本地区抗震设防烈度的要求适当降低其抗震措施，但抗震设防烈度为 6 度时不应降低。一般情况下，仍应按本地区抗震设防烈度确定其地震作用。

对于划为重点设防类而规模很小的工业建筑，当改用抗震性能较好的材料且符合抗震设计规范对结构体系的要求时，允许按标准设防类设防。

1.3.3 各类建筑的抗震设防类别

《建筑工程抗震设防分类标准》GB 50223 分别对防灾救灾建筑、基础设施建筑、公共建筑和居住建筑、工业建筑、仓储类建筑的抗震设防类别作出了明确规定。以下收录民用建筑中常用的建筑分类：

1. 防灾救灾建筑

（1）医疗建筑的抗震设防类别，应符合下列规定：

1）三级医院中承担特别重要医疗任务的门诊、医技、住院用房，抗震设防类别应划为特殊设防类。

2）二、三级医院的门诊、医技、住院用房，具有外科手术室或急诊科的乡镇卫生院的医疗用房，县级及以上急救中心的指挥、通信、运输系统的重要建筑，县级及以上的独立采供血机构的建筑，抗震设防类别应划为重点设防类。

3）工矿企业的医疗建筑，可比照城市的医疗建筑示例确定其抗震设防类别。

（2）消防车库及其值班用房，抗震设防类别应划为重点设防类。

（3）20 万人口以上的城镇和县及县级市防灾应急指挥中心的主要建筑，抗震设防类别不应低于重点设防类。

工矿企业的防灾应急指挥系统建筑，可比照城市防灾应急指挥系统建筑示例确定其抗震设防类别。

（4）疾病预防与控制中心建筑的抗震设防类别，应符合下列规定：

1）承担研究、中试和存放剧毒的高危险传染病病毒任务的疾病预防与控制中心的建筑或其区段，抗震设防类别应划为特殊设防类。

2）不属于 1）款的县、县级市及以上的疾病预防与控制中心的主要建筑，抗震设防类别应划为重点设防类。

（5）作为应急避难场所的建筑，其抗震设防类别不应低于重点设防类。

2. 公共建筑和居住建筑

（1）体育建筑中，规模分级为特大型的体育场，大型、观众席容量很多的中型体育场和体育馆（含游泳馆），抗震设防类别应划为重点设防类。

大型体育场指观众座位容量不小于 30000 人或每个结构区段的座位容量不小于 5000 人，大型体育馆（含游泳馆）指观众座位容量不小于 4500 人。

（2）文化娱乐建筑中，大型的电影院、剧场、礼堂、图书馆的视听室和报告厅、文化馆的观演厅和展览厅、娱乐中心建筑，抗震设防类别应划为重点设防类。

大型剧场、电影院、礼堂，指座位不少于 1200 座；大型图书馆和文化馆，与大型娱乐中心，指一个区段内上下楼层合计的座位明显大于 1200 座同时其中至少有一个 500 座以上（相当于中型电影院的座位容量）的大厅。这类多层建筑中人员密集且疏散有一定难度，地震破坏造成的人员伤亡和社会影响很大，故提高设防标准。

（3）商业建筑中，人流密集的大型的多层商场抗震设防类别应划为重点设防类。当商业建筑与其他建筑合建时应分别判断，并按区段确定其抗震设防类别。

大型商场指一个区段人流 5000 人，换算的建筑面积约 17000m² 或营业面积 7000m² 以上的商业建筑。这类商业建筑一般需同时满足人员密集、建筑面积或营业面积符合大型规定、多层建筑等条件；所有仓储式、单层的大商场不包括在内。当商业建筑与其他建筑合建时，包括商住楼或综合楼，其划分以区段按比照原则确定。例如，高层建筑中多层的商业裙房区段或者下部的商业区段为重点设防类，而上部的住宅可以不提高设防类别。还需注意，当按区段划分时，若上部区段为重点设防类，则其下部区段也应为重点设防类。

（4）博物馆和档案馆中，大型博物馆，存放国家一级文物的博物馆，特级、甲级档案馆，抗震设防类别应划为重点设防类。

大型博物馆指建筑规模大于 10000m²，一般适用于中央各部委直属博物馆和各省、自治区、直辖市博物馆。

（5）会展建筑中，大型展览馆、会展中心，抗震设防类别应划为重点设防类。

展览馆、会展中心，在一个区段的设计容纳人数一般在 5000 人以上。

（6）教育建筑中，幼儿园、小学、中学的教学用房以及学生宿舍和食堂，抗震设防类别应不低于重点设防类。

为在发生地震灾害时特别加强对未成年人的保护，在我国经济有较大发展的条件下，对所有幼儿园、小学和中学（包括普通中小学和有未成年人的各类初级、中级学校）的教学用房（包括教室、实验室、图书室、微机室、语音室、体育馆、礼堂）的设防类别均予以提高。鉴于学生的宿舍和学生食堂的人员比较密集，也提高其抗震设防类别。

（7）科学实验建筑中，研究、中试生产和存放具有高放射性物品以及剧毒的生物制品、化学制品、天然和人工细菌、病毒（如鼠疫、霍乱、伤寒和新发高危险传染病等）的建筑，抗震设防类别应划为特殊设防类。

在生物制品、天然和人工细菌、病毒中，具有剧毒性质的，包括新近发现的具有高发危险性的病毒，列为特殊设防类，主要考虑该类剧毒性质的传染性，建筑一旦破坏的后果极其严重，波及面很广。

（8）电子信息中心的建筑中，省部级编制和贮存重要信息的建筑，抗震设防类别应划为重点设防类。

国家级信息中心建筑的抗震设防标准应高于重点设防类。

（9）高层建筑中，当结构单元内经常使用人数超过 8000 人时，抗震设防类别宜划为重点设防类。

经常使用人数 8000 人，按《办公建筑设计规范》JGJ 67—2006 的规定，大体人均面积为 10m²/人计算，则建筑面积大致超过 80000m²，结构单元内集中的人数特别多。考虑到这类房屋总建筑面积很大，多层时需分缝处理，在一个结构单元内集中如此众多人数属于高层建筑，设计时需要进行可行性论证，其抗震措施一般需要专门研究，即提高的程度是按整个结构提高一度、提高一个抗震等级还是在关键部位采取比标准设防类建筑更有效的加强措施，包括采用抗震性能设计方法等，可以经专门研究和论证确定，并需按规定进行抗震设防专项审查予以确认。

（10）居住建筑的抗震设防类别不应低于标准设防类。

1.4　建筑抗震概念设计

1.4.1　建筑抗震设计的基本要求

由于地震的不确定性，结构承受的地震作用有很多的规律，以目前的科技水平还无法认知。我们现在的抗震设计理念和设计方法很大程度上来源于历次大地震灾害的经验总结。虽然没有一次地震是相同的，但建筑物在强震作用下的一些破坏特点，对我们抗震设计工作是有很好的指导意义的。

国内外历次大地震灾难的经验教训使人们越来越认识到建筑物抗震概念设计的重要性，概念设计对结构抗震性能起着决定性的作用。结构设计不能仅凭计算，按目前的结构设计计算水平，若结构严重不规则、整体性差，难以仅靠计算来保证结构的抗震性能。结构概念设计主要目的是使整个结构具有整体性，结构整体能共同发挥作用，耗散地震能量，避免出现薄弱部位，地震能量不至于集中在个别构件和薄弱部位，因而产生"各个击破"的现象，导致结构过早破坏。现有的建筑结构抗震设计方法的前提条件就是结构能够整体发挥作用，耗散地震能量。以此为前提，才能通过以"小震"的地震作用进行结构计算分析、构件设计，并通过抗震措施和抗震构造措施，满足"大震不倒"的设防目标。

根据多年来房屋建筑地震灾害特点的启示，建筑抗震设计的基本要求有以下几点：

1）建筑场地要选择对抗震有利的地段，避开对抗震不利地段。

2）建筑设计上平面力求简单、规则，质量和刚度分布均匀。竖向不要有过大的悬挑和收进，避免质量、承载力和刚度沿竖向产生突变。

3）选择合理的抗震结构体系。合理的结构体系应具有合理的、直接的传递竖向力和地震作用的途径。

4）建筑结构要具有整体性和尽量多的冗余度，保证结构的防倒塌性能。

5）结构设有多道抗震防线。

6）非结构构件的布置要考虑对结构的不利影响，非结构构件本身应有足够的抗震性能，并与主体结构有可靠的连接。

1.4.2　混凝土结构抗震设计的基本要求

混凝土结构是我国房屋建筑中最常用的结构形式，我国的抗震规范针对混凝土结构提出了以下设计概念：

1）结构单元之间要么采取牢固连接，要么采取合理分离的方法。

2）尽可能设置多道防线。

3）结构要具有足够的承载能力、刚度、延性和耗能能力。

4）合理布置抗侧力构件，减少地震作用下的扭转效应。

5）结构刚度、承载力沿高度均匀布置，避免刚度和承载力突变造成薄弱部位和薄弱层。

6）结构应有一定的延性和抗倒塌能力。

7）合理控制结构的屈服过程和屈服机制。

8）抗震设计遵行"强柱弱梁、强剪弱弯、强节点弱杆件"的原则。

1.5　抗震措施和抗震构造措施

1.5.1　抗震措施和抗震构造措施

抗震措施和抗震构造措施是两个既有联系又有区别的概念。"抗震措施"是指除地震作用计算和抗力计算以外的抗震设计内容，包括抗震构造措施。"抗震构造措施"是指根据抗震概念设计原则，一般不需计算而对结构和非结构各部分必须采取的各种细部要求。"抗震构造措施"是"抗震措施"的一部分。

混凝土结构的抗震措施，除了包括建筑总体布置、结构选型、地基抗液化措施等，还包括了地震作用内力调整和抗震构造措施。混凝土结构的抗震构造措施有构件尺寸、高厚比、轴压比、纵筋配筋率、箍筋配箍率、钢筋直径、间距等构造和连接要求等，这些会在本书的各章节里详细论述。

1.5.2　提高建筑结构抗震性能的方法和途径

设计工作中为了提高建筑结构的抗震能力通常可以采取两种方法，一是加大设计地震作用的方法，二是提高抗震措施的方法。

（1）加大设计地震作用的方法。

加大设计地震作用就是在承载力设计中人为地放大全楼的地震作用。例如，基本设防烈度为 8 度的建筑，按 9 度的地震作用进行计算承载力，就是加大地震作用的一种方法。还有人把计算的地震作用，成倍数放大，进行结构计算和构件设计。这种做法确实提高了建筑的抗震能力。但是把全楼的地震作用全部放大，就会造成该放大的关键部位和不该放大的非关键部位和非关键构件都予以了加强，会使全楼各个构件的截面和配筋都加大。这种不考虑是否是抗震关键部位和构件，统统放大地震作用的做法不是最经济有效的。

（2）提高抗震措施的方法。

抗震措施包括了内力调整和构造要求。例如，根据不同的抗震等级，对关键部位、薄弱部位，底层的墙体、底层的框架柱的内力予以一定的放大，提高其抗震能力。抗震规范提高抗震措施的方法是将有限的财力和物力用在关键部位，有效提高关键部位和薄弱部位的抗震能力，并通过构造措施保证结构的延性。提高抗震措施是一种提高建筑物抗震性能的经济有效的方法。

只提高地震作用或只提高抗震措施，二者的效果有所不同，但均认为可满足提高抗震安全性的要求；当提高地震作用又提高抗震措施，则结构抗震安全性可有较大程度的提高。

我国抗震设防分类标准根据建筑物的重要性不同，采取了不同的设计方法。对于特殊设防类（甲类）建筑，抗震设计时需要同时提高地震作用和抗震措施。对于重点设防类（乙类）建筑只提高抗震措施，不提高地震作用。

第 2 章　材料及一般构造要求

2.1　混　凝　土

混凝土的种类很多，按胶凝材料的不同，可分为普通混凝土、沥青混凝土、石膏混凝土及聚合物混凝土等。本书中提到的混凝土，是以水泥为主要胶凝材料，按一定比例拌合水、砂、石经过硬化制成的普通混凝土。

目前我国普通混凝土的定义是按干表观密度范围确定的，干表观密度为 2000kg/m³ ～ 2800kg/m³ 的抗渗混凝土、抗冻混凝土、高强度混凝土、泵送混凝土和大体积混凝土等均属于普通混凝土范畴。

2.1.1　混凝土强度等级

混凝土强度是评价混凝土质量的重要指标。我国规范规定混凝土强度等级采用立方体抗压强度标准值（$f_{cu,k}$）确定。立方体抗压强度标准值系指按标准方法制作、养护的边长为 150mm 的立方体试件，在 28d 龄期或设计规定龄期以标准试验方法测得的具有 95% 保证率的抗压强度值。混凝土强度等级是以混凝土英文名称第一个字母 C 加上其立方体抗压强度标准值（N/mm²）来表示，如：C20、C30 等。立方体抗压强度标准值（$f_{cu,k}$）是混凝土各种力学指标的基本代表值。

近年来随着粉煤灰等矿物掺合料在水泥和混凝土中的大量使用，确定混凝土强度等级的试验龄期不仅限于 28d，可由设计人员根据具体情况适当延长。

粉煤灰水泥混凝土具有水化热低、抗水性好、在湿润环境中后期强度增长快，并且对硫酸盐类侵蚀的抵抗能力较强等优点。对于地下室底板、外墙等地下或水中的结构超长、大体积混凝土等，以及对结构裂缝控制较严格的部位，可充分利用其水化热低，前期硬化过程中收缩率低，后期强度提高较快的特点，采用 60d 试验龄期或 90d 试验龄期的混凝土强度等级。

2.1.2　混凝土各项力学指标

（1）混凝土轴心抗压强度的标准值 f_{ck} 应按表 2.1-1 采用；轴心抗拉强度的标准值 f_{tk} 应按表 2.1-2 采用。

混凝土轴心抗压强度标准值（N/mm²）　　　　表 2.1-1

强度	混凝土强度等级													
	C15	C20	C25	C30	C35	C40	C45	C50	C55	C60	C65	C70	C75	C80
f_{ck}	10.0	13.4	16.7	20.1	23.4	26.8	29.6	32.4	35.5	38.5	41.5	44.5	47.4	50.2

混凝土轴心抗拉强度标准值（N/mm²）　　表 2.1-2

强度	混凝土强度等级													
	C15	C20	C25	C30	C35	C40	C45	C50	C55	C60	C65	C70	C75	C80
f_{tk}	1.27	1.54	1.78	2.01	2.20	2.39	2.51	2.64	2.74	2.85	2.93	2.99	3.05	3.11

混凝土强度标准值由立方体抗压强度标准值 $f_{cu,k}$ 经计算确定。

轴心抗压强度标准值 f_{ck} 按 $0.88\alpha_{c1}\alpha_{c2}f_{cu,k}$ 计算。α_{c1} 为棱柱体强度与立方体强度之比：C50 以下普通混凝土取 0.76；对高强混凝土 C80 取 0.82，中间按线性插值；C40 以上考虑脆性折减系数 α_{c2}：对 C40 取 1.00，对高强混凝土取 0.87，中间按线性插值。

轴心抗拉强度标准值 f_{tk} 按 $f_{tk}=0.88\times0.395f_{cu,k}^{0.55}(1-1.645\delta)^{0.45}\times\alpha_{c2}$ 计算，其中系数 0.395 和指数 0.55 为轴心抗拉强度与立方体抗压强度的折算关系。

（2）混凝土轴心抗压强度的设计值 f_c 应按表 2.1-3 采用；轴心抗拉强度的设计值 f_t 应按表 2.1-4 采用。

混凝土轴心抗压强度设计值（N/mm²）　　表 2.1-3

强度	混凝土强度等级													
	C15	C20	C25	C30	C35	C40	C45	C50	C55	C60	C65	C70	C75	C80
f_c	7.2	9.6	11.9	14.3	16.7	19.1	21.1	23.1	25.3	27.5	29.7	31.8	33.8	35.9

混凝土轴心抗拉强度设计值（N/mm²）　　表 2.1-4

强度	混凝土强度等级													
	C15	C20	C25	C30	C35	C40	C45	C50	C55	C60	C65	C70	C75	C80
f_t	0.91	1.10	1.27	1.43	1.57	1.71	1.80	1.89	1.96	2.04	2.09	2.14	2.18	2.22

轴心抗压强度设计值：$f_c=f_{ck}/1.40$。

轴心抗拉强度设计值：$f_t=f_{tk}/1.40$。

（3）混凝土受压和受拉的弹性模量 E_c 宜按表 2.1-5 采用。

混凝土的剪切变形模量 G_c 可按相应弹性模量值的 40% 采用。

混凝土泊松比 υ_c 可按 0.2 采用。

混凝土的弹性模量（×10⁴ N/mm²）　　表 2.1-5

混凝土强度等级	C15	C20	C25	C30	C35	C40	C45	C50	C55	C60	C65	C70	C75	C80
E_c	2.20	2.55	2.80	3.00	3.15	3.25	3.35	3.45	3.55	3.60	3.65	3.70	3.75	3.80

注：1. 当有可靠试验依据时，弹性模量可根据实测数据确定。
　　2. 当混凝土中掺有大量矿物掺合料时，弹性模量可按规定龄期根据实测数据确定。

混凝土的弹性模量 E_c 以其强度等级值（$f_{cu,t}$）为代表，按下列公式计算：

$$E_c=\frac{10^5}{2.2+\dfrac{34.7}{f_{cu,k}}}(\mathrm{N/mm^2})$$

（4）混凝土轴心抗压疲劳强度设计值 f_c^f、轴心抗拉疲劳强度设计值 f_t^f 应分别按表 2.1-3、表 2.1-4 中的强度设计值乘疲劳强度修正系数 γ_ρ 确定。混凝土受压或受拉疲劳强度修正系数 γ_ρ 应根据疲劳应力比值 ρ_c^f 分别按表 2.1-6、表 2.1-7 采用；当混凝土承受拉-压疲劳应力作用时，疲劳强度修正系数 γ_ρ 取 0.6。

疲劳应力比值 ρ_c^f 应按下列公式计算：

$$\rho_c^f = \frac{\sigma_{c,min}^f}{\sigma_{c,max}^f}$$

式中 $\sigma_{c,min}^f$、$\sigma_{c,max}^f$——构件疲劳验算时，截面同一纤维上混凝土的最小、最大应力。

混凝土受压疲劳强度修正系数 γ_ρ 表 2.1-6

ρ_c^f	$0 \leqslant \rho_c^f < 0.1$	$0.1 \leqslant \rho_c^f < 0.2$	$0.2 \leqslant \rho_c^f < 0.3$	$0.3 \leqslant \rho_c^f < 0.4$	$0.4 \leqslant \rho_c^f < 0.5$	$\rho_c^f \geqslant 0.5$
γ_ρ	0.68	0.74	0.80	0.86	0.93	1.00

混凝土受拉疲劳强度修正系数 γ_ρ 表 2.1-7

ρ_c^f	$0 < \rho_c^f < 0.1$	$0.1 \leqslant \rho_c^f < 0.2$	$0.2 \leqslant \rho_c^f < 0.3$	$0.3 \leqslant \rho_c^f < 0.4$	$0.4 \leqslant \rho_c^f < 0.5$
γ_ρ	0.63	0.66	0.69	0.72	0.74
ρ_c^f	$0.5 \leqslant \rho_c^f < 0.6$	$0.6 \leqslant \rho_c^f < 0.7$	$0.7 \leqslant \rho_c^f < 0.8$	$\rho_c^f \geqslant 0.8$	
γ_ρ	0.76	0.80	0.90	1.00	

注：直接承受疲劳荷载的混凝土构件，当采用蒸汽养护时，养护温度不宜高于60℃。

（5）混凝土疲劳变形模量 E_c^f 应按表 2.1-8 采用。

混凝土的疲劳变形模量（$\times 10^4 \text{N/mm}^2$） 表 2.1-8

强度等级	C30	C35	C40	C45	C50	C55	C60	C65	C70	C75	C80
E_c^f	1.30	1.40	1.50	1.55	1.60	1.65	1.70	1.75	1.80	1.85	1.90

（6）当温度在 0～100℃ 范围内时，混凝土的热工参数可按下列规定取值：

线膨胀系数 α_c：$1 \times 10^{-5}/℃$；

导热系数 λ：10.6kJ/(m·h·℃)；

比热容 c：0.96kJ/(kg·℃)。

2.1.3 混凝土强度等级的选用

（1）混凝土结构的混凝土强度等级应按以下标准选用：

素混凝土结构的混凝土强度等级不应低于 C15；钢筋混凝土结构的混凝土强度等级不应低于 C20；采用钢筋强度等级 400MPa 及以上的钢筋时，混凝土强度等级不应低于 C25。

承受重复荷载的钢筋混凝土构件，混凝土强度等级不应低于 C30。

（2）抗震结构的混凝土强度等级应符合下列规定：

框支梁、框支柱以及抗震等级为一级的框架梁、柱、节点核心区，混凝土强度等级不应低于 C30；构造柱、芯柱、圈梁及其他各类构件不应低于 C20。

（3）抗震结构的混凝土强度等级尚宜符合下列要求：

由于高强混凝土具有脆性性质，并且脆性随强度等级的提高而增加，抗震结构中要考虑此因素，对钢筋混凝土结构中的混凝土强度等级有所限制。

混凝土强度等级，抗震墙不宜超过 C60，其他构件 9 度时不宜超过 C60，8 度时不宜超过 C70。

（4）高层建筑混凝土结构宜采用高强高性能混凝土，各类结构用混凝土的强度等级均不应低于 C20，并应符合以下规定：

1）抗震设计时，一级抗震等级框架梁、柱及其节点的混凝土强度等级不应低于 C30；

2）筒体结构的混凝土强度等级不宜低于 C30；

3）作为上部结构嵌固部位的地下室楼盖的混凝土强度等级不宜低于 C30；

4）转换层楼板、转换梁、转换柱、箱形转换结构以及转换厚板的混凝土强度等级均不应低于 C30；

5）预应力混凝土结构的混凝土强度等级不宜低于 C40、不应低于 C30；

6）型钢混凝土梁、柱的混凝土强度等级不宜低于 C30；

7）现浇非预应力混凝土楼盖的混凝土强度等级不宜高于 C40；

8）抗震设计时，框架柱的混凝土强度等级，9 度时不宜高于 C60，8 度时不宜高于 C70；剪力墙的混凝土强度等级不宜高于 C60。

2.1.4　混凝土的耐久性

混凝土结构的耐久性是指混凝土结构或构件在设计使用年限内，在正常维护条件下，不需要进行大修即可满足正常使用和安全功能要求。混凝土的耐久性能包括了抗冻性、抗渗性、抗腐蚀性能、抗碳化性能、抗碱骨料反应及抗风化性能等，其特点是随着时间的推移因材料劣化而引起性能衰减。

耐久性极限状态表现为：钢筋混凝土构件由于钢筋锈蚀表面出现胀裂，结构表面出现酥裂、粉化等现象，进一步发展会对结构承载力产生不利影响，甚至发生破坏。

影响混凝土结构耐久性的因素有混凝土碳化、混凝土的碱骨料反应、混凝土的冻融、钢筋锈蚀、混凝土裂缝、构件表面机械磨损和风化等。由于影响混凝土耐久性的因素比较复杂，不确定性很大，一般建筑结构的耐久性设计只能采用定性的方法解决。结构所处的环境是影响其耐久性的外因。干湿交替的室外、室内、地下水位变动的环境，由于水和氧的反复作用，容易引起混凝土材料劣化，并引起钢筋锈蚀。近海、海滨室外环境，以及盐渍地区的地下结构，由于盐水的作用，会造成混凝土内钢筋的锈蚀。设计时要特别注意采取相应的耐久性措施。

（1）混凝土结构的耐久性根据设计使用年限和环境类别进行设计。

环境类别见表 2.1-9，设计时确定结构所处的环境类别，提出对混凝土材料的耐久性基本要求，确定结构构件钢筋的混凝土保护层厚度，不同环境下的耐久性技术措施，并提出结构使用阶段的检测与维护要求。对临时性混凝土结构，可不考虑耐久性要求。

混凝土结构的环境类别

表 2.1-9

环境类别	条件
一	室内干燥环境； 无侵蚀性静水浸没环境
二 a	室内潮湿环境； 非严寒和非寒冷地区的露天环境； 非严寒和非寒冷地区与无侵蚀性的水或土壤直接接触的环境； 严寒和寒冷地区的冰冻线以下与无侵蚀性的水或土壤直接接触的环境

环境类别	条件
二 b	干湿交替环境； 水位频繁变动环境； 严寒和寒冷地区的露天环境； 严寒和寒冷地区冰冻线以上与无侵蚀性的水或土壤直接接触的环境
三 a	严寒和寒冷地区冬季水位变动区环境； 受除冰盐影响环境； 海风环境
三 b	盐渍土环境； 受除冰盐作用环境； 海岸环境
四	海水环境
五	受人为或自然的侵蚀性物质影响的环境

注：1. 室内潮湿环境是指构件表面经常处于结露或湿润状态的环境。
  2. 严寒和寒冷地区的划分应符合现行国家标准《民用建筑热工设计规范》GB 50176 的有关规定。
  3. 海岸环境和海风环境宜根据当地情况，考虑主导风向及结构所处迎风、背风部位等因素的影响，由调查研究和工程经验确定。
  4. 受除冰盐影响环境是指受到除冰盐雾影响的环境；受除冰盐作用环境是指被除冰盐溶液溅射的环境以及使用除冰盐地区的洗车房、停车楼等建筑。
  5. 暴露的环境是指混凝土结构表面所处的环境。

（2）设计使用年限为 50 年的混凝土结构，其混凝土材料宜符合表 2.1-10 的规定。

结构混凝土材料的耐久性基本要求　　表 2.1-10

环境类别	最大水胶化	最低强度等级	最大氯离子含量（%）	最大碱含量（kg/m³）
一	0.60	C20	0.30	不限制
二 a	0.55	C25	0.20	3.0
二 b	0.50（0.55）	C30（C25）	0.15	
三 a	0.45（0.50）	C35（C30）	0.15	
三 b	0.40	C40	0.10	

注：1. 氯离子含量系指其占胶凝材料总量的百分比。
  2. 预应力构件混凝土中的最大氯离子含量为 0.06%；其最低混凝土强度等级宜按表中的规定提高两个等级。
  3. 素混凝土构件的水胶比及最低强度等级的要求可是当放松。
  4. 有可靠工程经验时，二类环境中的最低混凝土强度等级可降低一个等级。
  5. 处于严寒和寒冷地区二 b、三 a 类环境中的混凝土应使用引气剂，并可采用括号中的有关参数。
  6. 当使用非碱活性骨料时，对混凝土中的碱含量可不作限制。

（3）一类环境中，设计使用年限为 100 年的混凝土结构应符合下列规定：

1）钢筋混凝土结构的最低强度等级为 C30；预应力混凝土结构的最低强度等级为 C40；

2）混凝土中的最大氯离子含量为 0.06%；

3）宜使用非碱活性骨料，当使用碱活性骨料时，混凝土中的最大碱含量为 3.0kg/m³；

4）混凝土保护层厚度应不小于表 2.4-1 中数值的 1.4 倍；当采取有效的表面防护措施时，混凝土保护层厚度可适当减小。

（4）二、三类环境中，设计使用年限 100 年的混凝土结构应采取专门的有效措施。

（5）耐久性环境类别为四类和五类的混凝土结构，其耐久性要求应符合有关标准的规定。

（6）混凝土结构在设计使用年限内还应该建立定期检测、维修制度，结构表面防护层，应按规定维护或更换，出现耐久性缺陷时及时处理。设计中可更换的混凝土构件应按规定更换。

2.2　钢　　筋

2.2.1　钢筋的选用

（1）根据《混凝土结构设计规范》GB 50010，钢筋混凝土结构的钢筋应按下列规定选用：

1）纵向受力普通钢筋宜采用 HRB400、HRB500、HRBF400、HRBF500 钢筋，也可采用 HPB300、HRB335、HRBF335、RRB400 钢筋；

2）梁、柱纵向受力普通钢筋应采用 HRB400、HRB500、HRBF400、HRBF500 钢筋；

3）箍筋宜采用 HRB400、HRBF400、HPB300、HRB500、HRBF500 钢筋，也可采用 HRB335、HRBF335 钢筋；

4）预应力筋宜采用预应力钢丝、钢绞线和预应力螺纹钢筋。

（2）抗震结构所采用的钢筋和钢材的性能指标应达到以下最低要求：

1）抗震等级为一、二、三级的框架和斜撑构件（含梯段），其纵向受力钢筋采用普通钢筋时，钢筋的抗拉强度实测值与屈服强度实测值的比值不应小于 1.25；钢筋的屈服强度实测值与屈服强度标准值的比值不应大于 1.3，且钢筋在最大拉力下的总伸长率实测值不应小于 9%。

2）钢结构的钢材应符合下列规定：

① 钢材的屈服强度实测值与抗拉强度实测值的比值不应大于 0.85；

② 钢材应有明显的屈服台阶，且伸长率不应小于 20%；

③ 钢材应有良好的焊接性和合格的冲击韧性。

3）普通钢筋宜优先采用延性、韧性和焊接性较好的钢筋；普通钢筋的强度等级，纵向受力钢筋宜选用符合抗震性能指标的不低于 HRB400 级的热轧钢筋，也可采用符合抗震性能指标的 HRB335 级热轧钢筋；箍筋宜选用符合抗震性能指标的不低于 HRB335 级的热轧钢筋，也可选用 HPB300 级热轧钢筋。钢筋的检验方法应符合现行国家标准《混凝土结构工程施工质量验收规范》GB 50204 的规定。

其中：HRB500——强度级别为 500N/mm² 的普通热轧带肋钢筋；HRBF400——强度级别为 400N/mm² 的细晶粒热轧带肋钢筋；RRB400——强度级别为 400N/mm² 的余热处理带肋钢筋；HPB300——强度级别为 300N/mm² 的热轧光圆钢筋；HRB400E——强度级别为 400N/mm² 且有较高抗震性能要求的普通热轧带肋钢筋。

2.2.2　钢筋的强度取值

（1）普通钢筋的屈服强度标准值 f_{yk}、极限强度标准值 f_{stk} 应按表 2.2-1 采用；预应力钢丝、钢绞线和预应力螺纹钢筋的极限强度标准值 f_{ptk} 及屈服强度标准值 f_{pyk} 应按表 2.2-2 采用。

普通钢筋强度标准值（N/mm²）   表 2.2-1

牌　号	符　号	公称直径 d（mm）	屈服强度标准值 f_{yk}	极限强度标准值 f_{stk}
HPB300	Φ	6～22	300	420
HRB335 HRBF335	Φ ΦF	6～50	335	455
HRB400 HRBF400 RRB400	Φ ΦF ΦR	6～50	400	540
HRB500 HRBF500	Φ ΦF	6～50	500	630

预应力筋强度标准值（N/mm²）   表 2.2-2

种　类		符　号	公称直径 d（mm）	屈服强度标准值 f_{pyk}	极限强度标准值 f_{ptk}
中强度预应力钢丝	光面螺旋肋	ΦPM	5、7、9	620	800
				780	970
				980	1270
预应力螺纹钢筋	螺纹	ΦT	18、25、32、40、50	785	980
				930	1080
				1080	1230
消除应力钢丝	光面	ΦP	5	—	1570
				—	1860
	螺旋肋	ΦH	7	—	1570
			9	—	1470
				—	1570
钢绞线	1×3（三股）	ΦS	8.6、10.8、12.9	—	1570
				—	1860
				—	1960
	1×7（七股）		9.5、12.7、15.2、17.8	—	1720
				—	1860
				—	1960
			21.6	—	1860

注：极限强度标准值为 1960N/mm² 的钢绞线作后张预应力配筋时，应有可靠的工程经验。

（2）普通钢筋的抗拉强度设计值 f_y、抗压强度设计值 f'_y 应按表 2.2-3 采用；预应力筋的抗拉强度设计值 f_{py}、抗压强度设计值 f'_{py} 应按表 2.2-4 采用。

当构件中配有不同种类的钢筋时，每种钢筋应采用各自的强度设计值。横向钢筋的抗拉强度设计值 f_{yv} 应按表中 f_y 的数值采用；当用作受剪、受扭、受冲切承载力计算时，其数值大于 360N/mm² 时应取 360N/mm²。

普通钢筋强度设计值（N/mm²） 表 2.2-3

牌号	抗拉强度设计值 f_y	抗压强度设计值 f'_y
HPB300	270	270
HRB335、HRBF335	300	300
HRB400、HRBF400、RRB400	360	360
HRB500、HRBF500	435	410

预应力筋强度设计值（N/mm²） 表 2.2-4

种类	极限强度设计值 f_{ptk}	抗拉强度设计值 f_{py}	抗压强度设计值 f'_{py}
中强度预应力钢丝	800	510	410
	970	650	
	1270	810	
消除应力钢丝	1470	1040	410
	1570	1110	
	1860	1320	
钢绞线	1570	1110	390
	1720	1220	
	1860	1320	
	1960	1390	
预应力螺纹钢筋	980	650	410
	1080	770	
	1230	900	

注：当预应力筋的强度标准值不符合表 2.2-2 的规定时，其强度设计值应进行相应的比例换算。

（3）普通钢筋及预应力筋在最大力下的总伸长率 δ_{gt} 不应小于表 2.2-5 规定的数值。

普通钢筋及预应力筋在最大力下的总伸长率限值 表 2.2-5

钢筋品种	普通钢筋			预应力筋
	HPB300	HRB335、HRBF335、HRB400、HRBF400、HRB500、HRBF500	RRB400	
δ_{gt}（%）	10.0	7.5	5.0	3.5

2.2.3 钢筋的弹性模量

普通钢筋和预应力筋的弹性模量 E_s 应按表 2.2-6 采用。

钢筋的弹性模量×10⁵（N/mm²） 表 2.2-6

牌号或种类	弹性模量 E_s
HPB300 钢筋	2.10
HRB335、HRB400、HRB500 钢筋 HRBF335、HRBF400、HRBF500 钢筋 RRB400 钢筋 预应力螺纹钢筋	2.00
消除应力钢丝、中强度预应力钢丝	2.05
钢绞线	1.95

注：必要时可采用实测的弹性模量。

2.2.4 钢筋疲劳强度

普通钢筋和预应力筋的疲劳应力幅限值 Δf_y^f 和 Δf_{py}^f 应根据钢筋疲劳应力比值 ρ_s^f、ρ_p^f，分别按表 2.2-7 及表 2.2-8 线性内插取值。

普通钢筋疲劳应力幅限值（N/mm²）　　　　　　　　　表 2.2-7

疲劳应力比值 ρ_s^f	疲劳应力幅限值 Δf_y^f	
	HRB335	HRB400
0	175	175
0.1	162	162
0.2	154	156
0.3	144	149
0.4	131	137
0.5	115	123
0.6	97	106
0.7	77	85
0.8	54	60
0.9	28	31

注：当纵向受拉钢筋采用闪光接触对焊连接时，其接头处的钢筋疲劳应力幅限值应按表中数值乘以 0.8 取用。

预应力筋疲劳应力幅限值（N/mm²）　　　　　　　　表 2.2-8

疲劳应力比值 ρ_p^f	钢绞线 $f_{ptk}=1570$	消除应力钢丝 $f_{ptk}=1570$
0.7	144	240
0.8	118	168
0.9	70	88

注：1. 当 ρ_{sv}^f 不小于 0.9 时，可不作预应力筋疲劳验算。
　　2. 当有充分依据时，可对表中规定的疲劳应力幅限值作适当调整。

普通钢筋疲劳应力比值 ρ_s^f 应按下列公式计算：

$$\rho_s^f = \frac{\sigma_{s,min}^f}{\sigma_{s,max}^f}$$

式中　$\sigma_{s,min}^f$、$\sigma_{s,max}^f$——构件疲劳验算时，同一层钢筋的最小应力、最大应力。

预应力钢筋疲劳应力比值 ρ_p^f 应按下列公式计算：

$$\rho_p^f = \frac{\sigma_{p,min}^f}{\sigma_{p,max}^f}$$

式中　$\sigma_{p,min}^f$、$\sigma_{p,max}^f$——构件疲劳验算时，同一层预应力钢筋的最小应力、最大应力。

2.2.5 钢筋并筋配置与钢筋替代原则

1）构件中的钢筋可采用并筋的配置形式。直径 28mm 及以下的钢筋并筋数量不应超过 3 根；直径 32mm 的钢筋并筋数量宜为 2 根；直径 36mm 及以上的钢筋不应采用并筋。并筋应按单根等效钢筋进行计算，等效钢筋的等效直径应按截面面积相等的原则换算确定。

2）当进行钢筋代换时，除应符合设计要求的构件承载力、最大力下的总伸长率、裂缝宽度验算以及抗震规定以外，尚应满足最小配筋率、钢筋间距、保护层厚度、钢筋锚固长度、接头面积百分率及搭接长度等构造要求。

3）当构件中采用预制的钢筋焊接网片或钢筋骨架配筋时，应符合国家现行有关标准的规定。

2.3　钢筋的锚固和连接

2.3.1　钢筋的锚固

钢筋与混凝土之间的粘结锚固作用是保证钢筋与混凝土能够共同工作，钢筋混凝土结构能够承受外力的基本条件。钢筋要能够充分发挥抗拉能力，在其受力位置以外必须有足够的锚固。如果钢筋锚固失效，整个构件将丧失承载能力。混凝土构件中的钢筋粘结状态一般可分为两类：钢筋端部的锚固粘结和裂缝之间的粘结。

钢筋端部锚固粘结指梁支座处的钢筋端部、梁柱节点位置的受拉钢筋、挑梁支座端等。

裂缝之间的粘结是指构件开裂后，裂缝位置混凝土退出工作，钢筋承受拉力，但两条裂缝之间的混凝土与钢筋在粘结力存在，没有产生滑移的情况下，混凝土与钢筋共同承受拉力。

（1）钢筋锚固的机理

钢筋和混凝土之间的粘结锚固作用，或者抗滑移能力一般认为由粘结力、摩阻力、机械咬合力和机械锚固作用四部分组成。粘结力是混凝土中的水泥凝胶体在钢筋表面形成的化学粘结力或吸附力，这部分的抗剪能力取决于水泥的性质和钢筋表面的粗糙度，当发生滑移后粘结力就消失了；钢筋周围混凝土对钢筋的摩阻力，取决于混凝土收缩产生的握裹力或外力对钢筋的径向压力，以及摩擦系数；机械咬合力是由于钢筋表面粗糙不平，或是带肋钢筋横向凸肋与混凝土之间的挤压产生的机械咬合力，是变形钢筋锚固作用的主要部分。在钢筋末端配置弯钩、贴焊锚筋、锚板或螺栓锚头等可以借助对混凝土的局部挤压作用加大钢筋的锚固承载力。

（2）影响钢筋锚固的因素

影响钢筋在混凝土内的粘结锚固性能的因素很多，主要的有以下几个方面：一是混凝土强度，混凝土强度的提高会使钢筋的化学粘结力和机械咬合力增加，同时，混凝土抗拉强度的提高增加了混凝土抗劈裂能力，也大大提高了混凝土与钢筋之间的粘结强度；二是混凝土保护层厚度，增加钢筋混凝土保护层厚度，使外围混凝土抗劈裂能力提高，从而增加了钢筋的锚固作用；三是钢筋埋置长度，钢筋在混凝土构件中埋置长度越长，钢筋越不容易被拔出；四是钢筋外形与直径，带肋钢筋的机械咬合力提高了钢筋锚固能力，但直径越大，相对粘结面积小，不利于钢筋粘结锚固；另外，横向的压应力，以及横向箍筋约束都能够提高钢筋锚固能力。《混凝土结构设计规范》GB 50010 中提出：当锚固钢筋的保护层厚度不大于 $5d$ 时，钢筋锚固长度范围内应配置横向构造钢筋，以防止混凝土保护层劈裂时钢筋锚固突然失效。

（3）钢筋锚固长度

纵向受拉普通钢筋的锚固长度是以基本锚固长度为基础，并按锚固条件加以修正后采用。

1）基本锚固长度

当充分利用钢筋的抗拉强度时，纵向受拉普通钢筋的基本锚固长度（表 2.3-2）可按下式计算：

$$l_{ab} = \alpha \frac{f_y}{f_t} d$$

式中　　d——锚固钢筋的直径；

　　　　α——锚固钢筋的外形系数，见表 2.3-1；

　　　　f_y——普通钢筋抗拉强度设计值；

　　　　f_t——混凝土轴心抗拉强度设计值，当混凝土强度等级高于 C60 时，按 C60 取值。

锚固钢筋的外形系数 α　　　　　　　　表 2.3-1

钢筋类型	光面钢筋	带肋钢筋
α	0.16	0.14

注：光面钢筋末端应做成 180°弯钩，弯后平直段长度不应小于 $3d$，但作受压钢筋时可不做弯钩。

纵向受拉普通钢筋的基本锚固长度 l_{ab}　　　　　　表 2.3-2

混凝土强度等级		C20	C25	C30	C35	C40	C45	C50	C55	≥C60
钢筋级别	HPB300（Φ）	$39d$	$34d$	$30d$	$28d$	$25d$	$24d$	$23d$	$22d$	$21d$
	HRB335（Φ）	$38d$	$33d$	$29d$	$27d$	$25d$	$23d$	$22d$	$21d$	$21d$
	HRB400（Φ）	—	$40d$	$35d$	$32d$	$29d$	$28d$	$27d$	$26d$	$25d$
	HRB500（Φ）	—	$48d$	$43d$	$39d$	$36d$	$34d$	$32d$	$31d$	$30d$

2）受拉锚固长度的修正系数

实际工程中，由于锚固条件的变化，锚固长度要作修正。主要有以下几个方面：

带肋钢筋的修正。当钢筋直径增大时，钢筋横向肋的相对高度减小，机械咬合力相对于钢筋能够承受的拉力来讲相对减小，极限锚固力随钢筋直径的增大逐渐减小。所以规范规定，当钢筋直径大于 25mm 时的锚固长度应适当增加。

环氧树脂涂层钢筋的修正。在对钢筋有较强腐蚀性环境中，如海水环境等，钢筋混凝土结构为了保证结构的耐久性，往往采用带环氧树脂涂层的钢筋。环氧涂层与混凝土之间的粘结力较弱，削弱了钢筋的锚固能力。带环氧树脂的钢筋锚固长度应适当增加。

施工扰动的修正。混凝土结构施工过程中很容易受到扰动，比如混凝土初凝之前施工操作碰动钢筋或者模板，混凝土强度未达到拆模强度时提前拆除模板等。在当前经常赶工期的年代，施工扰动是无法避免的。施工扰动难免对钢筋的粘结作用产生不利影响，规范是增加一定的锚固长度予以弥补。

保护层厚度的修正。保护层厚度是影响钢筋粘结锚固强度的一个重要因素，当保护层较厚时，可以适当减少锚固长度。

构造上要求，任何情况下受力钢筋的锚固长度也不能小于一定的数值。所以锚固长度的修正系数可以连乘，但修正后的锚固长度不能小于基本锚固长度的 60%，同时不能小于

200mm。

受拉钢筋的锚固长度由受拉钢筋的基本锚固程度 l_{ab} 与锚固长度修正系数 ζ_a（表 2.3-3）相乘而得，即：

$$l_a = \zeta_a l_{ab}$$

锚固长度 ζ_a 修正系数　　　　　　　　　　　表 2.3-3

钢筋的锚固条件		ζ_a
1. 带肋钢筋的公称直径大于 25mm 时		1.10
2. 环氧树脂涂层带肋钢筋		1.25
3. 施工过程中易受扰动的钢筋		1.10
4. 锚固区保护层厚度	3d 时	0.80
	5d 时	0.70
	介于 3d 和 5d 之间时	按 0.8 和 0.7 内插取值

注：1. 任何情况下，受拉钢筋的锚固长度 l_a 不应小于 200mm。
　　2. 一般情况下（即不存在表中的钢筋锚固条件时）$\zeta_a = 1.0$。
　　3. 当表中钢筋的锚固条件多于一项时可按连乘计算，但 ζ_a 不应小于 0.6。

3）受拉钢筋的抗震锚固长度

受拉钢筋的抗震锚固长度 l_{aE} 由受拉钢筋的锚固长度 l_a 与受拉钢筋的抗震锚固长度修正系数 ζ_{aE} 相乘而得，即：

$$l_{aE} = \zeta_{aE} l_a$$

受拉钢筋的抗震基本锚固长度 l_{abE}（表 2.3-5）由受拉钢筋的基本锚固长度 l_{ab} 与钢筋的抗震锚固长度修正系数 ζ_{aE}（表 2.3-4）相乘而得，即：

$$l_{abE} = \zeta_{aE} l_{ab}$$

受拉钢筋的抗震锚固长度修正系数 ζ_{aE}　　　　　表 2.3-4

抗震等级	一、二级	三级	四级
ζ_{aE}	1.15	1.05	1.0

纵向受拉普通钢筋的抗震基本锚固长度 l_{abE}　　　　表 2.3-5

混凝土强度等级		C20	C25	C30	C35	C40	C45	C50	C55	≥C60
一、二级 抗震等级	HPB300（Φ）	45d	39d	35d	32d	29d	28d	26d	25d	24d
	HRB335（Φ）	44d	38d	33d	31d	29d	26d	25d	24d	24d
	HRB400（Φ）	—	46d	40d	37d	33d	32d	31d	30d	29d
	HRB500（Φ）	—	55d	49d	45d	41d	39d	37d	36d	35d
三级抗震 等级	HPB300（Φ）	41d	36d	32d	29d	26d	25d	24d	23d	22d
	HRB335（Φ）	40d	35d	31d	28d	26d	24d	23d	22d	22d
	HRB400（Φ）	—	42d	37d	34d	30d	29d	28d	27d	26d
	HRB500（Φ）	—	50d	45d	41d	38d	36d	34d	33d	32d

注：四级抗震等级时 $l_{abE} = l_{ab}$。

（4）机械锚固及构造措施

纵向受拉普通钢筋弯钩或机械锚固。当钢筋的锚固长度受到限制，仅靠钢筋自身锚固性能无法满足承载力要求时，可以在钢筋的末端配置弯钩或机械锚固措施，以增加钢筋的锚固性能。机械锚固原理是利用钢筋端部的弯钩或锚头对混凝土的局部产生挤压作用，加大了钢筋的锚固承载力，能有效避免钢筋地拔出。但当机械锚头充分发挥作用时，前部的钢筋已经产生了滑移，混凝土构件也会产生裂缝。为了控制机械锚固钢筋的滑移，不致使构件产生较大的裂缝和变形，锚头前必须有一定的直段锚固长度。

纵向受拉普通钢筋末端采用钢筋弯钩或机械锚固措施时，包括弯钩或锚固端头在内的锚固长度（投影长度）可取基本锚固长度 l_{ab} 的 60%。钢筋弯钩和机械锚固的形式和技术要求应符合表 2.3-6 的规定：

钢筋弯钩和机械锚固的形式和技术要求 表 2.3-6

锚固形式	技术要求
90°弯钩	末端 90°弯钩，弯钩内径 $4d$，弯后直段长度 $12d$
135°弯钩	末端 135°弯钩，弯钩内径 $4d$，弯后直段长度 $5d$
一侧贴焊锚筋	末端一侧贴焊长 $5d$ 同直径钢筋
两侧贴焊锚筋	末端两侧贴焊长 $3d$ 同直径钢筋
焊端锚板	末端与厚度 d 的锚板穿孔塞焊
螺栓锚头	末端旋入螺栓锚头

注：1. 焊缝和螺纹长度应满足承载力要求。
2. 螺栓锚头和焊接锚板的承压净面积应不小于锚固钢筋面积的 4 倍。
3. 螺栓锚头的规格应符合相关标准的要求。
4. 锚栓锚头和焊接锚板的钢筋间距不宜小于 $4d$，否则应考虑群锚效应的不利影响。
5. 截面角部的弯钩和一侧贴焊锚筋的布筋方向宜向截面内侧偏置。

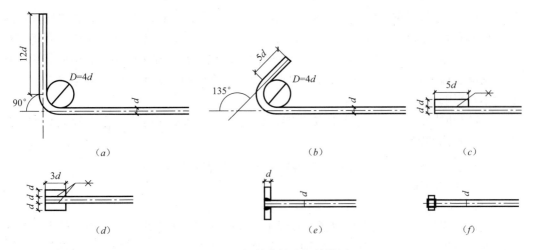

图 2.3-1 钢筋弯钩和机械锚固

（a）90°弯钩；（b）135°弯钩；（c）一侧贴焊锚筋；（d）两侧贴焊锚筋；（e）穿孔塞焊锚板；（f）螺栓锚头

（5）混凝土结构中的纵向受压钢筋的锚固

混凝土结构构件中的钢筋，不仅受拉钢筋有粘结锚固问题，受压钢筋同样存在锚固受力问题，只不过是受压钢筋的锚固，较受拉钢筋比较有利。如：柱和桁架上弦等构件中受压钢筋存在着锚固问题。所以规范规定：当计算中充分利用钢筋的抗压强度时，混凝土结构中纵向受压钢筋的锚固长度不应小于相应受拉锚固长度的 70％。受压钢筋不应采用末端弯钩和一侧贴焊锚筋的锚固措施。所有锚固长度的修正条件对受压钢筋同样适用。

　　试验表明，受压钢筋的粘结锚固机理与受拉钢筋基本相同，但由于钢筋受压后有镦粗效应，加大了钢筋与混凝土之间的摩擦力和机械咬合力。同时，受拉钢筋的端头对混凝土的挤压作用会大大增加了钢筋受压状态下的承载力。受压钢筋的锚固承载力要高于受拉时的锚固承载力，受压锚固长度可以比受拉锚固长度少。

　　（6）锚固钢筋的其他要求

　　当锚固钢筋保护层厚度不大于 $5d$ 时，锚固长度范围内应配置横向构造钢筋，其直径不应小于 $d/4$；对梁、柱、斜撑等构件间距不应大于 $5d$，对板、墙等平面构件间距不大于 $10d$，且均不应大于 100mm，此处 d 为锚固钢筋的直径。

2.3.2　钢筋的连接

　　（1）钢筋连接的基本要求

　　结构用的钢筋，小直径的光圆钢筋以盘条形式供货，大直径钢筋特别是变形钢筋（热轧带肋钢筋等）大多是以 9m 或 12m 的长度直条供货的。而结构构件的长度是根据建筑物的需要确定的。理论上讲，受拉钢筋没有接头是最好的，但实际施工中钢筋的连接是不可避免的。钢筋的连接方式有三种：搭接、焊接和机械连接。无论采用哪种连接形式，都要满足钢筋受力的基本要求：

　　1）抗拉承载力相等。钢筋连接要能够保证受力钢筋内力的可靠传递，不能因为钢筋连接降低了钢筋的抗拉强度或设计受拉承载力。

　　2）变形性能力协调。即连接接头或者连接区域，在受力状态下的变形能力应该与被连接的钢筋有相同或相近的材料性质。不能由于钢筋连接使混凝土构件在连接位置产生较大的变形，引起混凝土构件开裂。如果构件的同一个截面上，有连接接头的钢筋和无连接接头的钢筋变形差异过大，会使钢筋同一截面上不同钢筋的受力不均匀，对构件的承载力会产生不利影响。

　　3）延性和抗疲劳能力。钢筋连接不能对钢筋的延性和抗疲劳能力产生较大影响。这一点对抗震结构特别重要。

　　4）耐久性要求。任何连接方式都不能引起钢筋抗腐蚀性能的降低。

　　（2）钢筋的绑扎搭接

　　1）受力机理

　　钢筋搭接连接的传力机理是钢筋与混凝土之间的粘结锚固作用。需要连接的两根钢筋在搭接区段范围内，分别锚固在混凝土中，先将各自的内力传递给混凝土，由钢筋在混凝土中的锚固实现钢筋之间的内力传递。当钢筋应力较大时，搭接钢筋之间的混凝土会发生粘结滑移破坏，从而削弱钢筋的锚固能力。

　　2）搭接接头的应用范围

　　在结构的重要构件和关键传力部位，纵向受力钢筋不宜设置连接接头。

　　轴心受拉及小偏心受拉杆件的纵向受力钢筋不得采用绑扎搭接；其他构件中的钢筋采用绑扎搭接时，受拉钢筋直径不宜大于 25mm，受压钢筋直径不宜大于 28mm。

3）搭接长度

纵向受拉钢筋绑扎搭接的搭接长度 l_l，应根据位于同一连接区段内的钢筋搭接接头面积百分率按下式计算，且不应小于 300mm。

$$l_l = \zeta_l l_a$$

式中　ζ_l——纵向受拉钢筋搭接长度修正系数，见表 2.3-7。

纵向受拉钢筋搭接长度修正系数 ζ_l　　　　　表 2.3-7

纵向钢筋搭接接头面积百分率（%）	≤25	50	100
ζ_l	1.2	1.4	1.6

注：纵向钢筋搭接接头面积百分率为表的中间值时，修正系数可采用内插取值。

纵向受压钢筋当采用搭接连接时，其受压搭接长度不应小于纵向受拉钢筋搭接长度的 70%，且不应小于 200mm。

纵向受拉钢筋的抗震搭接长度 l_{lE}，应根据位于同一连接区段内的钢筋搭接接头面积百分率按下式计算：

$$l_{lE} = \zeta_l l_{aE}$$

4）搭接接头的面积百分率

混凝土构件位于同一连接区段内纵向受力钢筋搭接接头面积百分率不宜超过 50%。同一构件中相邻纵向受力钢筋的绑扎搭接接头宜互相错开（图 2.3-2）。图中所示同一连接区段内的搭接接头钢筋为两根，当钢筋直径相同时，钢筋搭接接头面积百分率为 50%。

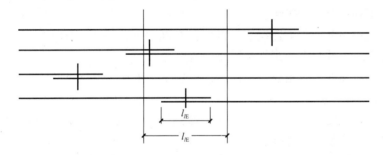

图 2.3-2　同一连接区段内纵向受拉钢筋的绑扎搭接接头

钢筋绑扎搭接接头连接区段的长度为 1.3 倍搭接长度，凡搭接接头中点位于该连接区段长度内的搭接接头均属于同一连接区段。同一连接区段内纵向受力钢筋搭接接头面积百分率为该区段内有搭接接头的纵向受力钢筋与全部纵向受力钢筋截面面积的比值。当直径不同的钢筋搭接时，按直径较小的钢筋计算。

位于同一连接区段内的受拉钢筋搭接接头面积百分率：对梁类、板类及墙类构件，不宜大于 25%；对柱类构件，不宜大于 50%。当工程中确有必要增大受拉钢筋搭接接头面积百分率时，对梁类构件，不宜大于 50%；对板、墙、柱及预制构件的拼接处，可根据实际情况放宽。

并筋采用绑扎搭接连接时，应按每根单筋错开搭接的方式连接。接头面积百分率应按同一连接区段内所有的单根钢筋计算。并筋中钢筋的搭接长度应按单筋分别计算。

在梁配筋密集区域可采用并筋形式，直径 28mm 及以下时并筋数量不应超过 3 根；直径 32mm 的钢筋并筋数量宜为 2 根；直径 36mm 及以上的钢筋不应采用并筋。

（3）钢筋的机械连接

1）机械连接的传力机理

钢筋机械连接是通过连接套筒与钢筋之间的机械咬合作用将一根钢筋中的力传递到另一根钢筋。如挤压套筒与钢筋横肋之间的咬合、钢筋表面通过机械加工出直螺纹或者锥螺纹与套筒之间的螺纹连接传递钢筋中的力。

近年来，机械连接在我国发展很快。技术特点是：所需要的设备小、设备功率小；不同级别、不同直径的钢筋连接方便；施工方便、无明火作业，不受天气影响；质量容易控制。主要形式有挤压套筒连接接头、锥螺纹套筒连接接头和直螺纹套筒连接接头等。直螺纹套筒接头又分为镦粗直螺纹接头、剥肋滚压直螺纹接头和滚压直螺纹接头。目前应用较多的是滚压直螺纹接头。

2）机械连接接头的等级

根据机械连接接头的力学性能将其分级，有利于根据结构构件的重要性、受力特点和接头位置合理选择接头类型，降低接头成本。

钢筋连接的力学性能主要是抗拉强度和刚度。由于机械连接接头的螺纹之间会有空挡间隙等因素，套筒与钢筋之间的滑移引起变形，在外力消失后留下残余变形，可能使构件产生残余裂缝。所以，机械连接接头的刚度和残余变形是接头的重要控制指标。《钢筋机械连接通用技术规程》JGJ 107 对接头进行了分级。

钢筋机械连接接头根据抗拉强度、残余变形以及高应力和大变形条件下反复拉压性能的差异，分为下列三个性能等级：

Ⅰ级接头抗拉强度等于被连接钢筋的实际拉断强度或不小于 1.10 倍钢筋抗拉强度标准值，残余变形小，并具有高延性及反复拉压性能。

Ⅱ级接头抗拉强度不小于被连接钢筋抗拉强度标准值，残余变形较小，并具有高延性及反复拉压性能。

Ⅲ级接头抗拉强度不小于被连接钢筋屈服强度标准值的 1.25 倍，残余变形较小，并具有一定的延性及反复拉压性能。

钢筋机械连接接头的型式较多，受力性能也有差异，根据接头的受力性能将其分级，有利于按结构的重要性、接头在结构中所处位置、接头百分率等不同的应用场合合理选用接头类型。例如，在混凝土结构中钢筋高应力部位的同一连接区段内必须实施 100％钢筋接头的连接时，应采用Ⅰ级接头；实施 50％钢筋接头的连接时，宜优先采用Ⅱ级接头；混凝土结构中钢筋应力较高但对接头延性要求不高的部位，可采用Ⅲ级接头。分级后也有利于降低套筒材料消耗和接头成本，取得更好的技术经济效益；分级后还有利于施工现场接头抽检不合格时，可按不同等级接头的应用部位和接头百分率限制确定是否降级处理。

3）机械连接的应用

机械连接的设计应满足强度及变形性能的要求。强度指接头的抗拉强度；变形性能主要有单向拉伸、高应力反复拉压、大变形反复拉压性能。

结构设计图纸中应列出设计选用的钢筋接头等级和应用部位。接头等级的选定应符合下列规定：①混凝土结构中要求充分发挥钢筋强度或对延性要求高的部位应优先选用Ⅱ级接头。当在同一连接区段内必须实施 100％钢筋接头的连接时，应采用Ⅰ级接头。②混凝土结构中钢筋应力较高但对延性要求不高的部位可采用Ⅲ级接头。接头的分级为结构设计人员根据结构的重要性及接头的应用场合选用不同等级接头提供了条件。规程根据国内钢筋机械连接技术的新成果以及国外钢筋机械连接技术的发展趋向规定了一个最高质量等级的Ⅰ级接头。当有必要时，这类接头允许在结构中除有抗震设防要求的框架梁端、柱端箍筋加密区外的任何部位使用，且接头百分率可不受限制。这条规定为解决某些特殊场合需要在同一截面实施100％钢筋连接创造了条件，如地下连续墙与水平钢筋的连接；滑模或提模施工中垂直构件与水平钢筋的连接；装配式结构接头处的钢筋连接；钢筋笼的对接；分段施工或新旧结构连接处的钢筋连接等。

《混凝土结构设计规范》GB 50010 对机械连接接头的应用作了如下规定：

纵向受力钢筋的机械连接接头宜相互错开。钢筋机械连接区段的长度为 $35d$，d 为连接钢筋的较小直径。凡接头中点位于该连接区段长度内的机械连接接头均属于同一连接区段。

位于同一连接区段内的纵向受拉钢筋接头面积百分率不宜大于50％；但对板、墙、柱及预制构件的拼接处，可根据实际情况放宽。纵向受压钢筋的接头百分率可不受限制。

机械连接套筒的保护层厚度宜满足有关钢筋最小保护层厚度的规定。机械连接套筒的横向净间距不宜小于 25mm；套筒处箍筋的间距仍应满足构造要求。

直接承受动力荷载结构构件中的机械连接接头，除应满足设计要求的抗疲劳性能外，位于同一连接区段内的纵向受力钢筋接头面积百分率不应大于50％。

纵向受拉钢筋机械连接要求见表 2.3-8。

纵向受拉钢筋机械连接要求 表 2.3-8

接头等级	Ⅰ级	Ⅱ级	Ⅲ级
抗拉强度	$f_{mst}^0 \geq f_{stk}$ 断于钢筋 $f_{mst}^0 \geq 1.1 f_{stk}$ 断于接头	$f_{mst}^0 \geq f_{stk}$	$f_{mst}^0 \geq 1.25 f_{yk}$
性能	残余变形小，并具有高延性及反复拉压性能	残余变形较小，并具有高延性及反复拉压性能	残余变形较小，并具有一定的延性及反复拉压性能
受拉钢筋高应力部位接头百分率	在梁端、柱端箍筋加密区≤50％，其他部位不受限制	≤50％	≤25％

注：1. f_{mst}^0——接头实测抗拉强度；f_{stk}——钢筋极限强度标准值；f_{yk}——钢筋屈服强度标准值。
   2. 表中 $f_{mst}^0 \geq f_{stk}$（断于钢筋）或 $f_{mst}^0 \geq 1.1 f_{stk}$（断于接头）的含义是：当接头试件断于钢筋且试件抗拉强度不小于钢筋极限强度标准值时，试件合格；当接头试件断于接头（定义的"机械接头长度"范围内）时，试件的实测抗拉强度应满足 $f_{mst}^0 \geq 1.1 f_{stk}$。

4）机械连接的检验与验收

机械连接接头的施工现场检验与验收，应由施工单位提交有效的检验报告。对每种型式、级别、规格、材料、工艺的钢筋机械连接接头，型式检验试件不应少于9个：单向拉伸试件不应少于3个，高应力反复拉压试件不应少于3个，大变形反复拉压试件不应少于3个。同时应另取3根钢筋试件作抗拉强度试验，全部试件均应在同一根钢筋上截取。

（4）钢筋的焊接

1）钢筋焊接接头的种类和受力机理

钢筋的焊接接头是采用电阻、电弧或燃烧气体等方法将需要连接的钢筋端头熔化使之熔合连成一体。其优点是通过焊缝直接传力、节省钢筋材料、接头尺寸小成本低。缺点是对焊接工人素质要求高，受环境因素影响大，如低温、雨雪电气对焊接质量影响很大。焊接的热效应也会对钢筋的力学性能产生一定影响。

钢筋焊接接头的种类主要有：闪光对焊、电弧焊、电渣压力焊、气压焊等。

2）焊接接头的应用

细晶粒热轧带肋钢筋以及直径大于 28mm 的带肋钢筋，其焊接应经试验确定；余热处理钢筋不宜焊接。

纵向受力钢筋的焊接接头应相互错开。钢筋焊接接头连接区段的长度为 $35d$ 且不小于 500mm，d 为连接钢筋的较小直径，凡接头中点位于该连接区段长度内的焊接接头均属于同一连接区段。

纵向受拉钢筋的接头面积百分率不宜大于 50%，但对预制构件的拼接处，可根据实际情况放宽。纵向受压钢筋的接头百分率可不受限制。

需进行疲劳验算的构件，其纵向受拉钢筋不得采用绑扎搭接接头，也不宜采用焊接接头，除端部锚固除外不得在钢筋上焊有附件。

当直接承受吊车荷载的钢筋混凝土吊车梁、屋面梁及屋架下弦的纵向受拉钢筋必须采用焊接接头时，应符合下列规定：①必须采用闪光接触对焊，并去掉接头的毛刺及卷边；②同一连接区段内纵向受拉钢筋焊接接头面积百分率不应大于 25%，此时，焊接接头连接区段的长度应取为 $45d$，d 为纵向受力钢筋的较大直径；③疲劳验算时，焊接接头应符合疲劳应力幅限值的规定。

各种连接方式适用的部位可见表 2.3-9。

连接适用部位表　　　　　　　　　　　　　　　　　表 2. 3-9

连接方式	适用部位
机械连接或焊接	1. 框支梁 2. 框支柱 3. 一级抗震等级的框架梁 4. 一、二级抗震等级的框架柱及剪力墙的边缘构件 5. 三级抗震等级的框架柱底部及剪力墙底部构造加强部位的边缘构件
绑扎搭接	1. 二、三、四级抗震等级的框架梁 2. 三级抗震等级的框架柱除底部以外的其他部位 3. 四级抗震等级的框架柱 4. 三级抗震等级剪力墙非底部构造加强部位的边缘构件及四级剪力墙的边缘构件

注：1. 表中采用绑扎搭接的部位也可采用机械连接或焊接。
　　2. 剪力墙底部构造加强部位为底部加强部位及相邻上一层。

2.4　混凝土保护层

2.4.1　保护层的作用

钢筋混凝土结构是钢筋与混凝土构成的一种组合结构材料，钢筋四周由混凝土握裹，正常情况下钢筋是不外露的，钢筋放置在混凝土结构中主要是承受拉力。钢筋的混凝土保护层厚度 c 指钢筋外皮至构件表面的最小距离（mm）。钢筋保护层有以下各个作用：

（1）保证钢筋与混凝土之间的粘结能力

钢筋和混凝土能够共同受力，混凝土内的钢筋能够发挥抗拉作用，其基本条件就是钢筋与混凝土之间有可靠的粘结和锚固作用。如果一个梁的钢筋与混凝土没有粘结，端部又不设锚具，钢筋不会受力，其破坏状态与素混凝土梁一样。钢筋与混凝土之间的粘结作用，主要由混凝土对钢筋的握裹作用，水泥凝胶体在钢筋表面产生化学粘结力和吸附力，以及钢筋表面粗糙不平或变形钢筋产生的机械咬合力提供。钢筋在受拉时对周围混凝土产生环向挤压，容易引起混凝土劈裂，因而影响混凝土的粘结锚固。试验表明，增大混凝土保护层厚度，加强了外围混凝土的抗劈裂能力。为了保证受力钢筋的抗拉能力正常发挥，一般情况下，钢筋的混凝土保护层厚度不应小于钢筋直径。

（2）保护钢筋避免遭受腐蚀

混凝土是碱性物质，其包裹着钢筋，在钢筋表面形成钝化膜，使钢筋不易锈蚀。钢筋混凝土结构的优点之一就是耐久性好。但混凝土浇筑过程和硬化过程中不可避免产生内部毛细孔道和裂隙，混凝土收缩、温度或受力引起的表面裂缝。这些细微裂缝使得大气中的水和二氧化碳等酸性物质向混凝土内部渗透，中和混凝土的碱性。这个过程叫做碳化。碳化过程随时间由混凝土表面向内部发展。当碳化达到钢筋表面时，钢筋表面的钝化膜失去作用，钢筋开始锈蚀。钢筋锈蚀引起钢筋体积膨胀，外层混凝土沿钢筋开裂，钢筋与混凝土粘结作用消失，钢筋有效截面减小，最终混凝土构件丧失承载能力。从耐久性上考虑，室外构件，以及室内潮湿环境（如浴室）构件等要注意加厚混凝土保护层。

（3）保护层厚度影响构件耐高温能力

混凝土是热惰性材料，火灾发生时，混凝土保护层越厚的构件耐高温能力越好。所以混凝土构件的保护层厚度还要按防火规范，根据不同构件的耐火极限设定最小厚度。

2.4.2　保护层厚度

（1）混凝土保护层厚度

构件中普通钢筋及预应力筋的混凝土保护层厚度应满足下列要求。

1）构件中受力钢筋的保护层厚度不应小于钢筋的公称直径 d；

2）设计使用年限为 50 年的混凝土结构，最外层钢筋的保护层厚度应符合表 2.4-1 的规定；设计使用年限为 100 年的混凝土结构，最外层钢筋的保护层厚度不应小于表 2.4-1 中数值的 1.4 倍，见表 2.4-2。

钢筋的混凝土保护层最小厚度（设计使用年限为 50 年；单位：mm）　　表 2.4-1

环境等级	板、墙	梁、柱
一	15	20
二 a	20	25
二 b	25	35
三 a	30	40
三 b	40	50

注：1. 混凝土强度等级不大于 C25 时，表中保护层厚度数值增加 5mm。
　　2. 钢筋混凝土基础宜设置混凝土垫层，其受力钢筋的混凝土保护层厚度应从垫层顶面算起，且不应小于 40mm。

钢筋的混凝土最小保护层厚度（设计使用年限为100年；单位：mm） 表 2.4-2

环境等级	板、墙	梁、柱
一	20	30

注：1. 钢筋混凝土基础宜设置混凝土垫层，其受力钢筋的混凝土保护层厚度应从垫层顶面算起，且不应小于60mm。

2. 一类环境中，当采取有效的表面防护措施时，混凝土保护层厚度可适当减小。

3. 二、三类环境中，设计使用年限100年的混凝土结构应采取专门的有效措施。

（2）保护层厚度的影响

保护层厚度的确定是综合考虑了钢筋粘结锚固、耐久性要求，以及结构构件有效高度等因素确定的。从钢筋粘结锚固效果和结构耐久性角度看，保护层厚度越大越好，但从结构受力合理性上看，保护层厚度大，结构构件截面有效高度会减少，从而影响结构承载能力。规范给出的保护层厚度是综合考虑了上述因素后的最低要求。设计中要根据具体情况进行必要的调整。

1）为了保证混凝土握裹力对受力钢筋的锚固作用，混凝土保护层厚度应不小于钢筋的单筋公称直径或并筋的等效直径。

2）从混凝土碳化速度和深度等耐久性角度考虑，最小保护层厚度从最外层钢筋的外边缘算起，并且使用年限100年的结构保护层厚度要加大为最小厚度的1.4倍。最外层钢筋包括箍筋、构造筋、分布筋等。

3）环境的影响。根据结构所处的不同耐久性环境类别，调整混凝土保护层厚度。对于露天环境、土壤环境，特别是严寒以及滨海等环境等二b类和三类环境，要适当增加混凝土保护层厚度。对于四、五类环境中的混凝土结构应按照相应的标准执行。

2.5 房屋适用高度

现行《建筑抗震设计规范》GB 50011的钢筋混凝土结构房屋的最大适用高度与《高层建筑混凝土结构技术规程》JGJ 3中的A级高层现浇钢筋混凝土结构的房屋最大适用高度见表2.5-1。B级高度的钢筋混凝土结构房屋属于超限高层建筑结构，不在本书论述范围。

平面和竖向均不规则的结构，适用的最大高度宜适当降低，一般减少10%左右。

对采用钢筋混凝土材料的高层建筑，从安全和经济诸方面综合考虑，其适用最大高度应有限制。当钢筋混凝土结构的房屋高度超过最大适用高度时，应通过专门研究，采取有效加强措施，如采用型钢混凝土构件、钢管混凝土构件等，并按有关规定进行超限高层建筑结构抗震专项审查。

现浇钢筋混凝土房屋的最大适用高度（m） 表 2.5-1

结构体系		抗震设防烈度				
		6 度	7 度	8 度		9 度
				0.2g	0.3g	
框架		60	50	40	35	24
框架-剪力墙		130	120	100	80	50
剪力墙	全部落地剪力墙	140	120	100	80	60
	部分框支剪力墙	120	100	80	50	不应采用

结构体系		抗震设防烈度				
		6度	7度	8度		9度
				0.2g	0.3g	
筒体	框架-核心筒	150	130	100	90	70
	筒中筒	180	150	120	100	80
板柱-剪力墙		80	70	55	40	不应采用

这里要说明的有以下几点：

1）房屋高度指室外地面到主要屋面的高度，不包括局部突出屋顶部分。

2）框架-核心筒结构指周边稀柱框架与核心筒组成的结构。

3）部分框支剪力墙结构指地面以上有部分框支剪力墙的剪力墙结构，不包括仅个别框支墙的情况。

4）表中框架，不包括异形柱框架。

5）板柱-剪力墙结构指板柱、框架和剪力墙组成抗侧力体系的结构。

6）甲类建筑6、7、8度时宜按本地区抗震设防烈度提高一度后确定其适用的最大高度，9度时应专门研究；乙类建筑可按本地区抗震设防烈度确定其适用的最大高度。

7）当房屋高度超过本表数值时，应进行专门研究和论证，结构设计应有可靠依据并采取有效的加强措施。

8）平面和竖向均不规则的高层建筑，其最大适用高度应适当降低。

9）表2.5-1中不含短肢剪力墙较多的剪力墙结构。

其中：仅有个别墙体不落地，例如不落地墙的截面面积不大于总截面面积的10%，只要框支部分的设计合理且不致加大扭转不规则，仍可视为抗震墙结构，其适用最大高度仍可按全部落地的抗震墙结构确定。

当框架-核心筒结构存在抗扭不利和加强层刚度突变等问题时，其适用最大高度应略低于筒中筒结构。框架-核心筒结构中，仅带有部分仅承受竖向荷载的无梁楼盖时，不应作为板柱-抗震墙结构对待。

2.6 抗震等级

2.6.1 抗震等级的确定

抗震等级是钢筋混凝土结构抗震设计的重要参数之一。抗震等级根据抗震设防类别、结构类型、烈度和房屋高度四个因素确定。抗震等级的划分体现了对不同抗震设防类别、不同结构类型、不同烈度、同一烈度在不同结构类型中的延性要求的不同。

钢筋混凝土结构应根据抗震等级采取相应的抗震措施。抗震措施包括了抗震计算时的内力调整措施和各种抗震构造措施。比如重点设防类（乙类）建筑应该提高一度的要求加强抗震措施，提高一度按表2.6-1确定抗震等级。

表2.6-1是现行"抗震规范"和"高规"中A级高度混凝土结构抗震等级表。超过"抗震规范"适用高度和"高规"A级高度的属于超限高层建筑结构。表中的"框架"包

括了框架结构、框架-剪力墙结构、部分框支剪力墙结构框支层框架、框架-核心筒结构、板柱-剪力墙结构中的框架，"剪力墙"包括了剪力墙结构、框架-剪力墙结构、筒体结构和板柱-剪力墙结构中的剪力墙。其中：1）住宅 10 层以上为高层建筑，多层公共建筑高度在 24m 以上的为高层建筑；2）框架-核心筒结构的高度不超过 60m 时，按框架-剪力墙结构设计，其抗震等级按照框架-剪力墙结构的规定采用；3）"大跨度框架"按 18m 划分。

现浇钢筋混凝土房屋的抗震等级　　　　　　　　　　　表 2.6-1

结构类型		烈度 6	烈度 7	烈度 8	烈度 9
框架结构	高度 H（m）	≤24 / >24	≤24 / >24	≤24 / >24	≤24
	普通框架	四 / 三	三 / 二	二 / 一	一
	大跨度框架	三	二	一	一
框架-剪力墙结构	高度 H（m）	≤60 / >60	≤24 / 25~60 / >60	≤24 / 25~60 / >60	≤24 / 25~50
	框架	四 / 三	四 / 三 / 二	三 / 二 / 一	二 / 一
	剪力墙	三	三 / 二	二 / 一	一
剪力墙结构	高度 H（m）	≤80 / >80	≤24 / 25~80 / >80	≤24 / 25~80 / >80	≤24 / 25~60
	剪力墙	四 / 三	四 / 三 / 二	三 / 二 / 一	二 / 一
部分框支剪力墙结构	高度 H（m）	≤80 / >80	≤24 / 25~80 / >80	≤24 / 25~80	—
	剪力墙（一般部位）	四 / 三	四 / 三 / 二	三 / 二	—
	剪力墙（加强部位）	三 / 二	三 / 二 / 一	二 / 一	—
	框支层框架	二	二 / 一	一	—
框架-核心筒结构	框架	三	二	一	一
	核心筒	二	二	一	一
筒中筒结构	外筒	三	二	一	一
	内筒	三	二	一	一
板柱-剪力墙结构	高度 H（m）	≤35 / >35	≤35 / >35	≤35 / >35	—
	板柱及周边框架的柱及柱上板带	三 / 二	二 / 二	二 / 一	—
	剪力墙	二 / 二	二 / 二	二 / 一	—

注：1. 房屋高度按四舍五入取值。

2. 接近或等于高度分界时，应允许结合房屋不规则程度及场地、地基条件确定抗震等级。

3. 大跨度框架指跨度不小于 18m 的框架。

4. 高度不超过 60m 的框架-核心筒结构按框架-剪力墙要求设计时，应按表中框架-剪力墙结构确定其抗震等级。

5. 底部带转换层的筒体结构，其转换框架的抗震等级应按表中部分框支剪力墙结构的规定采用。

2.6.2　混凝土结构抗震等级的补充

（1）少墙框架结构的抗震等级

设置少量抗震墙的框架结构，在规定的水平力作用下，底层框架部分所承担的地震倾覆力矩大于结构总地震倾覆力矩的 50% 时，其框架的抗震等级应按框架结构确定，抗震墙的抗震等级可与其框架的抗震等级相同。

（2）裙房的抗震等级

裙房与主楼相连，除应按裙房本身确定抗震等级外，相关范围不应低于主楼的抗震等级；主楼结构在裙房顶板对应的相邻上下各一层应适当加强抗震构造措施。裙房与主楼分离时，应按裙房本身确定抗震等级。

裙房与主楼相连，主楼结构在裙房顶板对应的上下各一层受刚度与承载力突变影响较大，抗震构造措施需要适当加强。裙房与主楼之间设防震缝，在大震作用下可能发生碰撞，该部位也需要采取加强措施。

裙房与主楼相连的相关范围，一般可从主楼周边外延3跨且不小于20m，相关范围以外的区域可按裙房自身的结构类型确定其抗震等级。裙房偏置时，其端部有较大扭转效应，也需要加强。

（3）地下室的抗震等级

当地下室顶板作为上部结构的嵌固部位时，地下一层的抗震等级应与上部结构相同，地下一层以下抗震构造措施的抗震等级可逐层降低一级，但不应低于四级。地下室中无上部结构的部分，抗震构造措施的抗震等级可根据具体情况采用三级或四级。

带地下室的多层和高层建筑，当地下室结构的刚度和受剪承载力比上部楼层相对较大时，地下室顶板可视作嵌固部位，在地震作用下的屈服部位将发生在地上楼层，同时将影响地下一层。地面以下地震响应逐渐减小，规定地下一层的抗震等级不能降低；而地下一层以下不要求计算地震作用，规定其抗震构造措施的抗震等级可逐层降低（图2.6-1）。

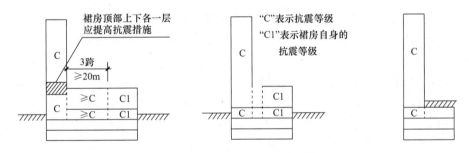

图 2.6-1 裙房和地下室的抗震等级

（4）甲乙类建筑的抗震等级

当甲、乙类建筑按规定提高一度确定其抗震等级而房屋的高度超过表2.6-1相应规定的上界时，应采取比一级更有效的抗震构造措施。

2.7 轴 压 比

2.7.1 柱轴压比限值

抗震设计时，限制框架柱的轴压比主要是为了保证柱的延性要求。根据国内外的研究成果，当配箍量、箍筋形式满足一定要求，或在柱截面中部设置配筋芯柱且配筋量满足一定要求时，柱的延性性能有不同程度的提高，因此可对柱的轴压比限值适当放宽。

当采用设置配筋芯柱的方式放宽柱轴压比限值时，芯柱纵向钢筋配筋量应符合本条的规定，宜配置箍筋，其截面宜符合下列规定：

　　1）当柱截面为矩形时，配筋芯柱可采用矩形截面，其边长不宜小于柱截面相应边长的 1/3。

　　2）当柱截面为正方形时，配筋芯柱可采用正方形或圆形，其边长或直径不宜小于柱截面边长的 1/3。

　　3）当柱截面为圆形时，配筋芯柱宜采用圆形，其直径不宜小于柱截面直径的 1/3。

柱轴压比限值　　　　　　　　　　　表 2.7-1

结构类型	抗震等级			
	一	二	三	四
框架结构	0.65	0.75	0.85	0.90
框架-剪力墙，板柱-剪力墙，框架-核心筒及筒中筒	0.75	0.85	0.90	0.95
部分框支剪力墙	0.60	0.70	—	—

　　表 2.7-1 中的轴压比指柱组合的轴压力设计值与柱的全截面面积和混凝土轴心抗压强度设计值乘积之比值；对规范规定不进行地震作用计算的结构，可取无地震作用组合的轴力设计值计算。确定柱轴压比时还要注意以下几点：

　　1）表内限值适用于剪跨比大于 2，混凝土强度等级不高于 C60 的柱；剪跨比不大于 2 的柱，轴压比限值应降低 0.05；剪跨比小于 1.5 的柱，轴压比限值应专门研究并采取特殊构造措施。

　　2）沿柱全高采用井字复合箍且间距不大于 100mm、箍筋肢距不大于 200mm、直径不小于 12mm，或沿柱全高采用复合螺旋箍、螺旋间距不大于 100mm、箍筋肢距不大于 200mm、直径不小于 12mm，或沿柱全高采用连续复合矩形螺旋箍，且螺旋净距不大于 80mm、箍筋肢距不大于 200mm、直径不小于 10mm，轴压比限值可增加 0.10。

　　3）在柱的截面中部附加芯柱，其中另加的纵向钢筋总面积不小于柱截面面积的 0.8%，轴压比限值可增加 0.05；此项措施与注 3 的措施共同采用时，轴压比限值可增加 0.15，但箍筋的体积配箍率仍可按轴压比增加 0.10 的要求确定。

　　4）柱的轴压比不应大于 1.05。

　　5）当混凝土强度等级为 C65～C70 时，轴压比限值应比表中数值降低 0.05；当混凝土强度等级为 C75～C80 时，轴压比限值比表中数值降低 0.10。

　　6）以上第 2）条、第 3）条同样适用于框支柱。

　　7）加强层及其相邻层的框架柱，箍筋应全柱段加密配置，轴压比限值应按其他楼层框架柱的数值减小 0.05 采用。

　　8）建造于 IV 类场地且较高的高层建筑，柱的轴压比限值应适当减小。

2.7.2　剪力墙墙肢轴压比限值

（1）剪力墙墙肢轴压比

抗震设计时，一、二、三级剪力墙在重力荷载代表值作用下墙肢的轴压比限值按表 2.7-2 取值。

	剪力墙墙肢轴压比限值		表 2.7-2
抗震等级	一级（9度）	一级（6、7、8度）	二、三级
轴压比 $\frac{N}{f_cA}$	0.4	0.5	0.6

注：墙肢轴压比是指墙肢在重力荷载代表值作用下墙肢的轴压力设计值与墙的全截面面积和混凝土轴心抗压强度设计值乘积之比值。

轴压比是影响剪力墙在地震作用下塑性变形能力的重要因素。国内外研究试验表明，相同条件的剪力墙，轴压比低的，其延性较大，轴压比高的，其延性较小；通过设置约束边缘构件，可以提高高轴压比剪力墙的塑性变形能力，但轴压比大于一定值后，即使设置约束边缘构件，在强震作用下，剪力墙仍可能因混凝土压溃而丧失承受重力荷载的能力。因此规定剪力墙的轴压比限值。并将轴压比限值扩大到结构全高，不仅仅是底部加强部位。

（2）当一、二、三级剪力墙底层墙肢截面轴压比不大于表 2.7-3 数值时，可不设约束边缘构件。

轴压比低的剪力墙，即使不设约束边缘构件，在水平力作用下也能有比较大的塑性变形能力。

	剪力墙设置构造边缘构件的最大轴压比		表 2.7-3
抗震等级或烈度	一级（9度）	一级（7、8度）	二、三级
轴压比	0.1	0.2	0.3

2.8 框架梁、柱纵筋配筋率和箍筋配置要求

2.8.1 框架梁纵向钢筋最小配筋率

抗震设计时，框架梁的受拉钢筋最小配筋率不小于表 2.8-1 中的数值。

抗震等级	框架梁纵向受拉钢筋的最小配筋率（%） 梁中位置		表 2.8-1
	支座	跨中	
一级	0.40 和 $80f_t/f_y$ 中的较大值	0.30 和 $65f_t/f_y$ 中的较大值	
二级	0.30 和 $65f_t/f_y$ 中的较大值	0.25 和 $55f_t/f_y$ 中的较大值	
三级、四级	0.25 和 $55f_t/f_y$ 中的较大值	0.20 和 $45f_t/f_y$ 中的较大值	

2.8.2 柱纵向钢筋最小配筋率

抗震设计时，框架柱全截面最小配筋率不小于表 2.8-2 中的数值。

柱截面全部纵向钢筋的最小总配筋率（%）　　　　表 2.8-2

类　别	钢筋屈服强度标准值 f_{yk}（N/mm²）	抗震等级			
		一	二	三	四
中柱、边柱	500	0.9（1.0）	0.7（0.8）	0.6（0.7）	0.5（0.6）
	400	0.95（1.05）	0.75（0.85）	0.65（0.75）	0.55（0.65）
	335	1.0（1.1）	0.8（0.9）	0.7（0.8）	0.6（0.7）
角柱	500	1.1	0.9	0.8	0.7
	400	1.15	0.95	0.85	0.75
	335	1.2	1.0	0.9	0.8
框支柱	500	1.1	0.9	—	—
	400	1.15	0.95	—	—
	335	1.2	1.0	—	—

注：1. 表中括号内数值用于纯框架结构柱。
　　2. 当混凝土强度等级为 C60 以上时，应按表中数值加 0.1 采用。
　　3. 对建造于 Ⅳ 类场地上较高的高层建筑，最小配筋百分率应增加 0.1。
　　4. 柱纵向配筋的最小配筋率除按上表采用外，同时每一侧的配筋率不应小于 0.2%。
　　5. 边柱、角柱及剪力墙端柱在小偏心受拉时，柱内纵筋总截面面积应比计算值增加 25%。

2.8.3　柱最小配箍率、节点核心区配箍率

柱最小配箍特征值 λ_v 见表 2.8-3、节点核心区体积配箍率见表 2.8-4。

柱箍筋加密区的箍筋最小配箍特征值 λ_v　　　　表 2.8-3

抗震等级	箍筋形式	柱轴压比								
		≤0.3	0.4	0.5	0.6	0.7	0.8	0.9	1.0	1.05
一	普通箍、复合箍	0.10	0.11	0.13	0.15	0.17	0.20	0.23	—	—
	螺旋箍、复合或连续复合矩形螺旋箍	0.08	0.09	0.11	0.13	0.15	0.18	0.21	—	—
二	普通箍、复合箍	0.08	0.09	0.11	0.13	0.15	0.17	0.19	0.22	0.24
	螺旋箍、复合或连续复合矩形螺旋箍	0.06	0.07	0.09	0.11	0.13	0.15	0.17	0.20	0.22
三、四	普通箍、复合箍	0.06	0.07	0.09	0.11	0.13	0.15	0.17	0.20	0.22
	螺旋箍、复合或连续复合矩形螺旋箍	0.05	0.06	0.07	0.09	0.11	0.13	0.15	0.18	0.20

注：1. 普通箍指单个矩形箍和单个圆形箍；螺旋箍指单个螺旋箍筋；复合箍指由矩形、多边形、圆形箍或拉筋组成的箍筋；复合螺旋箍指由螺旋箍与矩形、多边形、圆形箍或拉筋组成的箍筋；连续复合矩形螺旋箍指由全部螺旋箍为同一根钢筋加工而成的箍筋。
　　2. 在计算复合螺旋箍的体积配箍率时，其中非螺旋箍筋的体积应乘以系数 0.8。
　　3. 框支柱宜采用复合螺旋箍或井字复合箍，其最小配箍特征值应比表中数值增加 0.02，其体积配箍率不应小于 1.5%。
　　4. 剪跨比不大于 2 的柱宜采用复合螺旋箍或井字复合箍，其体积配箍率不应小于 1.2%，9 度设防烈度一级抗震等级时，不应小于 1.5%。
　　5. 混凝土强度等级高于 C60 时，箍筋宜采用复合箍、复合螺旋箍或连续复合矩形螺旋箍；当轴压比不大于 0.6 时，其加密的最小配箍特征值宜按表中数值增加 0.02；当轴压比大于 0.6 时，宜按表中数值增加 0.03。

抗震等级	一级	二级	三级
配箍特征值	0.12	0.10	0.08
体积配箍率	≥0.6%	≥0.5%	≥0.4%

注：柱剪跨比不大于2的框架节点核心区的体积配箍率不宜小于核心区上、下柱端体积配箍率中的较大值。

2.9　剪力墙分布筋配筋率

为了防止混凝土墙体在受弯裂缝出现后立即达到极限受弯承载力，配置的竖向分布钢筋必须满足最小配筋百分率要求。同时，为了防止斜裂缝出现后发生脆性的剪拉破坏，规定了水平分布钢筋的最小配筋百分率，见表2.9-1。

剪力墙竖向及横向分布钢筋的最小配筋率（%）　　　　　　表 2.9-1

四级	一级、二级、三级	部分框支剪力墙结构的落地剪力墙底部加强部位
0.2	0.25	0.3

注：高度小于24m，且剪压比很小的四级剪力墙，其竖向分布筋的最小配筋率可按0.15%采用。

2.10　混凝土结构构件的基本构造要求

2.10.1　板

（1）混凝土板的计算原则

两对边支承的板应按单向板计算；四边支承的板应按下列规定计算：1）当长边与短边长度之比不大于2.0时，应按双向板计算；2）当长边与短边长度之比大于2.0，但小于3.0时，宜按双向板计算；3）当长边与短边长度之比不小于3.0时，宜按沿短边方向受力的单向板计算，并应沿长边方向布置构造钢筋。

板厚度的取值应该考虑结构安全及舒适度（刚度）的要求，现浇板的合理厚度应在符合承载力极限状态和正常使用极限状态要求的前提下，按经济合理的原则选定，并考虑防火、防爆等要求。这里，根据工程经验，给出了常用混凝土板的跨厚比，并从构造角度给出现浇板最小厚度的要求。

（2）板的基本要求

1）板的跨厚比可参照表2.10-1确定。

现浇板的跨厚比　　　　　　　　　　　　　表 2.10-1

板的类型	单向板		双向板		悬挑板	无梁楼板	
	简支	连续	简支	连续		有柱帽	无柱帽
h/l_0	1/30	1/35~1/40	1/40	1/40~1/50	1/12	1/35	1/30

注：h—板的厚度；l_0—板的计算跨度；跨度大于4m的板厚应适当增加；双向板的长边与短边之比大于1时，板厚应适当增加。

2）板的最小厚度不应小于表2.10-2中的数值。

<table>
<tr><td colspan="4" align="center">现浇钢筋混凝土板的最小厚度（mm）</td><td align="right">表 2.10-2</td></tr>
</table>

板的类别			最小厚度
单向板		屋面板	60
		民用建筑楼板	60
		工业建筑楼板	70
		行车道下的板	80
双向板			80
密肋楼盖		面板	50
		肋高	250
悬臂板（根部）		悬臂长度不大于 500mm	60
		悬臂长度 1200mm	100
无梁楼板			150
现浇空心楼盖			200

（3）构造配筋

1）板受力筋间距及钢筋伸入支座的锚固要求：板中受力钢筋的间距，当板厚不大于 150mm 时不宜大于 200mm；当板厚大于 150mm 时不宜大于板厚的 1.5 倍，且不宜大于 250mm。

采用分离式配筋的多跨板，板底钢筋宜全部伸入支座；支座负弯矩钢筋向跨内延伸的长度应根据负弯矩图确定，并满足钢筋锚固的要求。简支板或连续板下部纵向受力钢筋伸入支座的锚固长度不应小于钢筋直径的 5 倍，且宜伸过支座中心线。当连续板内温度、收缩应力较大时，伸入支座的长度宜适当增加。板钢筋在支座处的锚固构造见图 2.10-1。

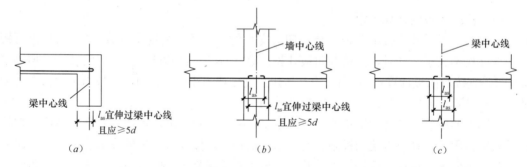

图 2.10-1 板与梁整体浇筑或板与墙整体浇筑时下部受力钢筋的锚固长度
（a）板端与梁整体浇筑；（b）板中间支座边与墙整体浇筑；（c）板中间支座处与梁整体浇筑

2）按简支边或非受力边设计的现浇混凝土板，当与混凝土梁、墙整体浇筑或嵌固在砌体墙内时，应设置板面构造钢筋，并符合下列要求：①钢筋直径不宜小于 8mm，间距不宜大于 200mm，且单位宽度内的配筋面积不宜小于跨中相应方向板底钢筋截面面积的 1/3。与混凝土梁、混凝土墙整体浇筑单向板的非受力方向，钢筋截面面积尚不宜小于受力方向跨中板底钢筋截面面积的 1/3。②钢筋从混凝土梁边、柱边、墙边伸入板内的长度不宜小于 $l_0/4$，砌体墙支座处钢筋伸入板边的长度不宜小于 $l_0/7$，其中计算跨度 l_0 对单向板按受力方向考虑，对双向板按短边方向考虑。③在楼板角部，宜沿两个方向正交、斜向平行或放射状布置附加钢筋。④钢筋应在梁内、墙内或柱内可靠锚固。屋面板平板挑檐转角处的构造配筋见图 2.10-2。

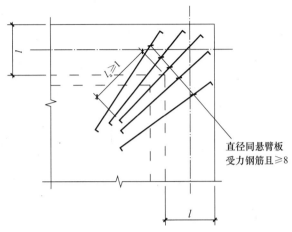

图 2.10-2　屋面板平板挑檐转角处的构造配筋

3）当按单向板设计时，应在垂直于受力的方向布置分布钢筋，单位宽度上的配筋不宜小于单位宽度上的受力钢筋的 15%，且配筋率不宜小于 0.15%；分布钢筋直径不宜小于 6mm，间距不宜大于 250mm；当集中荷载较大时，分布钢筋的配筋面积尚应增加，且间距不宜大于 200mm。当有实践经验或可靠措施时，预制单向板的分布钢筋可不受本条的限制。

4）在温度、收缩应力较大的现浇板区域，应在板的表面双向配置防裂构造钢筋。配筋率均不宜小于 0.10%，间距不宜大于 200mm。防裂构造钢筋可利用原有钢筋贯通布置，也可另行设置钢筋并与原有钢筋按受拉钢筋的要求搭接或在周边构件中锚固。楼板平面的瓶颈部位宜适当增加板厚和配筋。沿板的洞边、凹角部位宜加配防裂构造钢筋，并采取可靠的锚固措施。

5）当混凝土板的厚度不小于 150mm 时，对板的无支承边的端部，宜设置 U 形构造钢筋并与板顶、板底的钢筋搭接，搭接长度不宜小于 U 形构造钢筋直径的 15 倍且不宜小于 200mm；也可采用板面、板底钢筋分别向下、向上弯折搭接的形式，见图 2.10-3。

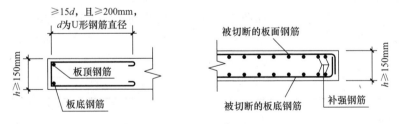

图 2.10-3　混凝土板厚不小于 150mm 时，板的无支承边的端部构造

（4）板柱结构

1）混凝土板中配置抗冲切箍筋或弯起钢筋时，应符合下列构造要求：①板的厚度不应小于 150mm；②按计算所需的箍筋及相应的架立钢筋应配置在与 45°冲切破坏锥面相交的范围内，且从集中荷载作用面或柱截面边缘向外的分布长度不应小于 $1.5h_0$（图 2.10-4a）；箍筋直径不应小于 6mm，且应做成封闭式，间距不应大于 $h_0/3$，且不应大于 100m；③按计

算所需弯起钢筋的弯起角度可根据板的厚度在 30°～45° 之间选取；弯起钢筋的倾斜段应与冲切破坏锥面相交（图 2.10-4b），其交点应在集中荷载作用面或柱截面边缘以外（1/2～2/3）h 的范围内。弯起钢筋直径不宜小于 12mm，且每一方向不宜少于 3 根。

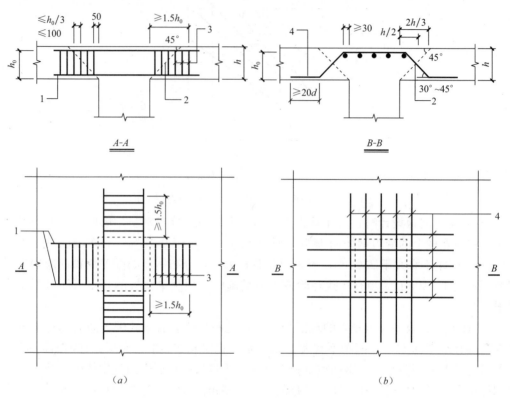

图 2.10-4　板中抗冲切钢筋布置

（a）用箍筋作抗冲切钢筋；（b）用弯起钢筋作抗冲切钢筋

1—架立钢筋；2—冲切破坏锥面；3—箍筋；4—弯起钢筋

2）板柱节点可采用带柱帽或托板的结构形式。板柱节点的形状、尺寸应包容 45° 的冲切破坏锥体，并应满足受冲切承载力的要求。柱帽的高度不应小于板的厚度 h；托板的厚度不应小于 $h/4$。柱帽或托板在平面两个方向上的尺寸均不宜小于同方向上柱截面宽度 b 与 $4h$ 的和（图 2.10-5）。

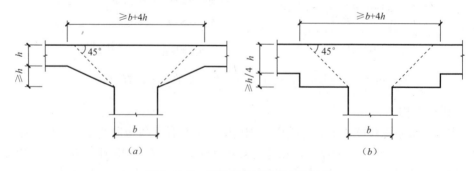

图 2.10-5　带柱帽或托板的板柱结构

（a）柱帽；（b）托板

2.10.2 梁

（1）纵向配筋

1）梁的纵向受力钢筋应符合下列规定：①入梁支座范围内的钢筋不应少于 2 根。②梁高不小于 300mm 时，钢筋直径不应小于 10mm；梁高小于 300mm 时，钢筋直径不应小于 8mm。③梁上部钢筋水平方向的净间距不应小于 30mm 和 1.5d；梁下部钢筋水平方向的净间距不应小于 25mm 和 d。当下部钢筋多于 2 层时，2 层以上钢筋水平方向的中距应比下面 2 层的中距增大一倍；各层钢筋之间的净间距不应小于 25mm 和 d，d 为钢筋的最大直径。④在梁的配筋密集区域宜采用并筋的配筋形式（图 2.10-6）。

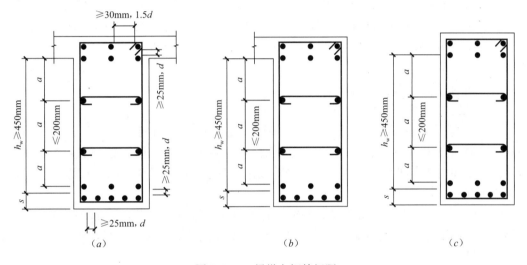

图 2.10-6　梁纵向钢筋间距

2）钢筋混凝土简支梁和连续梁简支端的下部纵向受力钢筋，从支座边缘算起伸入支座内的锚固长度应符合下列规定：①当 V 不大于 $0.7f_tbh_0$ 时，不小于 $5d$；当 V 大于 $0.7f_tbh_0$ 时，对带肋钢筋不小于 $12d$，对光圆钢筋不小于 $15d$，d 为钢筋的最大直径，见表 2.10-3。②如纵向受力钢筋伸入梁支座范围内的锚固长度不符合上一条要求时，可采取弯钩或机械锚固措施。③支承在砌体结构上的钢筋混凝土独立梁，在纵向受力钢筋的锚固长度范围内应配置不少于 2 个箍筋，其直径不宜小于 $d/4$，d 为纵向受力钢筋的最大直径；间距不宜大于 $10d$，当采取机械锚固措施时箍筋间距尚不宜大于 $5d$，d 为纵向受力钢筋的最小直径。

注：混凝土强度等级为 C25 及以下的简支梁和连续梁的简支端，当距支座边 1.5h 范围内作用有集中荷载，且 V 大于 $0.7f_tbh_0$ 时，对带肋钢筋宜采取有效的锚固措施，或取锚固长度不小于 15d，d 为锚固钢筋的直径。

梁受力筋伸入支座内的最小锚固长度　　　　　　　　　　　　表 2.10-3

锚固长度	$V \leqslant 0.7f_tbh_0$	$V \geqslant 0.7f_tbh_0$	
		带肋钢筋	光圆钢筋
l_a	$5d$	$12d$	$15d$

3）钢筋混凝土梁支座截面负弯矩纵向受拉钢筋不宜在受拉区截断，当需要截断时，

应符合以下规定：①当 V 不大于 $0.7f_tbh_0$ 时，应延伸至按正截面受弯承载力计算不需要该钢筋的截面以外不小于 $20d$ 处截断，且从该钢筋强度充分利用截面伸出的长度不应小于 $1.2l_a$。②当 V 大于 $0.7f_tbh_0$ 时，应延伸至按正截面受弯承载力计算不需要的截面以外不小于 h_0 且不小于 $20d$ 处截断，且从该钢筋强度充分利用截面伸出的长度不应小于 $1.2l_a$ 与 h_0 之和。③若按以上两条确定的截断点仍位于负弯矩对应的受拉区内，则应延伸至按正截面受弯承载力计算不需要该钢筋的截面以外不小于 $1.3h_0$ 且不小于 $20d$ 处截断，且从该钢筋强度充分利用截面伸出的长度不应小于 $1.2l_a$ 与 $1.7h_0$ 之和。

4）梁的上部纵向构造钢筋应符合下列要求：①当梁端按简支计算但实际受到部分约束时，应在支座区上部设置纵向构造钢筋。其截面面积不应小于梁跨中下部纵向受力钢筋计算所需截面面积的 1/4，且不应少于 2 根。该纵向构造钢筋自支座边缘向跨内伸出的长度不应小于 10/5，10 为梁的计算跨度。②对架立钢筋，当梁的跨度小于 4m 时，直径不宜小于 8mm；当梁的跨度为 4～6m 时，直径不应小于 10mm；当梁的跨度大于 6m 时，直径不宜小于 12mm。

（2）横向配筋（箍筋构造要求）

梁中箍筋的配置应符合下列规定：

1）按承载力计算不需要箍筋的梁，当截面高度大于 300mm 时，应沿梁全长设置构造箍筋；当截面高度 $h=150\sim300$mm 时，可仅在构件端部 $l_0/4$ 范围内设置构造箍筋，l_0 为跨度。但当在构件中部 $l_0/2$ 范围内有集中荷载作用时，则应沿梁全长设置箍筋。当截面高度小于 150mm 时，可以不设置箍筋。

2）截面高度大于 800mm 的梁，箍筋直径不宜小于 8mm；对截面高度不大于 800mm 的梁，不宜小于 6mm。梁中配有计算需要的纵向受压钢筋时，箍筋直径尚不应小于 $d/4$，d 为受压钢筋最大直径。

3）梁中箍筋最大间距宜符合表 2.10-4 的规定。

梁中箍筋最大间距（mm）　　表 2.10-4

梁高 h	$V>0.7f_tbh_0+0.05N_{p0}$	$V\leqslant0.7f_tbh_0+0.05N_{p0}$
$150<h\leqslant300$	150	200
$300<h\leqslant500$	200	300
$500<h\leqslant800$	250	350
$h>800$	300	400

4）当梁中配有按计算需要的纵向受压钢筋时，箍筋应符合以下规定：①箍筋应做成封闭式，且弯钩直线段长度不应小于 $5d$，d 为箍筋直径。②箍筋的间距不应大于 $15d$，并不应大于 400mm。当一层内的纵向受压钢筋多于 5 根且直径大于 18mm 时，箍筋间距不应大于 $10d$，d 为纵向受压钢筋的最小直径。③当梁的宽度大于 400mm 且一层内的纵向受压钢筋多于 3 根时，或当梁的宽度不大于 400mm 但一层内的纵向受压钢筋多于 4 根时，应设置复合箍筋。

5）在弯剪扭构件中，箍筋的配筋率 ρ_{sv} 不应小于 $0.28f_t/f_{yv}$。箍筋间距应符合表 2.10-4 的规定，其中受扭所需的箍筋应做成封闭式，且应沿截面周边布置。当采用复合箍筋时，位于截面内部的箍筋不应计入受扭所需的箍筋面积。受扭所需箍筋的末端应做成 135°

弯钩，弯钩端头平直段长度不应小于 $10d$，d 为箍筋直径。在超静定结构中，考虑协调扭转而配置的箍筋，其间距不宜大于 $0.75b$。

（3）局部配筋

1）位于梁下部或梁截面高度范围内的集中荷载，应全部由附加横向钢筋承担；附加横向钢筋宜采用箍筋。箍筋应布置在长度为 $2h_1$ 与 $3b$ 之和的范围内（图 2.10-7）。当采用吊筋时，弯起段应伸至梁的上边缘，且末端水平段长度不应小于 l_a。

附加横向钢筋所需的总截面面积应符合下列规定：

$$A_{sv} \geqslant \frac{F}{f_{yv}\sin\alpha}$$

式中 A_{sv}——承受集中荷载所需的附加横向钢筋总截面面积；当采用附加吊筋时，A_{sv} 应为左、右弯起段截面面积之和；

F——作用在梁的下部或梁截面高度范围内的集中荷载设计值；

α——附加横向钢筋与梁轴线间的夹角。

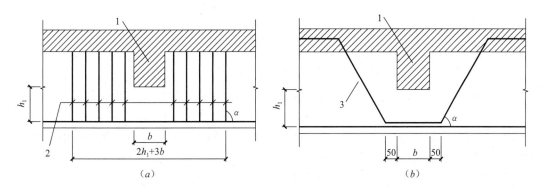

图 2.10-7　梁截面高度范围内有集中荷载作用时附加横向钢筋的布置
（a）附加箍筋；（b）附加吊筋
1—传递集中荷载的位置；2—附加箍筋；3—附加吊筋

2）折梁的内折角处应增设箍筋（图 2.10-8）。箍筋应能承受未在压区锚固纵向受拉钢筋的合力，且在任何情况下不应小于全部纵向钢筋合力的 35%。

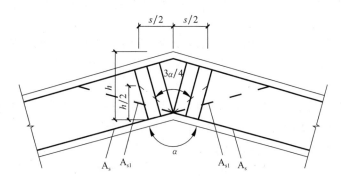

图 2.10-8　折梁内折角处的配筋

由箍筋承受的纵向受拉钢筋的合力按下列公式计算：

未在受拉区锚固的纵向受拉钢筋的合力为：

$$N_{s1} = 2f_y A_{s1} \cos \frac{\alpha}{2}$$

全部纵向受拉钢筋合力的 35% 为：

$$N_{s2} = 0.7 f_y A_s \cos \frac{\alpha}{2}$$

式中　A_s——全部纵向受拉钢筋的截面面积；

　　　A_{s1}——未在受拉区锚固的纵向受拉钢筋的截面面积；

　　　α——构件的内折角。

按上述条件求得的箍筋应设置在长度 s 等于 $h \tan (3\alpha/8)$ 的范围内。

3）梁的腹板高度 h_w 不小于 450mm 时，在梁的两个侧面应沿高度配置纵向构造钢筋。每侧纵向构造钢筋（不包括梁上、下部受力钢筋及架立钢筋）的间距不宜大于 200mm，截面面积不应小于腹板截面面积（$b h_w$）的 0.1%，但当梁宽较大时可以适当放松。

2.10.3　柱

（1）柱纵向钢筋配置构造

柱中纵向钢筋的配置（图 2.10-9）应符合下列规定：

1）纵向受力钢筋直径不宜小于 12mm；全部纵向钢筋的配筋率不宜大于 5%；

2）柱中纵向钢筋的净间距不应小于 50mm，且不宜大于 300mm；

3）偏心受压柱的截面高度不小于 600mm 时，在柱的侧面上应设置直径不小于 10mm 的纵向构造钢筋，并相应设置复合箍筋或拉筋；

4）圆柱中纵向钢筋不宜少于 8 根，不应少于 6 根，且宜沿周边均匀布置；

5）在偏心受压柱中，垂直于弯矩作用平面的侧面上的纵向受力钢筋以及轴心受压柱中各边的纵向受力钢筋，其中距不宜大于 300mm。

（2）柱中箍筋配置构造

柱中的箍筋应符合下列规定：

1）箍筋直径不应小于 $d/4$，且不应小于 6mm，d 为纵向钢筋的最大直径；

2）箍筋间距不应大于 400mm 及构件截面的短边尺寸，且不应大于 15d，d 为纵向钢筋的最小直径；

3）柱及其他受压构件中的周边箍筋应做成封闭式；对圆柱中的箍筋，搭接长度不应小于锚固长度，且末端应做成 135° 弯钩，弯钩末端平直段长度不应小于 5d，d 为箍筋直径；

4）当柱截面短边尺寸大于 400mm 且各边纵向钢筋多于 3 根时，或当柱截面短边尺寸不大于 400mm 但各边纵向钢筋多于 4 根时，应设置复合箍筋；

5）柱中全部纵向受力钢筋的配筋率大于 3% 时，箍筋直径不应小于 8mm，间距不应大于 10d，且不应大于 200mm。箍筋末端应做成 135° 弯钩，且弯钩末端平直段长度不应小于 10d，d 为纵向受力钢筋的最小直径；

6）在配有螺旋式或焊接环式箍筋的柱中，如在正截面受压承载力计算中考虑间接钢筋的作用时，箍筋间距不应大于 80mm 及 $d_{cor}/5$，且不宜小于 40mm，d_{cor} 为按箍筋内表面确定的核心截面直径。

（3）梁柱节点

1）梁纵向钢筋在框架中间层端节点的锚固应符合下列要求：①梁上部纵向钢筋伸入节点的锚固：当采用直线锚固形式时，锚固长度不应小于 l_a，且应伸过柱中心线，伸过的长度不宜小于 $5d$，d 为梁上部纵向钢筋的直径。当柱截面尺寸不满足直线锚固要求时，梁上部纵向钢筋可采用钢筋端部加机械锚头的锚固方式。梁上部纵向钢筋宜伸至柱外侧纵向钢筋内边，包括机械锚头在内的水平投影锚固长度不应小于 $0.4l_{ab}$（图 2.10-10a）。梁上部纵向钢筋也可采用 90°弯折锚固的方式，此时梁上部纵向

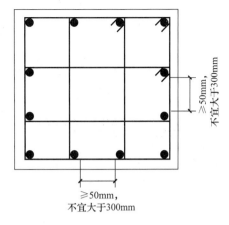

图 2.10-9　柱纵向钢筋间距

钢筋应伸至柱外侧纵向钢筋内边并向节点内弯折，其包含弯弧在内的水平投影长度不应小于 $0.4l_{ab}$，弯折钢筋在弯折平面内包含弯弧段的投影长度不应小于 $15d$（图 2.10-10b）。②框架梁下部纵向钢筋伸入端节点的锚固：当计算中充分利用该钢筋的抗拉强度时，钢筋的锚固方式及长度应与上部钢筋的规定相同；当计算中不利用该钢筋的强度或仅利用该钢筋的抗压强度时，伸入节点的锚固长度应分别符合中间节点梁下部纵向钢筋锚固的规定。

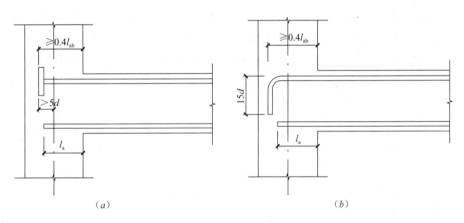

(a)　　　　　　　　　　　　　　　　(b)

图 2.10-10　梁上部纵向钢筋在中间层端节点内的锚固

(a) 钢筋端部加锚头锚固；(b) 钢筋末端 90°弯折锚固

2）框架中间层中间节点或连续梁中间支座，梁的上部纵向钢筋应贯穿节点或支座。梁的下部纵向钢筋宜贯穿节点或支座。当必须锚固时，应符合下列锚固要求：①当计算中不利用该钢筋的强度时，其伸入节点或支座的锚固长度对带肋钢筋不小于 $12d$，对光面钢筋不小于 $15d$，d 为钢筋的最大直径。②当计算中充分利用钢筋的抗压强度时，钢筋应按受压钢筋锚固在中间节点或中间支座内，其直线锚固长度不应小于 $0.7l_a$。③当计算中充分利用钢筋的抗拉强度时，钢筋可采用直线方式锚固在节点或支座内，锚固长度不应小于钢筋的受拉锚固长度 l_a（图 2.10-11a）。④当柱截面尺寸不足时，宜按采用钢筋端部加锚头的机械锚固措施，也可采用 90°弯折锚固的方式。⑤钢筋可在节点或支座外梁中弯矩较小处设置搭接接头，搭接长度的起始点至节点或支座边缘的距离不应小于 $1.5h_0$（图 2.10-11b）。

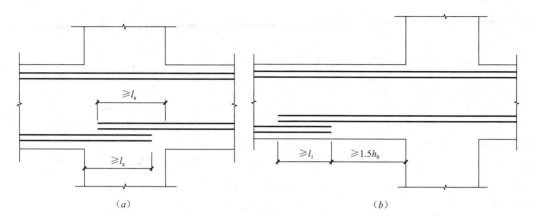

图 2.10-11 梁下部纵向钢筋在中间节点或中间支座范围的锚固与搭接

（a）下部纵向钢筋在节点中直线锚固；（b）下部纵向钢筋在节点或支座范围外的搭接

（4）柱顶的钢筋锚固

1）柱纵向钢筋应贯穿中间层的中间节点或端节点，接头应设在节点区以外。柱纵向钢筋在顶层中节点的锚固应符合下列要求：①柱纵向钢筋应伸至柱顶，且自梁底算起的锚固长度不应小于 l_a。②当截面尺寸不满足直线锚固要求时，可采用 90°弯折锚固措施。此时，包括弯弧在内的钢筋垂直投影锚固长度不应小于 $0.5l_{ab}$，在弯折平面内包含弯弧段的水平投影长度不宜小于 $12d$（图 2.10-12a）。③当截面尺寸不足时，也可采用带锚头的机械锚固措施。此时，包含锚头在内的竖向锚固长度不应小于 $0.5l_{ab}$（图 2.10-12b）。④当柱顶有现浇楼板且板厚不小于 100mm 时，柱纵向钢筋也可向外弯折，弯折后的水平投影长度不宜小于 $12d$。

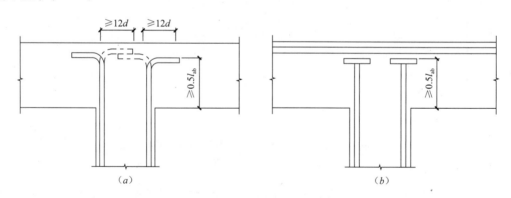

图 2.10-12 顶层节点中柱纵向钢筋在节点内的锚固

（a）柱纵向钢筋 90°弯折锚固；（b）柱纵向钢筋端头加锚板锚固

2）顶层端节点柱外侧纵向钢筋可弯入梁内作梁上部纵向钢筋；也可将梁上部纵向钢筋与柱外侧纵向钢筋在节点及附近部位搭接，搭接可采用下列方式：①搭接接头可沿顶层端节点外侧及梁端顶部布置，搭接长度不应小于 $1.5l_{ab}$（图 2.10-13a）。其中，伸入梁内的柱外侧钢筋截面面积不宜小于其全部面积的 65%；梁宽范围以外的柱外侧钢筋宜沿节点顶部伸至柱内边锚固。当柱外侧纵向钢筋位于柱顶第一层时，钢筋伸至柱内边后宜向下弯折不小于 $8d$ 后截断（图 2.10-13a），d 为柱纵向钢筋的直径；当柱外侧纵向钢筋位于柱顶第二层时，可不向下弯折。当现浇板厚度不小于 100mm 时，梁宽范围以外的柱外侧纵向钢筋也可伸入现浇板内，其长度与伸入梁内的柱纵向钢筋相同。②当柱外侧纵向钢筋配筋率大于 1.2% 时，伸入梁内的柱纵向钢筋应满足上一条的规定且宜分两批截断，截断点之间的距离不宜小于 $20d$，d 为柱外侧纵向钢筋的直径。梁上部纵向钢筋应伸至节点外侧并向下弯至梁下边缘高度位置截断。③纵向钢筋搭接接头也可沿节点柱顶外侧直线布置（图 2.10-13b），此时，搭接长度自柱顶算起不应小于 $1.7l_{ab}$。当梁上部纵向钢筋的配筋率大于 1.2% 时，弯入柱外侧的梁上部纵向钢筋应满足第 1 条规定的搭接长度，且宜分两批截断，其截断点之间的距离不宜小于 $20d$，d 为梁上部纵向钢筋的直径。④当梁的截面高度较大，梁、柱纵向钢筋相对较小，从梁底算起的直线搭接长度未延伸至柱顶即已满足 $1.5l_{ab}$ 的要求时，应将搭接长度延伸至柱顶并满足搭接长度 $1.7l_{ab}$ 的要求；或者从梁底算起的弯折搭接长度未延伸至柱内侧边缘即已满足 $1.5l_{ab}$ 的要求时，其弯折后包括弯弧在内的水平段的长度不应小于 $15d$，d 为柱纵向钢筋的直径。⑤柱内侧纵向钢筋的锚固应符合顶层中节点的要求。

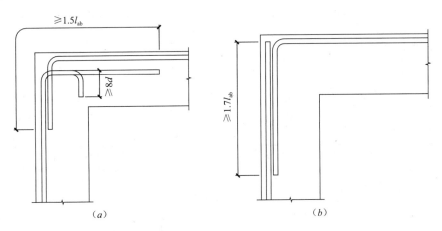

图 2.10-13 顶层端节点梁、柱纵向钢筋在节点内的锚固与搭接
（a）搭接接头沿顶层端节点外侧及梁端顶部布置；（b）搭接接头沿节点外侧直线布置

2.11 伸缩缝、防震缝、沉降缝与后浇带

2.11.1 伸缩缝

钢筋混凝土作为一种组合材料，二者的物理和力学性能的差异，在共同作用时必然会有不协调的情况。混凝土发生收缩或膨胀时，钢筋不会发生；温度变化时钢筋和混凝土的变形不协调，以及混凝土发生徐变等，都会使结构产生内力重分布，影响结构的变形和裂缝的发展。

我们都知道，钢筋混凝土结构是"带裂工作"的，而影响混凝土结构裂缝出现和发展的因素极为复杂，严格要求钢筋混凝土结构不出现裂缝是不现实的，即使能做到，代价也是非常大的。通过设置变形缝的方式可以减少混凝土结构裂缝出现的数量和宽度。

混凝土结构的伸（膨胀）缝、缩（收缩）缝合称伸缩缝。伸缩缝是结构缝的一种，目的是为减小由于温差（早期水化热或使用期季节温差）和体积变化（施工期或使用早期的混凝土收缩）等间接作用效应积累的影响，将混凝土结构分割为较小的单元，避免引起较大的约束应力和开裂。

由于现代水泥强度等级提高、水化热加大、凝固时间缩短；混凝土强度等级提高、拌合物流动性加大、结构的体量越来越大；为满足混凝土泵送、免振等工艺，混凝土的组分变化造成收缩增加，近年由此而引起的混凝土体积收缩呈增大趋势，现浇混凝土结构的裂缝问题比较普遍。

工程调查和试验研究表明，影响混凝土间接裂缝的因素很多，不确定性很大，而且近年间接作用的影响还有增大的趋势。工程实践表明，超长结构采取有效措施后也可以避免发生裂缝。

（1）钢筋混凝土结构伸缩缝的最大间距见 2.11-1。

钢筋混凝土结构伸缩缝最大间距（m）   表 2.11-1

结构类别		室内或土中	露 天
排架结构	装配式	100	70
框架结构	装配式	75	50
	现浇式	55	35
剪力墙结构	装配式	65	40
	现浇式	45	30
挡土墙、地下室墙壁等类结构	装配式	40	30
	现浇式	30	20

注：1. 装配整体式结构的伸缩缝间距，可根据结构的具体情况取表中装配式结构与现浇式结构之间的数值。
    2. 框架-剪力墙结构或框架-核心筒结构房屋的伸缩缝间距，可根据结构的具体情况取表中框架结构与剪力墙结构之间的数值。
    3. 当屋面无保温或隔热措施时，框架结构、剪力墙结构的伸缩缝间距宜按表中露天栏的数值取用。
    4. 现浇挑檐、雨罩等外露结构的局部伸缩缝间距不宜小于12m。

（2）采取以下措施可适当放宽伸缩缝的最大间距。

1）顶层、底层、山墙和纵墙端开间等受温度变化影响较大的部位提高配筋率；

2）顶层加强保温隔热措施，外墙设置外保温层；

3）每 30～40m 间留出施工后浇带，带宽 800～1000mm，钢筋采用搭接接头，后浇带混凝土宜在 45 天后浇筑；

4）采用收缩小的水泥、减少水泥用量、在混凝土中加入适宜的外加剂；

5）提高每层楼板的构造配筋率或采用部分预应力结构。

这里要注意的是：提高配筋率可以减小温度和收缩裂缝的宽度，并使其分布较均匀，避免出现明显的集中裂缝；在普通外墙设置外保温层是减少主体结构受温度变化影响的有效措施。

施工后浇带的作用在于减少混凝土的收缩应力，并不直接减少使用阶段的温度应力。所以通过后浇带的板、墙钢筋宜断开搭接，以便两部分的混凝土各自自由收缩；梁主筋断开问题较多，可不断开。后浇带应从受力影响小的部位通过（如梁、板 1/3 跨度处，连梁跨中等部位），不必在同一截面上，可曲折而行，只要将建筑物分开为两段即可。混凝土收缩需要相当长时间才能完成，一般在 45 天后收缩大约可以完成 60%，能更有效地限制收缩裂缝。

2.11.2 防震缝

当建筑结构体型复杂，平面、立面不规则时，往往采取设置防震缝的方法将体型复杂的结构分成体型相对简单的两个或多个结构单元。震害表明，当防震缝宽度较小时，在强烈地震作用下，相邻结构容易发生局部碰撞，引起缝两侧结构破坏。当防震缝较宽时会造成建筑立面处理起来很困难。因此，是否设置防震缝还要根据不同的具体情况具体处理。

防震缝可以结合沉降缝要求贯通到地基，当无沉降问题时可以从基础或地下室以上贯通。当有多层地下室，上部结构为带裙房的单塔或多塔时，可将裙房用防震缝自地下室以上分隔，地下室顶板应有良好的整体性和刚度，能将地震剪力分布到整个地下室结构。

（1）钢筋混凝土房屋防震缝宽度要求：

1）框架结构（包括设置少量抗震墙的框架结构）房屋的防震缝宽度，当高度不超过15m时不应小于100mm；高度超过15m时，6度、7度、8度和9度分别每增加高度5m、4m、3m和2m，宜加宽20mm；

2）框架-抗震墙结构房屋的防震缝宽度不应小于本款1）项规定数值的70%，抗震墙结构房屋的防震缝宽度不应小于本款1）项规定数值的50%；且均不宜小于100mm；

3）防震缝两侧结构类型不同时，宜按需要较宽防震缝的结构类型和较低房屋高度确定缝宽。

（2）防震缝两侧结构构造要求

8、9度框架结构房屋防震缝两侧结构层高相差较大时，防震缝两侧框架柱的箍筋应沿房屋全高加密，并可根据需要在缝两侧沿房屋全高各设置不少于两道垂直于防震缝的抗撞墙。抗撞墙的布置宜避免加大扭转效应，其长度可不大于1/2层高，抗震等级可同框架结构；框架构件的内力应按设置和不设置抗撞墙两种计算模型的不利情况取值。图2.11-1为抗撞墙示意图。

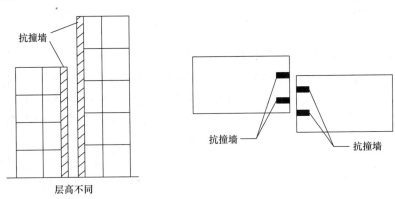

图 2.11-1 抗撞墙示意图

2.11.3 沉降缝

（1）软弱地基上的建筑、荷载差异较大或基础形式不同的建筑必要时可设置沉降缝。在满足使用和其他要求的前提下，建筑体型应力求简单。当建筑体型比较复杂时，宜根据其平面形状和高度差异情况，在适当部位用沉降缝将其划分成若干个刚度较好的单元；当高度差异或荷载差异较大时，可将两者隔开一定距离，当拉开距离后的两单元必须连接时，应采用能自由沉降的连接构造。

（2）建筑物的下列部位，宜设置沉降缝：

1）建筑平面的转折部位；

2）高度差异或荷载差异处；

3）长高比过大的砌体承重结构或钢筋混凝土框架结构的适当部位；

4）地基土的压缩性有显著差异处；

5）建筑结构或基础类型不同处；

6）分期建造房屋的交界处。

沉降缝应有足够的宽度，缝宽可按表 2.11-2 选用。

房屋沉降缝的宽度 表 2. 11-2

房屋层数	沉降缝宽度（mm）
二～三	50～80
四～五	80～120
五层以上	不小于 120

2. 11. 4 后浇带

（1）施工后浇带的种类

一般来讲，施工后浇带分为伸缩后浇带和沉降后浇带两种。顾名思义，伸缩后浇带是为解决超长混凝土结构混凝土浇筑硬化过程中收缩应力对结构不利影响而设置的。沉降后浇带是解决主楼与裙房之间沉降差异而设置的。

（2）施工后浇带的设置原则和构造

1）收缩后浇带一般 30～40m 设置一道，后浇带的宽度在 800～1000mm，在两侧混凝土浇筑 45 天后就可以浇灌。后浇的混凝土应比两侧混凝土强度等级提高一级，宜采用补偿收缩混凝土。

2）沉降后浇带一般设置在与主楼相连的裙房内，并从基础到裙房顶都要设置。沉降后浇带的浇筑时间一般在主楼结构封顶以后，也可根据沉降观测结果考虑适当提前浇筑混凝土。

3）施工后浇带中一般情况下不用设置加强钢筋。在单层配筋的楼板处，后浇带的位置可以在板顶附加一层钢筋网片，起一定的防裂作用。

4）后浇带施工时要注意做好竖向和水平支撑，保证施工过程中的结构稳定。后浇带浇筑混凝土时应清理两侧混凝土结合面上的浮浆、后浇带内的杂物等，并采取措施保证新旧混凝土结合紧密。

基础底板、地下室外墙后浇带做法见图 2.11-2、图 2.11-3，现浇楼板增加附加筋构造见图 2.11-4。

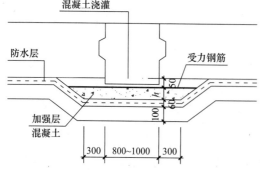

图 2.11-2 基础底板后浇带做法

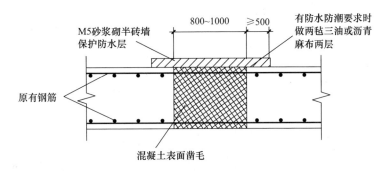

图 2.11-3　挡土墙、地下室外墙侧壁及顶部后浇带

其中，基础底板后浇带混凝土加强层内的受力钢筋的规格和数量应根据地下水水压力进行计算。后浇带处除了加强外防水外，还要保证混凝土的自防水性能，可以在后浇带两侧预留凹槽，也可以在浇筑后浇带混凝土时设置遇水膨胀橡胶止水带。遇水膨胀橡胶止水带要采用缓膨型橡胶止水带。

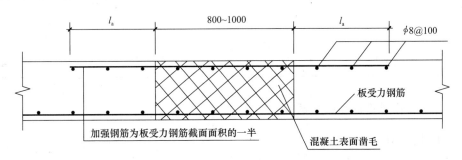

图 2.11-4　现浇板后浇带增加附加筋构造

2.12　钢筋数据表

2.12.1　钢筋的计算截面积及理论重量

钢筋的计算截面积及理论重量见表 2.12-1。

钢筋的计算截面积及理论重量　　　　　　　　　　　表 2.12-1

钢筋数据表											
同种钢筋面积表 A_s（mm²）											
钢筋直径（mm）	一根钢筋周长（mm）	钢筋根数									单根钢筋理论重量（kg/m）
		1	2	3	4	5	6	7	8	9	
6	18.9	28.3	57	85	113	142	170	198	226	255	0.222
8	25.1	50.3	101	151	201	252	302	352	402	453	0.395
10	31.4	78.5	157	236	314	393	471	550	628	707	0.617
12	37.7	113.1	226	339	452	565	678	791	904	1017	0.888
14	44.0	153.9	308	461	615	769	923	1077	1231	1385	1.21

续表

钢筋直径 (mm)	一根钢筋周长 (mm)	钢筋根数									单根钢筋理论重量 (kg/m)
		1	2	3	4	5	6	7	8	9	
16	50.3	201.1	402	603	804	1005	1206	1407	1608	1809	1.58
18	56.5	254.5	509	763	1017	1272	1527	1781	2036	2290	2.00 (2.11)
20	62.8	314.2	628	942	1256	1570	1884	2199	2513	2827	2.47
22	69.1	380.1	760	1140	1520	1900	2281	2661	3041	3421	2.98
25	78.5	490.9	982	1473	1964	2454	2945	3436	3927	4418	3.85 (4.10)
28	88	615.8	1232	1847	2463	3079	3695	4310	4926	5542	4.83
32	100.5	804.2	1609	2413	3217	4021	4826	5630	6434	7238	6.31 (6.65)
36	113.1	1017.9	2036	3054	4072	5089	6107	7125	8143	9161	7.99
40	126	1256.6	2513	3770	5027	6283	7540	8796	10053	11310	9.87 (10.34)
50	157	1963.5	3928	5892	7856	9820	11784	13748	15712	17676	15.42 (16.28)

2.12.2　梁内单排钢筋最大数量

梁内单排钢筋最大根数见表 2.12-2。

梁内单排钢筋最大根数　　　　　　　　　　　　　　　　表 2.12-2

梁宽 b (mm)	梁内单排钢筋最大根数									
	钢筋直径 (mm)									
	10	12	14	16	18	20	22	25	28	32
150	3	3	2	2	2	2	2	2		
200	4	4	3/4	3/4	3	3	3	2/3	2/3	2
220	4/5	4/5	4	4	4	3/4	3/4	3	2/3	2/3
250	5/6	5	5	4/5	4/5	4	4	3/4	3	2/3
300	6/7	6/7	6	5/6	5/6	5	4/5	4/5	4	3/4
350	7/8	7/8	7	6/7	6/7	6	5/6	5/6	4/5	4/5
400	9/10	8/9	8/9	7/8	7/8	7	6/7	6/7	5/6	4/5
450			9/10	9/10	8/9	8/9	7/8	6/8	6/7	5/6
500			10/11	10/11	9/10	9/10	8/9	7/9	6/8	6/7
550					10/11	10/11	9/10	8/10	7/9	6/8
600					11/13	11/12	10/12	9/11	8/10	7/8

梁宽 b (mm)	钢筋直径（mm）									
	10	12	14	16	18	20	22	25	28	32
650					$\frac{12}{14}$	$\frac{12}{13}$	$\frac{11}{12}$	$\frac{10}{12}$	$\frac{8}{11}$	$\frac{7}{9}$
700					$\frac{13}{15}$	$\frac{13}{14}$	$\frac{12}{13}$	$\frac{10}{13}$	$\frac{9}{11}$	$\frac{8}{10}$
750					$\frac{15}{16}$	$\frac{14}{15}$	$\frac{13}{15}$	$\frac{11}{14}$	$\frac{10}{12}$	$\frac{9}{11}$
800					$\frac{16}{17}$	$\frac{15}{17}$	$\frac{14}{16}$	$\frac{12}{15}$	$\frac{11}{13}$	$\frac{10}{12}$

注：1. 表内分数值其分子为梁截面上部钢筋排成一排时最大根数；分母为梁截面下部钢筋排成一排时最大根数。
2. 梁上部纵向钢筋的净间距不应小于 30mm 和 $1.5d$（d 为钢筋的最大直径），下部钢筋的净间距不应小于 25mm 和 d；梁的下部纵向钢筋配置多于两层时，钢筋水平方向的中距应比下面的两层的中距大一倍。

2.12.3 每米板宽范围内钢筋截面积

每米板宽钢筋截面积见表 2.12-3。

每米板宽钢筋截面积 　　　　　　　　表 2.12-3

各种钢筋间距板每 m 宽钢筋截面积 A_s（mm²）

钢筋间距 (mm)	钢筋直径（mm）														
	6	6/8	8	8/10	10	10/12	12	14	16	18	20	22	25	28	32
70	404	561	719	920	1121	1369	1616	2199	2873	3636	4489	5430	7013	8797	11489
75	377	524	671	859	1047	1277	1508	2052	2681	3393	4189	5068	6545	8211	10723
80	354	491	629	805	981	1198	1414	1924	2514	3181	3928	4751	6136	7698	10053
85	333	462	592	758	924	1127	1331	1811	2366	2994	3696	4472	5775	7245	9461
90	314	437	559	716	872	1064	1257	1710	2234	2828	3491	4223	5454	6842	8936
95	298	414	529	678	826	1008	1191	1620	2117	2679	3307	4001	5167	6482	8465
100	283	393	503	644	785	958	1131	1539	2011	2545	3142	3801	4909	6158	8042
110	257	357	457	585	714	871	1028	1399	1828	2314	2856	3455	4463	5598	7311
120	236	327	419	537	654	798	943	1283	1676	2121	2618	3168	4091	5132	6702
125	226	314	402	515	628	766	905	1231	1609	2036	2514	3041	3927	4926	6434
130	218	302	387	495	604	737	870	1184	1547	1958	2417	2924	3776	4737	6186
140	202	281	359	460	561	684	808	1099	1436	1818	2244	2715	3506	4399	5744
150	189	262	335	429	523	639	754	1026	1341	1697	2095	2534	3273	4105	5361
160	177	246	314	403	491	599	707	962	1257	1591	1964	2376	3068	3849	5026
170	166	231	296	379	462	564	665	905	1183	1497	1848	2236	2888	3622	4731
180	157	218	279	358	436	532	628	855	1117	1414	1746	2112	2727	3421	4468
190	149	207	265	339	413	504	595	810	1058	1339	1654	2001	2584	3241	4233
200	141	196	252	322	393	479	566	770	1006	1273	1571	1901	2455	3079	4021
210	135	187	240	307	374	456	539	733	958	1212	1496	1810	2338	2932	3830
220	129	179	229	292	357	436	514	700	914	1157	1428	1728	2231	2799	3655

续表

钢筋间距 (mm)	钢筋直径 (mm)														
	6	6/8	8	8/10	10	10/12	12	14	16	18	20	22	25	28	32
230	123	171	219	280	341	417	492	669	874	1107	1366	1653	2134	2677	3497
240	118	164	210	268	327	399	471	641	838	1060	1309	1584	2045	2566	3351
250	113	157	201	258	314	385	452	616	804	1018	1257	1520	1964	2463	3217
260	109	151	193	248	302	368	435	592	773	979	1208	1462	1888	2368	3093
270	105	145	186	239	291	355	419	570	745	943	1164	1408	1818	2281	2979
280	101	140	180	230	280	342	404	550	718	909	1122	1358	1753	2199	2872
290	98	135	173	222	271	330	390	531	693	878	1083	1311	1693	2123	2773
300	94	131	168	215	262	320	377	513	670	848	1047	1267	1636	2053	2681
310	91	127	162	208	253	309	365	496	649	821	1014	1226	1584	1986	2594
320	88	123	157	201	245	299	353	481	628	795	982	1188	1534	1924	2513
330	86	119	152	195	238	290	343	466	609	771	952	1152	1488	1866	2437

第3章 框架结构

3.1 框架结构体系与布置

3.1.1 结构体系

框架结构是由竖向构件框架柱与水平构件框架梁通过刚性节点连接而成的结构体系。由梁和柱组成的框架共同承受水平荷载和竖向荷载。

多层和高层民用建筑，以及多层工业建筑中，框架结构的应用较多。框架结构便于建筑平面灵活布置，易于布置较大的房间。柱网可根据建筑平面和生产工艺要求，灵活布置设备和管道系统。

混凝土框架结构根据施工方法的不同，分为全现浇钢筋混凝土框架、装配式钢筋混凝土框架和装配整体式钢筋混凝土框架等结构形式。装配整体式框架可采用梁、柱、板均为预制或梁、板采取预制梁、板，框架柱采用现浇的方法。在预制构件吊装就位后，焊接或绑扎节点区钢筋，浇筑节点区混凝土，从而将梁、柱、板连成整体。装配式框架结构施工速度快、效率高，但是结构的整体性较差，抗震能力弱，不宜在地震区采用。采用装配整体式楼、屋盖时，应采取板面浇筑叠合层等措施保证楼、屋盖的整体性，同时确保预制楼板端部钢筋锚接在梁的叠合层内有可靠拉结。20世纪七八十年代采用预制混凝土构件的房屋很多，诞生了大量相应的规范、规程和图集。近年来随着商品混凝土的推广，以及预制构件厂的减少，预制框架的应用越来越少，大多数框架结构都采用全现浇钢筋混凝土结构。

3.1.2 结构布置

（1）震害特点

汶川地震中，框架结构房屋的破坏较多，而且相对于框架-剪力墙结构和剪力墙结构来讲，框架结构的震害相对较严重。其原因主要有以下几个方面：

1）框架的设计上没有做到"强柱弱梁"。震害特点一般是梁柱节点的下端出现破坏。目前国内框架结构大多设计为大柱网，柱子间距较大，以此来满足建筑大空间和灵活进行室内分隔的要求。但是过大的柱网对实现"强柱弱梁"，增加框架延性带来一定困难。汶川地震后对框架结构的震害调查发现，大量框架结构并没有实现"强柱弱梁"的屈服破坏机制。柱是压弯构件，其变形能力不如作为弯曲构件的梁。较大的柱网往往造成梁的截面尺寸较大，同时，现浇的楼板大大增加了框架梁的刚度和承载力。由于梁端承载力和刚度均大于柱端，地震中框架无法形成梁铰机制，塑性铰过早且过于集中地出现在柱端，造成框架结构难以修复的严重破坏。

2) 砌体填充墙和外墙布置不当，与主体结构连接不合理对框架结构的不利影响。框架内的填充墙与周边框架刚性连接，增加了框架结构的刚度，并对框架梁柱节点区域产生挤压，特别是半高的窗下墙造成框架柱局部形成短柱，造成框架柱剪切破坏。填充墙布置不当，造成质量和刚度的不均匀，产生扭转效应和竖向刚度突变。

3) 框架结构中楼梯段及楼梯间隔墙破坏严重。汶川地震中发现大量楼梯段拉断现象，说明楼梯斜板在地震作用下发挥了沿竖向的支撑作用，楼梯斜板成了拉、压杆件，而结构设计时往往没有考虑楼梯段的支撑作用。楼梯间布置不当会使整个结构产生扭转不规则而导致震害严重。

（2）框架结构布置原则

1) 应沿结构的两个主轴方向布置双向框架，框架梁与柱宜正交，尽量避免斜交框架。

2) 结构布置在立面上避免较大的悬挑和收进，竖向构件宜连续布置，避免竖向刚度不均匀。

3) 填充墙的布置平面上宜均匀对称，竖向上宜连续布置。

4) 楼梯间、电梯间的布置宜对称，不应引起结构较大的扭转。

3.2 框架结构抗震设计要点

3.2.1 框架结构的抗震设计原则

根据"三个水准"的抗震设防目标的要求，在第二、第三水准时，结构的部分构件已经进入弹塑性阶段，结构在保持一定承载能力的情况下，通过弹塑性变形来耗散地震能量。框架结构需要有足够的变形能力来保证"大震不倒"。结构的抗震设计的一个重要概念就是控制合理的屈服机制和屈服过程，就是所谓的"破坏机制"。框架结构较有利的屈服顺序应该是梁端先出现塑性铰，而后是柱底出现塑性铰。

（1）强柱弱梁

为实现梁铰机制，延性框架要求"强柱弱梁"。框架柱的极限受弯承载力应该大于梁的极限受弯承载力。规范是用内力调整的方式实现"强柱弱梁"，避免柱铰机制。同时，对于框架柱还有轴压比、剪压比和配箍率等控制，在一定程度上弥补内力调整的不足，进一步提高柱的延性要求。

（2）强剪弱弯

"强剪弱弯"是要保证构件的延性。为了防止构件的脆性破坏，要求梁或柱的受剪承载能力要大于其受弯承载能力。

（3）强节点弱杆件

框架节点发生一旦破坏，意味着交汇于节点的梁、柱全部失效，所以要求梁柱节点要基本处于弹性状态，不能先于梁、柱破坏。节点核心区是柱的一部分，即使在地震中节点核心区出现裂缝，也要与框架柱一体保证竖向力的有效传递，应能承受上部结构的自重，做到"大震不倒"。

延性框架结构节点的抗震设计要求有以下几点：

1) 节点的强度不小于框架形成铰机构时所对应的最大强度。

2）柱子的承载力不应由于节点刚度衰减而受到损坏。节点也应该作为柱子的一部分来考虑。

3）在中等程度的地震作用下，节点应保持弹性。

4）节点的变形不得明显增大楼层侧移。

5）保证节点理想性能所采取的节点配筋形式应易于施工制作。

3.2.2 框架结构的抗震设计要点

（1）水平地震和风荷载是由两个正交方向的作用构成的，所以框架结构应设计成双向梁、柱抗侧力体系。主体结构除个别部位外，不应采用铰接。

钢筋混凝土框架结构不宜采用横向为框架、纵向为连系梁的结构体系，应尽量使纵横向的抗震能力相匹配。框架结构在两个主轴方向的动力特性宜相近，当纵、横两个方向的抗震能力相差过大时，在强烈地震中往往由于抗震能力较弱一侧过早破坏导致结构丧失空间协同工作能力而发生整体倒塌。

（2）抗震设计的甲乙类建筑以及高度大于24m的丙类建筑，不应采用冗余度低的单跨框架结构；高度不大于24m的丙类建筑不宜采用单跨框架结构。

震害调查表明，单跨框架结构，尤其是层数较多的高层建筑，震害比较严重。单跨框架结构是指整栋建筑全部或绝大部分采用单跨框架的结构，或者两个主轴方向中某个主轴方向均为单跨的框架结构，不包括仅局部为单跨框架的框架结构。框架-剪力墙结构中的框架，可以是单跨框架，但单跨框架范围较大且单跨框架两侧剪力墙间距较大或者顶层采用单跨框架时，均对抗震不利，需适当加强。

（3）对于剧场、会议中心等空旷且体型复杂的建筑物，应设法加强其抗侧刚度，应尽量在可能的位置布置剪力墙，较多数量的抗震墙可以很大程度的提高其抗震能力。

（4）框架结构的填充墙及隔墙宜选用轻质墙体，抗震设计时，框架结构如采用砌体填充墙，其布置应符合下列规定：

1）避免形成上、下层刚度变化过大。

2）避免形成短柱。

3）减少因抗侧刚度偏心而造成的结构扭转。

框架结构如采用砌体填充墙，布置时出现上部若干层填充墙布置较多，底部大空间填充墙布置较少，往往造成结构上下刚度变化过大；当位于外墙柱子轴线上，有通长窗台墙嵌砌在柱子之间时，会形成短柱；填充墙布置偏于平面的一侧，布置不均匀时，形成较大的质量和刚度的偏心。由于填充墙是由建筑专业布置，结构图纸上不予表示，更加需要充分重视。在允许的情况下，多采用轻质材料墙体，如轻钢龙骨石膏板墙、石膏板空心墙等。

（5）框架梁、柱中心线宜重合。当梁柱中心线不能重合时，在计算中应考虑偏心对梁柱节点核心区受力和构造的不利影响，以及梁荷载对柱子的偏心影响。梁、柱中心线之间的偏心距，9度抗震设计时不应大于柱截面在该方向宽度的1/4；非抗震设计和6~8度抗震设计时不宜大于柱截面在该方向宽度的1/4，如偏心距大于该方向柱宽的1/4时，可采取增设梁的水平加腋等措施。

试验表明，当梁柱偏心较大时，梁柱节点在反复作用下承受剪力的同时还承受较大的

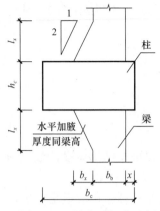

图 3.2-1　梁水平加腋示意图

扭矩，受力状态较梁柱中心布置的节点复杂，其核心区抗剪面积不一定是柱的全宽度上的面积，受剪承载力有所降低。同时，由于梁柱偏心，柱节点位置承受较大扭矩，也会引起柱纵向劈裂。梁柱偏心的节点通过水平加腋可减少扭矩的作用，同时也增加了节点核心区抗剪的有效范围，见图 3.2-1、图 3.2-2。水平加腋的偏心节点的受剪承载力会大大提高。

梁的水平加腋厚度可取梁截面高度，其水平尺寸宜满足下列要求：

$$b_x / l_x \leqslant 1/2$$
$$b_x / b_b \leqslant 2/3$$
$$b_b + b_x + x \geqslant b_c / 2$$

式中　b_x——梁水平加腋宽度（mm）；

　　　l_x——梁水平加腋长度（mm）；

　　　b_b——梁截面宽度（mm）；

　　　b_c——沿偏心方向柱截面宽度（mm）；

　　　x——非加腋侧梁边到柱边的距离（mm）。

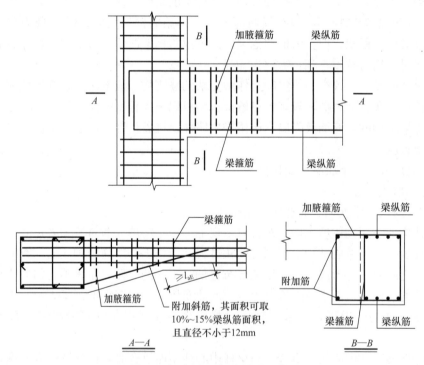

图 3.2-2　梁水平加腋构造示意图

梁采用水平加腋时，框架节点有效宽度 b_j 宜符合下式要求：

当 $x = 0$ 时，b_j 按下式计算：$b_j \leqslant b_b + b_x$

当 $x \neq 0$ 时，b_j 取式（1）和式（2）计算的较大值，且应满足式（3）的要求：

$$b_j \leqslant b_b + b_x + x \tag{1}$$

$$b_j \leqslant b_b + 2x \qquad\qquad (2)$$
$$b_j \leqslant b_b + 0.5h_c \qquad\qquad (3)$$

式中 h_c——柱截面高度（mm）。

采用水平加腋方法，能明显改善梁柱节点的承受反复荷载性能，但设置水平加腋后，仍须考虑梁柱偏心的不利影响。实际工程中，常遇到建筑外（幕）墙居于轴线外侧，此时应优先采用梁上挑板的方式承托外（幕）墙，不宜将框架梁偏轴布置。

（6）框架结构按抗震设计时，不应采用部分由砌体墙承重之混合形式。框架结构中的楼、电梯间及局部出屋顶的电梯机房、楼梯间、水箱间等，应采用框架承重，不应采用砌体墙承重。

框架结构与砌体结构是两种截然不同的结构体系，其抗侧刚度、变形能力等相差很大，这两种结构在同一建筑物中混合使用，对建筑物的抗震性能将产生很不利的影响，甚至造成严重破坏。如必须同时应用，应以防震缝将此两种结构分开。

（7）抗震设计时，框架结构的楼梯间应符合下列规定：

1）楼梯间的布置应尽量减小其造成的结构平面不规则。

2）宜采用现浇钢筋混凝土楼梯，楼梯结构应有足够的抗倒塌能力。

3）宜采取措施减小楼梯对主体结构的影响。

4）当钢筋混凝土楼梯与主体结构整体连接时，应考虑楼梯对地震作用及其效应的影响，并应对楼梯构件进行抗震承载力验算。

2008 年汶川地震震害进一步表明，框架结构中的楼梯及周边构件破坏严重。在震后新版抗震规范中增加了楼梯的抗震设计要求。抗震设计时，楼梯间为主要疏散通道，其结构应有足够的抗倒塌能力，楼梯应作为结构构件进行设计。框架结构中楼梯构件的组合内力设计值应包括与地震作用效应的组合，楼梯梁、柱的抗震等级应与框架结构本身相同。框架结构中，钢筋混凝土楼梯自身的刚度对结构地震作用和地震反应有着较大的影响，若楼梯布置不当会造成结构平面不规则，抗震设计时应尽量避免出现这种情况。

震害调查中发现框架结构中的楼梯板破坏严重，被拉断的情况非常普遍，因此应进行抗震设计，并加强构造措施，宜采用双排配筋。

（8）抗震设计时，砌体填充墙及隔墙应具有自身稳定性，并应符合下列规定：

1）砌体的砂浆强度等级不应低于 M5，当采用砖及混凝土砌块时，砌块的强度等级不应低于 MU5；采用轻质砌块时，砌块的强度等级不应低于 MU2.5。墙顶应与框架梁或楼板密切结合。

2）砌体填充墙应沿框架柱全高每隔 500mm 左右设置 2 根直径 6mm 的拉筋，6 度时拉筋宜沿墙全长贯通，7、8、9 度时拉筋应沿墙全长贯通。

3）墙长大于 5m 时，墙顶与梁（板）宜有钢筋拉结；墙长大于 8m 或层高的 2 倍时，宜设置间距不大于 4m 的钢筋混凝土构造柱；墙高超过 4m 时，墙体半高处（或门洞上皮）宜设置与柱连接且沿墙全长贯通的钢筋混凝土水平系梁。

4）楼梯间采用砌体填充墙时，应设置间距不大于层高且不大于 4m 的钢筋混凝土构造柱，并应采用钢丝网砂浆面层加强。

汶川地震中，框架结构中的砌体填充墙破坏严重。在震后新版规范中明确了用于填充墙的砌块强度等级，提高了砌体填充墙与主体结构的拉结要求、构造柱设置要求以及楼梯间砌体墙构造要求。

（9）按抗震设计的框架结构，当楼、电梯间采用钢筋混凝土墙时，应按框架-剪力墙结构考虑。

当结构中布置了少量剪力墙时，如，仅楼梯间和电梯井为剪力墙，其余均是框架结构，由于框架结构在水平力作用下变形呈剪切型，而剪力墙为弯曲型，整体计算分析时应根据在规定的水平力作用下结构底层框架部分承受的地震倾覆力矩与结构总地震倾覆力矩的比值，确定相应的设计方法，并符合相应规定。如因楼、电梯间位置较偏等原因，不宜作为剪力墙考虑时，可采取将此剪力墙减薄，开竖缝、开结构洞、配置少量单排筋等方法，以减少其效能。此时，与墙相连的柱，配筋宜适当增加。

（10）现浇框架的混凝土强度等级：当为一级抗震时，不宜低于 C30；当为二、三级抗震或非抗震设计时，不宜低于 C20。

（11）在结构内力与位移计算中，现浇楼面和装配整体式楼面的楼板作为梁的有效翼缘形成 T 形截面，提高了楼面梁的刚度，结构计算时应予考虑。

当近似其影响时，应根据梁翼缘尺寸与梁截面尺寸的比例关系确定增大系数的取值。通常现浇楼面的边框架梁可取 $I=1.5I_0$，中框架梁可取 $I=2.0I_0$（I_0 为梁的矩形部分的惯性矩）；有现浇面层的装配式楼面梁的刚度增大系数可适当减小。当框架梁截面较小而楼板较厚或者梁截面较大而楼板较薄时，梁刚度增大系数可能会超出 1.5～2.0 的范围，因此规定增大系数可取 1.3～2.0。

（12）不与框架柱相连的次梁，可按非抗震要求进行设计。

图 3.2-3 为框架楼层平面中的一个区格。图中梁 L1 两端不与框架柱相连，因而不参与抗震，所以梁 L1 的构造可按非抗震要求。图中梁 L2 与 L1 不同，其一端与框架柱相连，另一端与梁相连；与框架柱相连端应按抗震设计，其要求应与框架梁相同，与梁相连端构造可同 L1 梁。

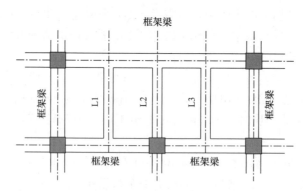

图 3.2-3　结构平面中次梁示意图

3.3　框架梁构造要求

3.3.1　框架梁的截面形式

在工业和民用建筑结构中，常用的截面形状有矩形、T 形、倒 L 形、倒 T 形、I 字形、花篮形，在工程中如确为实际需要，也可采用空心形、双肢形和箱形等。根据不同的结构要求，选择不同的截面形式。在整体现浇结构中，一般选择矩形、T形和箱形截面，在装配式结构中，为了搁置预制板，可采用T形、倒T形、花篮形等。

3.3.2 框架梁的截面选择

框架结构的主梁截面高度可按计算跨度的 1/10～1/18 确定；梁净跨与截面高度之比不宜小于 4。梁的截面宽度不宜小于梁截面高度的 1/4，也不宜小于 200mm。

当梁高较小或采用扁梁时，除应验算其承载力和受剪截面要求外，尚应满足刚度和裂缝的有关要求。在计算梁的挠度时，可扣除梁的合理起拱值；对现浇梁板结构，宜考虑梁受压翼缘的有利影响。

过去规定框架主梁的截面高度为计算跨度的 1/8～1/12，已不能满足近年来大量兴建的高层建筑对于层高的要求。近来我国一些设计单位，已大量设计了梁高较小的工程，对于 8m 左右的柱网，框架主梁截面高度为 450mm 左右，宽度为 350mm～600mm 的工程实例也较多。国外规范规定的框架梁高跨比，较我国小。例如美国 ACI 318—08 规定梁的高跨比见表 3.3-1。

美国 ACI318-08 对梁高跨比的规定　　　　表 3.3-1

支撑情况	简支梁	一端连续梁	两端连续梁
高跨比	1/16	1/18.5	1/21

注：以上数值适用于钢筋屈服强度为 420MPa 者，其他钢筋，此数值应乘以 $(0.4+f_{yk}/700)$。

新西兰 DZ3101-06 规定见表 3.3-2。

新西兰 DZ3101-06 对梁高跨比的规定　　　　表 3.3-2

支撑情况	简支梁	一端连续梁	两端连续梁
钢筋 300MPa	1/20	1/23	1/26
钢筋 430MPa	1/17	1/19	1/22

从以上数据可以看出，我们规定的高跨比下限 1/18，比国外规范要严。当设计人员确有可靠依据且工程上有需要时，梁的高跨比也可小于 1/18。在工程中，如果梁承受的荷载较大，可以选择较大的高跨比。

3.4　框架柱构造要求

3.4.1 框架柱的截面选择

框架柱截面尺寸宜符合表 3.4-1 的要求：

框架柱截面尺寸要求		表 3.4-1
柱截面形式		最小截面尺寸（mm）
矩形柱 ▭	抗震等级为四级或房屋层数不超过 2 层	边长≥300
	抗震等级为一、二、三级且房屋层数超过 2 层	边长≥400
圆形柱 ◯	抗震等级为四级或房屋层数不超过 2 层	直径≥350
	抗震等级为一、二、三级且房屋层数超过 2 层	直径≥450

注：1. 矩形柱长边与短边之比不宜大于 3。
　　2. 柱的剪跨比宜大于 2。
　　3. 错层处框架柱的截面高度不应小于 600mm。

考虑到抗震安全性，《建筑抗震设计规范》GB 50011—2010 提高了抗震设计时柱截面最小尺寸的要求。一、二、三级抗震设计时，矩形截面柱最小截面尺寸由 300mm 改为 400mm，圆柱最小直径由 350mm 改为 450mm。

3.4.2　框架柱的轴压比

抗震设计时，钢筋混凝土柱轴压比不宜超过表 3.4-2 的规定；对于 IV 类场地上较高的高层建筑，其轴压比限值应适当减小。"较高的高层建筑"是指，高于 40m 的框架结构或高于 60m 的其他结构体系的混凝土房屋建筑。

柱轴压比限值				表 3.4-2
结构类型	抗震等级			
	一级	二级	三级	四级
框架结构	0.65	0.75	0.85	0.90
框架-抗震墙，板柱-抗震墙及筒体	0.75	0.85	0.90	0.95
部分框支剪力墙	0.60	0.70		

注：1. 轴压比指柱考虑地震作用组合的轴压力设计值与柱全截面面积和混凝土轴心抗压强度设计值乘积的比值。
　　2. 表内数值适用于混凝土强度等级不高于 C60 的柱。当混凝土强度等级为 C65、C70 时，轴压比限值应比表中数值降低 0.05；当混凝土强度等级为 C75、C80 时，轴压比限值应比表中数值降低 0.10。
　　3. 表内数值适用于剪跨比大于 2 的柱；剪跨比不大于 2 但不小于 1.5 的柱，其轴压比限值应比表中数值减小 0.05；剪跨比小于 1.5 的柱，其轴压比限值应专门研究并采取特殊构造措施。
　　4. 当沿柱全高采用井字复合箍，箍筋间距不大于 100mm、肢距不大于 200mm、直径不小于 12mm，或当沿柱全高采用复合螺旋箍，箍筋螺距不大于 100mm、肢距不大于 200mm、直径不小于 12mm，或当沿柱全高采用连续复合螺旋箍，且螺距不大于 80mm、肢距不大于 200mm、直径不小于 10mm 时，轴压比限值可增加 0.10。
　　5. 当柱截面中部设置由附加纵向钢筋形成的芯柱，且附加纵向钢筋的截面面积不小于柱截面面积的 0.8% 时，柱轴压比限值可增加 0.050 当本项措施与注 4 的措施共同采用时，柱轴压比限值可比表中数值增加 0.15，但箍筋的配箍特征值仍可按轴压比增加 0.10 的要求确定。
　　6. 调整后的柱轴压比限值不应大于 1.05。

3.5　现浇框架梁、柱纵筋构造

3.5.1　框架梁纵筋构造要求

（1）纵向受拉钢筋的最小配筋百分率 $\rho_{\min}$（%），非抗震设计时不应小于 0.2 和 $45f_t/$

f_y 二者的较大值；抗震设计时，不应小于表 3.5-1 规定的数值。

框架梁纵向受拉钢筋的最小配筋率（％） 表 3.5-1

抗震等级	梁中位置	
	支座	跨中
一级	0.40 和 $80f_t/f_y$ 中的较大值	0.30 和 $65f_t/f_y$ 中的较大值
二级	0.30 和 $65f_t/f_y$ 中的较大值	0.25 和 $55f_t/f_y$ 中的较大值
三级、四级	0.25 和 $55f_t/f_y$ 中的较大值	0.20 和 $45f_t/f_y$ 中的较大值

（2）框架梁梁端截面的底部和顶部纵向受力钢筋截面面积的比值，除按计算确定外，一级抗震等级不应小于 0.5；二、三级抗震等级不应小于 0.3。

（3）沿梁全长顶面和底面至少应各配置两根通长的纵向钢筋，对一、二级抗震等级，钢筋直径不应小于 14mm，且分别不应少于梁顶面和底面两端纵向受力钢筋中较大截面面积的 1/4；对三、四级抗震等级，钢筋直径不应小于 12mm。

（4）框架中间层中间节点处，框架梁的上部纵向钢筋应贯穿中间节点。贯穿中柱的每根梁纵向钢筋直径，对于 9 度设防烈度的各类框架和一级抗震等级的框架结构，不宜大于矩形截面柱在该方向截面尺寸的 1/25，或纵向钢筋所在位置圆形截面柱弦长的 1/25；二、三级抗震等级，对框架结构不应大于矩形截面柱在该方向的截面尺寸的 1/20，或纵向钢筋所在位置圆形截面柱弦长的 1/20。对其他结构类型中的框架不宜大于矩形截面柱在该方向截面尺寸的 1/20，或纵向钢筋所在位置圆形截面柱弦长的 1/20。

（5）抗震设计时，梁端纵向受拉钢筋的配筋率不宜大于 2.5％，不应大于 2.75％；当梁端受拉钢筋的配筋率大于 2.5％时，受压钢筋的配筋率不应小于受拉钢筋的一半。

最大配筋率主要考虑因素包括保证梁端截面的延性、梁端配筋不致过密而影响混凝土的浇筑质量等，但是不宜给一个确定的数值作为强制性条文内容。根据国内外试验资料，受弯构件的延性随其配筋率的提高而降低。但当配置不少于受拉钢筋 50％的受压钢筋时，其延性可以与低配筋率的构件相当。新西兰规范规定，当受弯构件的压区钢筋大于拉区钢筋的 50％时，受拉钢筋配筋率不大于 2.5％的规定可以适当放松。当受压钢筋不少于受拉钢筋的 75％时，其受拉钢筋配筋率可提高 30％，也即配筋率可放宽至 3.25％。

（6）梁端计入受压钢筋作用的混凝土受压区高度和有效高度之比，一级不应大于 0.25，二、三级不应大于 0.35。

（7）框架梁的纵向钢筋不应与箍筋、拉筋及预埋件等焊接。

梁的纵筋与箍筋、拉筋等作十字交叉形的焊接时，容易使纵筋变脆，对于抗震不利。当采用焊接封闭箍时应特别注意避免出现箍筋与纵筋焊接在一起的情况，但钢筋与构件端部锚板可采用焊接。

3.5.2 框架柱纵筋构造要求

（1）抗震设计时，宜采用对称配筋。

（2）框架边柱和角柱考虑地震作用组合产生小偏心受拉时，柱内纵筋总截面面积应比计算值增加 25%。

（3）截面尺寸大于 400mm 的柱，一、二、三级抗震设计时其纵向钢筋间距不宜大于 200mm，抗震等级为四级和非抗震设计时，柱纵向钢筋间距不宜大于 300mm；柱纵向钢筋净距均不应小于 50mm。

（4）全部纵向钢筋的配筋率，非抗震设计时不宜大于 5%、不应大于 6%，抗震设计时不应大于 5%。一级且剪跨比不大于 2 的柱，其单侧纵向受拉钢筋的配筋率不宜大于 1.2%。

（5）框架柱和框支柱中全部纵向受力钢筋的最小配筋百分率详见表 3.5-2。

柱截面全部纵向钢筋的最小总配筋率（%）　　　　　　　　　　表 3.5-2

类　别	钢筋屈服强度标准值 $f_{yk}(N/mm^2)$	抗震等级			
		一级	二级	三级	四级
中柱、边柱	500	0.9（1.0）	0.7（0.8）	0.6（0.7）	0.5（0.6）
	400	0.9（1.05）	0.7（0.85）	0.6（0.75）	0.5（0.65）
	335	1.0（1.1）	0.8（0.9）	0.7（0.8）	0.6（0.7）
角柱	500	1.1	0.9	0.8	0.7
	400	1.15	0.95	0.85	0.75
	335	1.2	1.0	0.9	0.8
框支柱	500	1.1	0.9	—	—
	400	1.15	0.95	—	—
	335	1.2	1.0	—	—

注：1. 表中括号内数值用于纯框架结构柱。
　　2. 当混凝土强度等级为 C60 以上时，应按表中数值加 0.1 采用。
　　3. 对建造于 IV 类场地上较高的高层建筑，最小配筋百分率应增加 0.1。
　　4. 柱纵向钢筋的最小配筋率除按上表采用外，同时每一侧的配筋率不应小于 0.2%。
　　5. 边柱、角柱及剪力墙端柱在小偏心受拉时，柱内纵筋总截面面积应比计算值增加 25%。

（6）当地下室顶板作为上部结构的嵌固部位时，地下室顶板对应于地上框架柱的梁柱节点除应满足抗震计算要求外，尚应符合下列规定之一：

1）地下一层柱截面每侧纵向钢筋不应小于地上一层柱对应纵向钢筋的 1.1 倍，且地下一层柱上端和节点左右梁端实配的抗震受弯承载力之和应大于地上一层柱下端实配的抗震受弯承载力的 1.3 倍。

2）地下一层梁刚度较大时，柱截面每侧的纵向钢筋面积应大于地上一层对应柱每侧纵向钢筋面积的 1.1 倍；同时梁端顶面和底面的纵向钢筋面积均应比计算增大 10% 以上。

（7）框支柱及一、二级抗震等级的框架柱、三级抗震等级框架柱的底层宜采用机械连接或焊接，三级抗震等级的其他部位及四级抗震等级的框架柱，可采用绑扎搭接。

（8）现浇框架柱纵筋应插入基础内，插筋下端宜做成直勾放在基础底板钢筋网上。当柱为轴心受压、小偏心受压且基础高度大于或等于 1200mm 及柱为大偏心受压且基础高度大于或等于 1400mm 时，可仅将四角筋伸至底板钢筋网上，其余钢筋锚入基础顶面下 l_{aE} 即可。

（9）柱的纵筋不应与箍筋、拉筋及预埋件等焊接。

3.5.3 现浇框架梁、柱纵筋构造图示

（1）一级抗震等级现浇框架梁、柱纵筋构造见图 3.5-1。

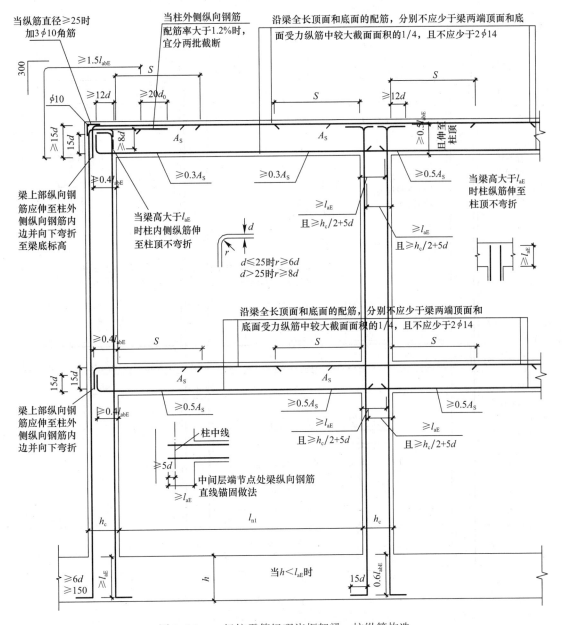

图 3.5-1　一级抗震等级现浇框架梁、柱纵筋构造

h_b—梁高；h_c—柱高；d—纵筋直径；h—基础梁高或基础底板厚；b_b—梁宽；b_c—柱宽；d_0—柱外侧纵向钢筋直径；
l_{abE}—纵向受拉钢筋的抗震基本锚固长度；ϕ—钢筋直径；A_s—梁端截面顶部纵向受力钢筋的面积

（2）二级抗震等级现浇框架梁、柱纵筋构造见图 3.5-2。

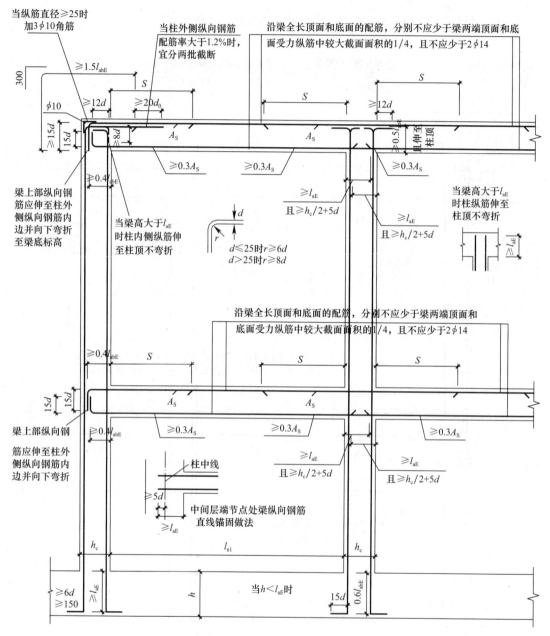

图 3.5-2　二级抗震等级现浇框架梁、柱纵筋构造

b_b—梁宽；b_c—柱宽；d_0—柱外侧纵向钢筋直径；l_{abE}—纵向受拉钢筋的抗震基本锚固长度；

ϕ—钢筋直径；A_s—梁端截面顶部纵向受力钢筋的面积

（3）三级抗震等级现浇框架梁、柱纵筋构造见图 3.5-3。

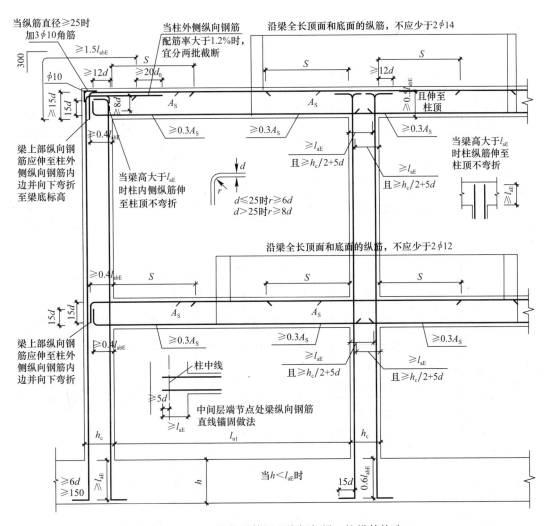

图 3.5-3 三级抗震等级现浇框架梁、柱纵筋构造

h_b—梁高；h_c—柱高；d—纵筋直径；h—基础梁高或基础底板厚；b_b—梁宽；b_c—柱宽；d_0—柱外侧纵向钢筋直径；
l_{abE}—纵向受拉钢筋的抗震基本锚固长度；ϕ—钢筋直径；A_s—梁端截面顶部纵向受力钢筋的面积

（4）四级抗震等级现浇框架梁、柱纵筋构造见图 3.5-4。

（5）梁高不同时框架梁、柱纵筋构造见图 3.5-5。

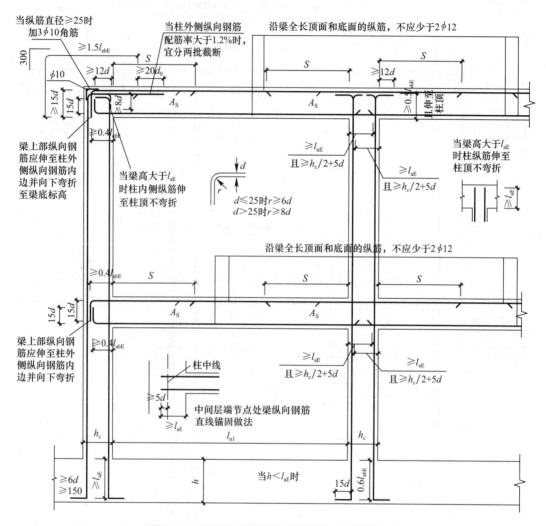

图 3.5-4 四级抗震等级现浇框架梁、柱纵筋构造

h_b—梁高；h_c—柱高；d—纵筋直径；h—基础梁高或基础底板厚；b_b—梁宽；b_c—柱宽；d_0—柱外侧纵向钢筋直径；
l_{abE}—纵向受拉钢筋的抗震基本锚固长度；ϕ—钢筋直径；A_s—梁端截面顶部纵向受力钢筋的面积

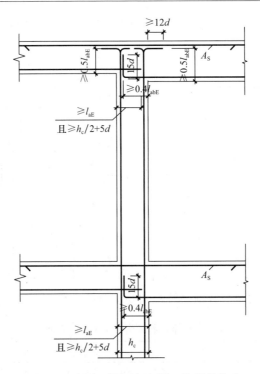

图 3.5-5　梁高不同时框架梁、柱纵筋构造

h_c—柱高；d—纵筋直径；l_{abE}—纵向受拉钢筋的抗震基本锚固长度；

A_s—梁端截面顶部纵向受力钢筋的面积

3.6　现浇框架梁、柱箍筋构造

对于框架梁来讲，梁端塑性铰区在进入弹塑性状态时，混凝土保护层会剥落，这时，箍筋就成了约束纵向钢筋，防止纵筋屈曲的唯一保证。

3.6.1　框架梁箍筋构造要求

（1）框架梁端部箍筋加密区的构造应符合表 3.6-1 的要求

框架梁端部箍筋加密区的构造要求　　　　　　　　　　表 3.6-1

抗震等级	加密区长度（mm）	箍筋最大间距（mm）	箍筋最小间距（mm）
一级	$2h_b$ 和 500 中的较大值	纵筋直径的 6 倍，h_b 的 1/4 和 100 的最小值	10
二级	1.5h_b 和 500 中的较大值	纵筋直径的 8 倍，h_b 的 1/4 和 100 的最小值	8
三级		纵筋直径的 8 倍，h_b 的 1/4 和 150 的最小值	8
四级		纵筋直径的 8 倍，h_b 的 1/4 和 150 的最小值	6

注：1. 当梁端纵向受拉钢筋配筋率大于 2% 时，表中箍筋最小直径应增大 2mm。
　　2. 一、二级抗震等级的框架梁，当梁端箍筋加密区的箍筋直径大于 12mm、数量不少于 4 肢且肢距不大于 150mm 时，最大间距应允许适当放宽，但不得大于 150mm。
　　3. 梁端设置的第一个箍筋距框架节点边缘不应大于 50mm。
　　4. h_b—梁高。
　　5. 截面高度大于 800mm 的梁，箍筋直径不宜小于 8mm；其余截面高度的梁不应小于 6mm。在受力钢筋搭接长度范围内，箍筋直径不应小于搭接钢筋最大直径的 1/4。

（2）框架梁箍筋构造应符合表 3.6-2 的要求，尽量减少箍筋重叠层数，优化箍筋配置。

框架梁箍筋构造做法　　　　　　　　　　　　表 3.6-2

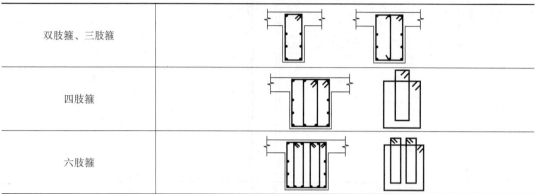

双肢箍、三肢箍	
四肢箍	
六肢箍	

（3）框架梁端部箍筋加密区箍筋肢距的要求应符合表 3.6-3。

框架梁端部箍筋加密区箍筋肢距的要求　　　　　　　　　　　表 3.6-3

抗震等级	箍筋最大肢距（mm）
一级	不宜大于 200mm 和 20 倍箍筋直径的较大值，且≤300
二、三级	不宜大于 250mm 和 20 倍箍筋直径的较大值，且≤300
四级	不宜大于 300mm

（4）抗震设计时，框架梁的箍筋尚应符合下列构造要求：

1）框架梁全长箍筋的面积配筋率和最小面积配筋率应符合表 3.6-4、表 3.6-5 的规定。

框架梁全长箍筋的面积配筋率 ρ_{sv}　　　　　　　　　　表 3.6-4

抗震等级	一级	二级	三、四级	非抗震
ρ_{sv}	$\geq 0.30 f_t/f_{yv}$	$\geq 0.28 f_t/f_{yv}$	$\geq 0.26 f_t/f_{yv}$	$\geq 0.24 f_t/f_{yv}$

框架梁全长箍筋最小面积配筋率（%）　　　　　　　　　　表 3.6-5

混凝土强度等级		C25	C30	C35	C40	C45	C50
非抗震设计		0.085	0.095	0.104	0.114	0.120	0.126
弯剪扭受力		0.099	0.111	0.122	0.133	0.140	0.147
抗震设计	特一级（加密区）	—	0.131	0.144	0.157	0.165	0.173
	特一级（非加密区）、一级		0.119	0.131	0.143	0.150	0.158
	二级	0.099	0.111	0.122	0.133	0.140	0.147
	三、四级	0.092	0.103	0.113	0.124	0.130	0.137

注：1. 表内数值为 HRB400 级钢筋的最小面积配筋率，当箍筋为 HPB300 级钢筋时，表内数值需乘以放大系数 1.333。当箍筋为 HRB500 级钢筋时，表内数值无需修正。当箍筋为 HRB335 级钢筋时，表内数值需乘以放大系数 1.20。

　　2. 表中非抗震设计箍筋最小面积配筋率适用于梁的剪力设计值大于 $0.7 f_t b h_0$ 时。

2）箍筋应有 135°弯钩，弯钩端头直段长度不应小于 10 倍的箍筋直径和 75mm 两者中的较大值。

3）在纵向钢筋搭接长度范围内的箍筋间距，钢筋受拉时不应大于搭接钢筋较小直径的 5 倍，且不应大于 100mm；钢筋受压时不应大于搭接钢筋较小直径的 10 倍，且不应大于 200mm；当受压钢筋直径大于 25mm 时，尚应在两个端面外 100mm 的范围内各设两道箍筋。

4）框架梁非加密区箍筋最大间距不宜大于加密区箍筋间距的 2 倍并应满足抗剪要求。

（5）当梁中配有计算需要的纵向受压钢筋时，其箍筋配置尚应符合下列规定：

1）箍筋直径不应小于纵向受压钢筋最大直径的 1/4。

2）箍筋应做成封闭式。

3）箍筋间距不应大于 15d 且不应大于 400mm；当一层内的受压钢筋多于 5 根且直径大于 18mm 时，箍筋间距不应大于 10d（d 为纵向受压钢筋的最小直径）。

4）当梁截面宽度大于 400mm 且一层内的纵向受压钢筋多于 3 根时，或当梁截面宽度不大于 400mm 但一层内的纵向受压钢筋多于 4 根时，应设置复合箍筋。

（6）非抗震设计时，框架梁中箍筋的间距不应大于表 3.6-6 的规定：

框架梁非抗震设计梁箍筋最大间距（mm） 表 3.6-6

h_b（m）	$V>0.7f_tbh_0$	$V\leqslant0.7f_tbh_0$
$h_b=300$	150	200
$300<h_b\leqslant500$	200	300
$500<h_b\leqslant800$	250	350
$h_b>800$	300	400

3.6.2 框架柱箍筋构造要求

（1）框架柱箍筋构造做法见表 3.6-7。

框架柱箍筋构造 表 3.6-7

非焊接复合箍筋	
焊接封闭箍筋	双面焊5d或单面焊10d（d为箍筋直径） 闪光对焊

续表

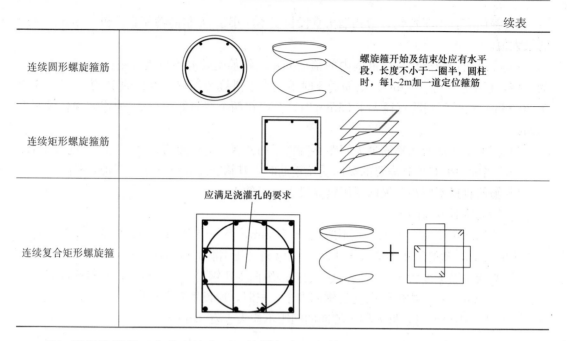

连续圆形螺旋箍筋		螺旋箍开始及结束处应有水平段，长度不小于一圈半，圆柱时，每1~2m加一道定位箍筋
连续矩形螺旋箍筋		
连续复合矩形螺旋箍	应满足浇灌孔的要求	

（2）框架柱端部（含节点核心区）箍筋加密区的构造应符合表 3.6-8 的要求。

框架柱端部（含节点核心区）箍筋加密区的构造　　　表 3.6-8

抗震等级	箍筋最大间距（mm）	箍筋最小直径（mm）
一级	柱纵筋直径的 6 倍和 100 中的较小值	10
二级	柱纵筋直径的 8 倍和 100 中的较小值	8
三级	柱纵筋直径的 8 倍和 150（柱根 100）中的较小值	8
四级	柱纵筋直径的 8 倍和 150（柱根 100）中的较小值	6（柱底根部 8）

注：1. 柱底根部系指底层柱下端的箍筋加密区范围。
　　2. 框支柱及剪跨比不大于 2 的框架柱，箍筋间距不应大于 100mm。
　　3. 一级框架柱的箍筋直径大于 12mm 且箍筋间距不大于 150mm 及二级框架柱箍筋直径不小于 10mm 且肢距不大于 200mm 时，除柱根外最大间距应允许采用 150mm；三级框架柱的截面尺寸不大于 400mm 时，箍筋最小直径应允许采用 6mm；四级框架柱的剪跨比不大于 2 或柱中全部纵向钢筋的配筋率大于 3% 时，箍筋直径不应小于 8mm。
　　4. 柱纵筋直径取柱纵筋的最小直径。

　　一、二级框架柱端加密区箍筋间距可以适当放松的规定，主要考虑当箍筋直径较大、肢数较多、肢距较小时，箍筋的间距过小会造成钢筋过密，不利于保证混凝土的浇筑质量；适当放宽箍筋间距要求，仍然可以满足柱端的抗震性能。但应注意：箍筋的间距放宽后，柱的体积配箍率仍需满足本规程的相关规定。

　　（3）框架柱端部箍筋加密区箍筋肢距应符合表 3.6-9 的要求。

框架柱端部箍筋加密区箍筋肢距　　　表 3.6-9

抗震等级	箍筋最大肢距（mm）
一级	不宜大于 200
二、三级	不宜大于 250 和 20 倍箍筋直径的较大值
四级	不宜大于 300

（4）框架柱端部箍筋加密区范围应符合表 3.6-10 的要求。

框架柱端部箍筋加密区范围 表 3.6-10

1	底层柱上端和其他层柱两端，取截面长边尺寸（圆柱直径）、柱净高的 1/6 和 500mm 中的最大值
2	底层柱根部以上 1/3 柱净高范围
3	当有刚性地面时，尚应在刚性地面上、下各 500mm 范围内加密箍筋
4	框支柱、剪跨比不大于 2 的框架柱和因设置填充墙等形成的柱净高与柱截面高度之比不大于 4 的柱全高范围
5	一、二级抗震等级的角柱应沿全高范围
6	需要提高变形能力的柱的全高范围

（5）柱加密区范围内箍筋的体积配箍率，应符合下列规定：

柱箍筋的体积配筋率按下式计算：

$$\rho_v = V_{sv}/(A_{cor}s)A_s$$

柱箍筋加密区箍筋的体积配筋率应符合下列规定

$$\rho_v \geqslant \lambda_v f_c/f_{yv}$$

式中　ρ_v——柱箍筋的体积配箍率；

　　　V_{sv}——箍筋间距 s 范围内按规范规定方法计算的箍筋及拉筋截面之和；

　　　A_{cor}——箍筋内表面范围内的混凝土核心面积；

　　　s——箍筋间距；

　　　f_c——混凝土轴心抗压强度设计值；当强度等级低于 C35 时，按 C35 取值；

　　　f_{yv}——箍筋抗拉强度设计值；

　　　λ_v——柱箍筋加密区箍筋的最小配箍特征值，按表 3.6-11 采用。

柱箍筋加密区的箍筋最小配箍率特征值 λ_v 表 3.6-11

抗震等级	箍筋形式	柱轴压比								
		≤0.3	0.40	0.50	0.60	0.70	0.80	0.90	1.0	1.05
一	普通箍、复合箍	0.10	0.11	0.13	0.15	0.17	0.20	0.23	—	—
	螺旋箍、复合或连续复合矩形螺旋箍	0.08	0.09	0.11	0.13	0.15	0.18	0.21	—	—
二	普通箍、复合箍	0.08	0.09	0.11	0.13	0.15	0.17	0.19	0.22	0.24
	螺旋箍、复合或连续复合矩形螺旋箍	0.06	0.07	0.09	0.11	0.13	0.15	0.17	0.20	0.22
三、四	普通箍、复合箍	0.06	0.07	0.09	0.11	0.13	0.15	0.17	0.20	0.22
	螺旋箍、复合或连续复合矩形螺旋箍	0.05	0.06	0.07	0.09	0.11	0.13	0.15	0.18	0.20

注：1. 普通箍指单个矩形箍或单个圆形箍；螺旋箍指单个螺旋箍筋；复合箍指由矩形、多边形、圆形箍或拉筋组成的箍筋；复合螺旋箍指由螺旋箍与矩形、多边形、圆形箍或拉筋组成的箍筋；连续复合矩形螺旋箍指全部螺旋箍为同一根钢筋加工而成的箍筋。

　　2. 在计算复合螺旋箍的体积配箍率时，其中非螺旋箍筋的体积应乘以系数 0.8。

　　3. 框支柱宜采用复合螺旋箍或井字复合箍，其最小配箍特征值应比表中数值增加 0.02，且体积配箍率不应小于 1.5%。

　　4. 剪跨比不大于 2 的柱宜采用复合螺旋箍或井字复合箍，其体积配箍率不应小于 1.2%，9 度设防烈度一级抗震等级时，不应小于 1.5%。

　　5. 混凝土强度等级高于 C60 时，其加密区的最小配箍特征值宜按表中数值增加 0.02；当轴压比大于 0.6 时，宜按表中数值增加 0.03。

（6）框架柱箍筋每隔一根纵向钢筋宜在两个方向有箍筋或拉筋约束，当采用拉筋且箍筋与纵向钢筋有绑扎时，拉筋宜紧靠纵向钢筋并勾住箍筋；当拉筋间距符合箍筋肢距的要求，纵筋与箍筋有可靠拉结时，拉筋也可紧靠箍筋并勾住纵筋。见图 3.6-1～图 3.6-3。

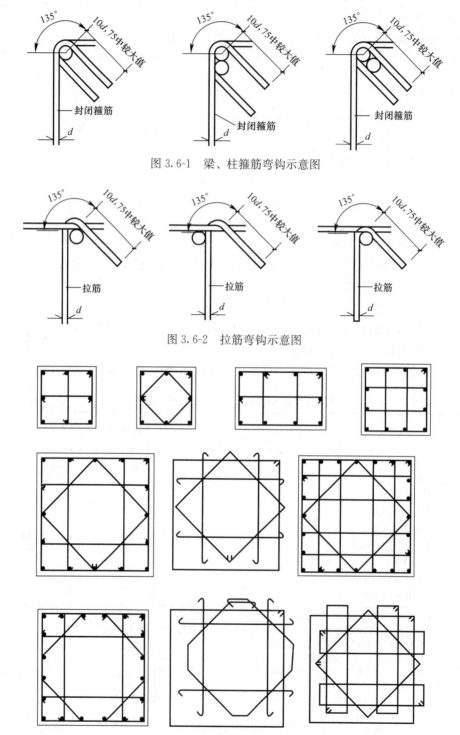

图 3.6-1　梁、柱箍筋弯钩示意图

图 3.6-2　拉筋弯钩示意图

图 3.6-3　柱箍筋绑扎示意图

（7）箍筋可采用非焊接封闭复合箍筋，箍筋末端应做成 135°弯钩，弯钩端头平直段长度不应小于箍筋直径的 10 倍且不应小于 75mm；应鼓励采用焊接封闭箍筋、连续螺旋箍筋或连续复合螺旋箍筋。在纵向钢筋搭接长度范围内的箍筋间距不应大于搭接钢筋较小直径的 5 倍，且不应大于 100mm。

3.6.3 现浇框架梁、柱箍筋构造图示

（1）一级抗震等级框架梁、柱箍筋构造见图 3.6-4。

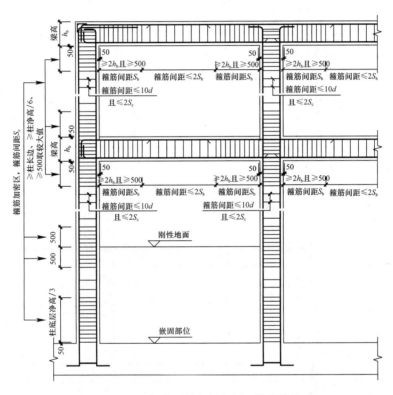

图 3.6-4 一级抗震等级框架梁、柱箍筋构造

d—纵向钢筋直径；S_b—框架梁端箍筋加密区箍筋间距；S_c—框架柱上下箍筋加密区箍筋间距；h_b—梁高

（2）二级抗震等级框架梁、柱箍筋构造见图 3.6-5。

（3）三级抗震等级框架梁、柱箍筋构造见图 3.6-6。

（4）四级抗震等级框架梁、柱箍筋构造见图 3.6-7。

（5）梁高不同时框架梁、柱箍筋构造见图 3.6-8。

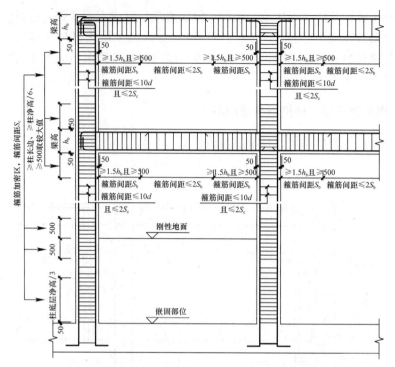

图 3.6-5　二级抗震等级框架梁、柱箍筋构造

d—纵向钢筋直径；S_b—框架梁端箍筋加密区箍筋间距；S_c—框架柱上下箍筋加密区箍筋间距；h_b—梁高

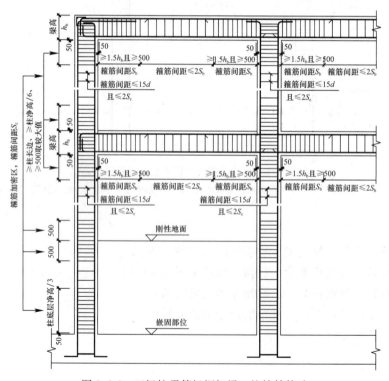

图 3.6-6　三级抗震等级框架梁、柱箍筋构造

d—纵向钢筋直径；S_b—框架梁端箍筋加密区箍筋间距；S_c—框架柱上下箍筋加密区箍筋间距；h_b—梁高

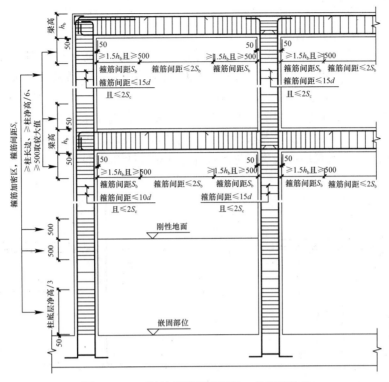

图 3.6-7 四级抗震等级框架梁、柱箍筋构造

d—纵向钢筋直径；S_b—框架梁端箍筋加密区箍筋间距；S_c—框架柱上下箍筋加密区箍筋间距；h_b—梁高

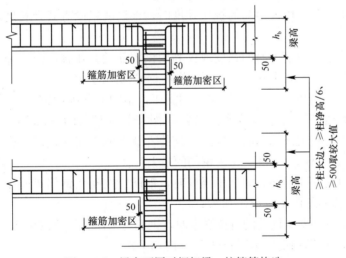

图 3.6-8 梁高不同时框架梁、柱箍筋构造

3.7 现浇框架梁、柱钢筋的抗震连接和锚固

3.7.1 框架梁、柱节点钢筋锚固抗震构造要求

（1）梁上部纵向钢筋伸入节点的锚固：

1）当采用直线锚固形式时，锚固长度不应小于 l_{aE}，且应伸过柱中心线，伸过的长度不宜小于 $5d$，d 为梁上部纵向钢筋的直径。

2）当柱截面尺寸不满足直线锚固要求时，梁上部纵向钢筋可采用钢筋端部加机械锚头的锚固方式。梁上部纵向钢筋宜伸至柱外侧纵向钢筋内边，包括机械锚头在内的水平投影锚固长度不应小于 $0.4l_{abE}$（图 3.7-1）。

3）梁上部纵向钢筋也可采用 90°弯折锚固的方式，此时梁上部纵向钢筋应伸至柱外侧纵向钢筋内边并向节点内弯折，其包含弯弧在内的水平投影长度不应小于 $0.4l_{abE}$，弯折钢筋在弯折平面内包含弯弧段的投影长度不应小于 $15d$（图 3.7-2）。

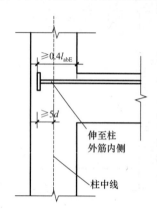

图 3.7-1　中间层端节点纵筋加机械锚头锚固

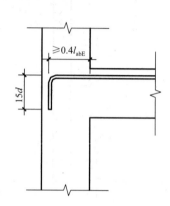

图 3.7-2　中间层端节点纵筋 90°弯折锚固

（2）框架梁下部纵向钢筋伸入端节点的锚固：

1）当计算中充分利用该钢筋的抗拉强度时，钢筋的锚固方式及长度应与上部钢筋的规定相同。

2）当计算中不利用该钢筋的强度或仅利用该钢筋的抗压强度时，伸入节点的锚固长度应分别符合本节（3）条中间节点梁下部纵向钢筋锚固的规定。

（3）框架中间层中间节点或连续梁中间支座，梁的上部纵向钢筋应贯穿节点或支座。梁的下部纵向钢筋宜贯穿节点或支座。当必须锚固时，应符合下列锚固要求：

1）当计算中不利用该钢筋的强度时，其伸入节点或支座的锚固长度对带肋钢筋不小于 $12d$，对光面钢筋不小于 $15d$，d 为钢筋的最大直径。

2）当计算中充分利用钢筋的抗压强度时，钢筋应按受压钢筋锚固在中间节点或中间支座内，其直线锚固长度不应小于 $0.7l_{aE}$。

3）当计算中充分利用钢筋的抗拉强度时，钢筋可采用直线方式锚固在节点或支座内，锚固长度不应小于钢筋的受拉锚固长度 l_{aE}（图 3.7-3）。

4）当柱截面尺寸不足时，宜采用钢筋端部加锚头的机械锚固措施，也可采用 90°弯折锚固的方式。

5）钢筋可在节点或支座外梁中弯矩较小处设置搭接接头，搭接长度的起始点至节点或支座边缘的距离不应小于 $1.5h_0$（图 3.7-4）。

（4）柱纵向钢筋应贯穿中间层的中间节点或端节点，接头应设在节点区以外。

柱纵向钢筋在顶层中节点的锚固应符合下列要求：

1）柱纵向钢筋应伸至柱顶，且自梁底算起的锚固长度不应小于 l_{aE}。

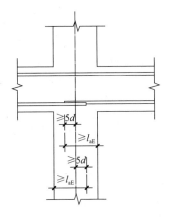

图 3.7-3 下部纵筋在节点中直线锚固

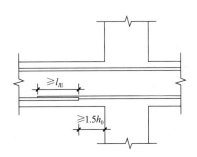

图 3.7-4 下部纵筋在节点外的搭接

2）当截面尺寸不满足直线锚固要求时，可采用90°弯折锚固措施。此时，包括弯弧在内的钢筋垂直投影锚固长度不应小于$0.5l_{abE}$，在弯折平面内包含弯弧段的水平投影长度不宜小于$12d$（图3.7-5）。

3）当截面尺寸不足时，也可采用带锚头的机械锚固措施。此时，包含锚头在内的竖向锚固长度不应小于$0.5l_{abE}$（图3.7-6）。

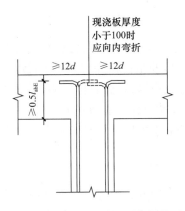

图 3.7-5 柱纵向钢筋90°弯折锚固

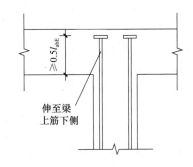

图 3.7-6 柱纵向钢筋端头加锚板锚固

4）当柱顶有现浇楼板且板厚不小于100mm时，柱纵向钢筋也可向外弯折，弯折后的水平投影长度不宜小于$12d$。

（5）顶层端节点柱外侧纵向钢筋可弯入梁内作梁上部纵向钢筋；也可将梁上部纵向钢筋与柱外侧纵向钢筋在节点及附近部位搭接，搭接可采用下列方式：

1）搭接接头可沿顶层端节点外侧及梁端顶部布置，搭接长度不应小于$1.5l_{abE}$（图3.7-7）。其中，伸入梁内的柱外侧钢筋截面面积不宜小于其全部面积的65%；梁宽范围以外的柱外侧钢筋宜沿节点顶部伸至柱内边锚固。当柱外侧纵向钢筋位于柱顶第一层时，钢筋伸至柱内边后宜向下弯折不小于$8d$后截断（图3.7-7），d为柱纵向钢筋的直径；当柱外侧纵向钢筋位于柱顶第二层时，可不向下弯折。当现浇板厚度不小于100mm时，梁宽范围以外的柱外侧纵向钢筋也可伸入现浇板内，其长度与伸入梁内的柱纵向钢筋相同。

81

2）当柱外侧纵向钢筋配筋率大于 1.2% 时，伸入梁内的柱纵向钢筋应满足本条第 1 款规定且宜分两批截断，截断点之间的距离不宜小于 20d，d 为柱外侧纵向钢筋的直径。梁上部纵向钢筋应伸至节点外侧并向下弯至梁下边缘高度位置截断。

3）纵向钢筋搭接接头也可沿节点柱顶外侧直线布置（图 3.7-8），此时，搭接长度自柱顶算起不应小于 1.7l_{abE}。当梁上部纵向钢筋的配筋率大于 1.2% 时，弯入柱外侧的梁上部纵向钢筋应满足本条第 1 款规定的搭接长度，且宜分两批截断，其截断点之间的距离不宜小于 20d，d 为梁上部纵向钢筋的直径。

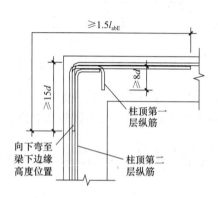

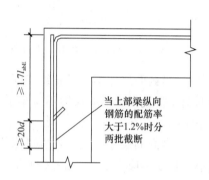

图 3.7-7　搭接接头沿顶层端节点外侧及梁端顶部布置　　图 3.7-8　搭接接头沿节点外侧直线布置

4）当梁的截面高度较大，梁、柱纵向钢筋相对较小，从梁底算起的直线搭接长度未延伸至柱顶即已满足 1.5l_{abE} 的要求时，应将搭接长度延伸至柱顶并满足搭接长度 1.7l_{abE} 的要求；或者从梁底算起的弯折搭接长度未延伸至柱内侧边缘即已满足 1.5l_{abE} 的要求时，其弯折后包括弯弧在内的水平段的长度不应小于 15d，d 为柱纵向钢筋的直径。

5）柱内侧纵向钢筋的锚固应符合本节第（4）条关于顶层中节点的规定。

3.7.2　框架梁、柱纵向钢筋抗震连接构造要求

（1）现浇钢筋混凝土框架梁、柱纵向受力钢筋的连接方法，应符合下列规定：

1）框架柱：一、二级抗震等级及三级抗震等级的底层，宜采用机械连接接头，也可采用绑扎搭接或焊接接头；三级抗震等级的其他部位和四级抗震等级，可采用绑扎搭接或焊接接头。

2）框支梁、框支柱：宜采用机械连接接头。

3）框架梁：一级宜采用机械连接接头，二、三、四级可采用绑扎搭接或焊接接头。

（2）位于同一连接区段内的受拉钢筋接头面积百分率不宜超过 50%；

（3）当接头位置无法避开梁端、柱端箍筋加密区时，应采用满足等强度要求的机械连接接头，且钢筋接头面积百分率不宜超过 50%；

（4）钢筋的机械连接、绑扎搭接及焊接，尚应符合国家现行有关标准的规定。

（5）受拉钢筋直径大于 25mm、受压钢筋直径大于 28mm 时，不宜采用绑扎搭接接头。

框架柱的抗震连接构造见图 3.7-9～图 3.7-11，柱变截面处纵筋构造见图 3.7-12。

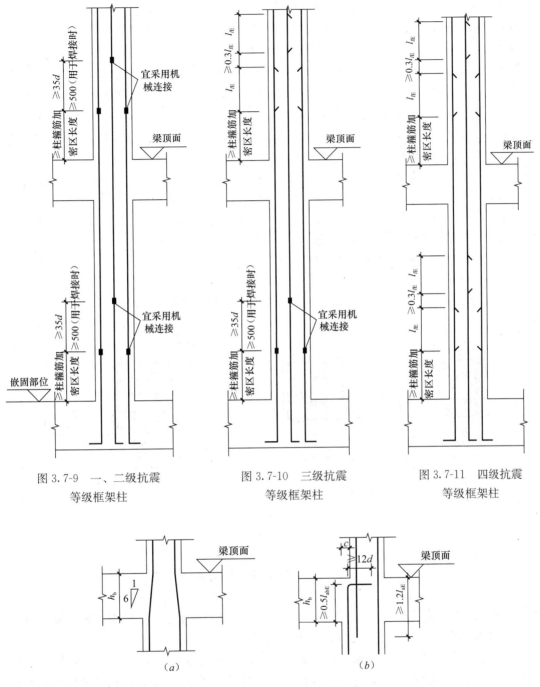

图 3.7-9 一、二级抗震
等级框架柱

图 3.7-10 三级抗震
等级框架柱

图 3.7-11 四级抗震
等级框架柱

图 3.7-12 柱变截面处纵筋构造
(a) $c/h_b > 1/6$；(b) $c/h_b \leqslant 1/6$

3.8 芯柱配筋构造

当柱轴向力较大又无法增加柱截面和混凝土强度等级时，可采用在柱截面中部设置由附加纵向钢筋形成的芯柱。增加柱子的纵向钢筋面积，有利于提高柱子的受压承载力，但是如果增加的纵向钢筋都配置的柱子周边，柱子的"强剪弱弯"将难于实现。在柱子中部设置芯柱不仅可以提高柱子的受压承载力，增大柱子的变形能力，又对柱子的"强剪弱弯"不产生较大影响。在压力、弯矩和剪力的共同作用下，当柱子出现弯、剪裂缝的大变形情况下，芯柱可以有效地减小柱子的压缩变形，保住柱截面的外形和截面承载力，特别在承受高轴压的短柱，更有利于提高变形能力。

芯柱附加纵向钢筋的截面面积不小于柱截面面积的 0.8% 时，柱轴压比限值可增加 0.050；当沿柱全高采用并字复合箍，箍筋间距不大于 100mm、肢距不大于 200mm、直径不小于 12mm，或当沿柱全高采用复合螺旋箍，箍筋螺距不大于 100mm、肢距不大于 200mm、直径不小于 12mm，或当沿柱全高采用连续复合螺旋箍，且螺距不大于 80mm，肢距不大于 200mm、直径不小于 10mm，且同时设置芯柱时，柱轴压比限值可比表中数值增加 0.15，但箍筋的配箍特征值仍可按轴压比增加 0.10 的要求确定。

设置芯柱的构造要求可参照图 3.8-1。

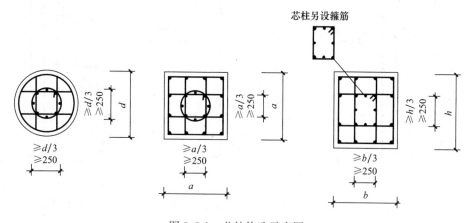

图 3.8-1　芯柱构造示意图

3.9　框架梁加腋做法

当框架梁端部剪力较大时，可采用梁端加腋提高其受剪承载力，同时加密配箍，见图 3.9-1。框架梁带竖向加腋的构造应符合下列规定：

（1）非抗震和抗震等级为四级的框架，竖向加腋的坡度一般为 1∶3；其腋长一般为 $l_n/6 \sim l_n/8$（l_n 为梁的净跨），且不宜小于 $l_n/10$；腋高不宜大于 $0.4h$，且应满足抗剪截面要求。

对于抗震等级为一、二、三级的框架设计，竖向加腋的坡度一般为 1∶1～1∶2；腋长 $\geqslant h$，且不小于 500mm；加腋高度不宜大于 $0.4h$，且需满足抗剪截面要求。

（2）竖向加腋下部纵向受拉钢筋的直径和根数，一般不宜少于梁伸进加腋内的下部钢筋直径和根数。

（3）端部加腋的杆件，计算时应考虑其截面变化对结构分析的影响。

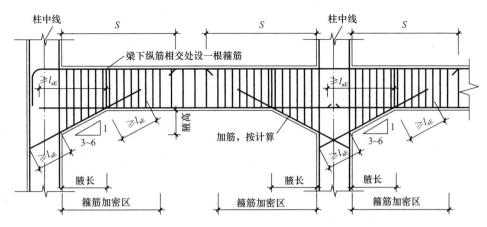

图 3.9-1　框架梁加腋构造示意图

3.10　框架扁梁构造做法

3.10.1　框架宽扁梁构造一般规定

（1）当框架梁截面宽度大于梁高时为扁梁（图 3.10-1），大于垂直梁轴方向的柱宽度时，称为宽扁梁。梁高可取梁计算跨度的 $1/16\sim1/22$（对预应力梁可取 $1/20\sim1/25$）扁梁的截面尺寸应符合下列要求：

$$b_b \leqslant 2b_c$$
$$b_b \leqslant b_c + h_b$$
$$h_b \geqslant 16d$$

式中　b_c——柱截面宽度，圆形截面取柱直径的 0.8 倍；

　b_b、h_b——分别为梁截面宽度和高度；

　d——为柱纵筋直径。

（2）大于柱宽的扁梁不宜用于一级框架结构。

（3）扁梁中线宜与柱中线重合，扁梁应双向布置。

（4）扁梁应注意按有关规范验算挠度和裂缝宽度。

（5）扁梁上部钢筋锚入宜大于其全部截面面积的 60%。

（6）广东省《高层建筑混凝土结构技术规程》补充规定：

图 3.10-1　扁梁

1）采用宽扁梁结构时，结构整体分析计算应取梁全截面，或考虑翼缘的作用计算梁的刚度增大系数。宽扁梁结构应注重其挠度和裂缝宽度的验算，同时应按节点的内外核心区验算其节点的受剪承载力。

2）框架边梁的宽度不宜大于支承柱梁宽方向柱的截面尺寸。

3）宽扁梁纵向受力钢筋的最小配筋率，除应符合《混凝土结构设计规范》的规定外，尚不应小于 0.3%，宜单层放置，钢筋净距不宜大于 100mm。

4）宽扁梁节点的内、外核心区均可视为梁的支座，梁纵向受力钢筋在支座区的锚固和搭接均按《混凝土结构设计规范》有关框架梁的规定执行，其中柱截面外的梁底钢筋宜贯通或按受拉钢筋相互搭接；梁面钢筋宜不少于 1/3 贯通。锚入柱内的扁梁上部钢筋宜大于全部钢筋面积的 60%。

5）宽扁梁的箍筋肢距不宜大于 200mm，梁两侧面应配置腰筋，其直径不宜小于 12mm，间距不宜大于 200mm。

3.10.2　框架宽扁梁箍筋做法

节点内核心区的配箍量及构造要求同普通框架；节点外核心区（两向宽扁梁相交面积扣除柱截面面积的部分）可让一个方向梁箍筋通过，另一个方向梁箍筋可采用 U 形箍筋，见图 3.10-2。

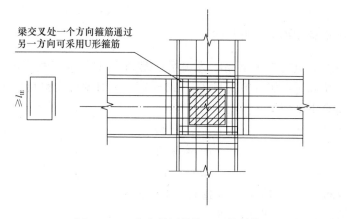

图 3.10-2　宽扁梁梁柱核心区箍筋构造

混凝土框架宽扁梁端箍筋加密区长度，应从与之垂直的宽扁梁边缘算起不小于 $2h_b$ 且不小于 500mm，见图 3.10-3。

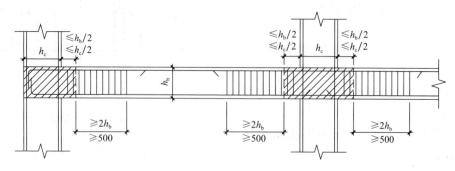

图 3.10-3　宽扁梁配筋构造

第 4 章　剪力墙结构

4.1　剪力墙结构体系特点及布置

4.1.1　剪力墙结构体系特点

利用建筑物墙体作为承受竖向荷载、抵抗水平荷载的结构，称为剪力墙结构体系。剪力墙（抗震墙）结构体系由墙肢和连梁两种构件组成，墙体同时也作为围护构件和房间分割构件。当设计居住建筑时，采用剪力墙结构，房间内没有突出于隔墙的柱和梁，便于房间空间的利用和管道布置，而且房间内部也较框架结构干净、美观。特别在高层住宅及旅馆建筑中应用较多。

现浇钢筋混凝土剪力墙结构的整体性好，刚度大，在水平荷载作用下侧向变形小，承载力要求也容易满足，因此剪力墙结构适合于建造较高的高层建筑。

剪力墙结构的抗震设计应遵循强墙弱梁、强剪弱弯的原则，即连梁屈服先于墙肢屈服，连梁和墙肢应为弯曲屈服。高宽比较大的剪力墙（高宽比大于3）是一个受弯为主的悬臂墙，侧向变形是弯曲型，经合理设计能够使其成为弯曲破坏的延性剪力墙。从历次国内外大地震的震害情况分析可以看到，剪力墙结构的震害一般比较轻。因此在地震区或非地震区的高层建筑中剪力墙结构都得到广泛的应用。

剪力墙结构也具有明显的局限性，剪力墙间距不能过大，平面布置不灵活，往往不能满足公共建筑使用功能的要求，结构自重也很大。为满足公共建筑空间要求，减轻自重，可采用底部大空间剪力墙结构。

4.1.2　剪力墙结构布置

（1）剪力墙结构应具有适宜的侧向刚度。

（2）平面布置宜简单、规则，宜沿两个主轴方向或其他方向双向布置，两个方向的侧向刚度不宜相差过大。抗震设计时，不应采用仅单向有墙的结构布置。

高层建筑结构应有较好的空间工作性能，剪力墙应双向布置，形成空间结构。特别在抗震结构中，应避免单向布置剪力墙，并宜使两个方向刚度接近。

（3）剪力墙宜自下到上连续布置，避免刚度突变；墙肢的长度沿结构全高不宜有突变。

剪力墙的抗侧刚度较大，如果在某一层或几层切断剪力墙，易造成结构刚度突变，因此，剪力墙从上到下宜连续设置。

（4）门窗洞口宜上下对齐、成列布置，形成明确的墙肢和连梁；宜避免造成墙肢宽度相差悬殊的洞口设置；抗震设计时，一、二、三级剪力墙的底部加强部位不宜采用上下洞口不对齐的错洞墙，全高均不宜采用洞口局部重叠的叠合错洞墙。

剪力墙洞口的布置，会明显影响剪力墙的力学性能。规则开洞，洞口成列、成排布置，能形成明确的墙肢和连梁，应力分布比较规则，又与当前普遍应用程序的计算简图较为符合，设计计算结果安全可靠。错洞剪力墙和叠合错洞剪力墙的应力分布复杂，计算、构造都比较复杂和困难。

剪力墙底部加强部位，是塑性铰出现及保证剪力墙安全的重要部位，一、二和三级剪力墙的底部加强部位不宜采用错洞布置，如无法避免错洞墙，应控制错洞墙洞口间的水平距离不小于 2m，并在设计时进行仔细计算分析，在洞口周边采取有效构造措施（图 4.1-1、图 4.1-2）。此外，一、二、三级抗震设计的剪力墙全高都不宜采用叠合错洞墙，当无法避免叠合错洞布置时，应按有限元方法仔细计算分析，并在洞口周边采取加强措施（图 4.1-3），或在洞口不规则部位采用其他轻质材料填充，将叠合洞口转化为规则洞口（图 4.1-4，其中阴影部分表示轻质填充墙体）。

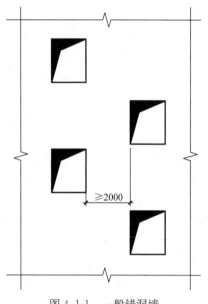

图 4.1-1　一般错洞墙

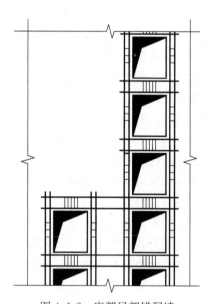

图 4.1-2　底部局部错洞墙

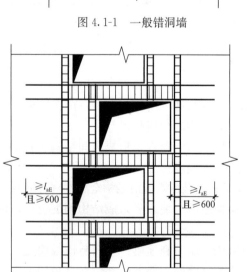

图 4.1-3　叠合错洞构造（一）

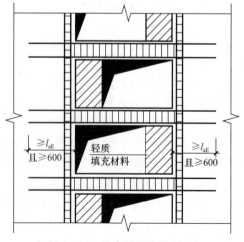

图 4.1-4　叠合错洞构造（二）

（5）剪力墙不宜过长，较长剪力墙宜设置跨高比较大的连梁将其分成长度较均匀的若干墙段，各墙段的高度与墙段长度之比不宜小于3，墙段长度不宜大于8m。

剪力墙结构应具有延性，细高的剪力墙（高宽比大于3）容易设计成具有延性的弯曲破坏剪力墙。当墙的长度很长时，可通过开设洞口将长墙分成长度较小的墙段，使每个墙段成为高宽比大于3的独立墙肢或联肢墙，分段宜较均匀。用以分割墙段的洞口上可设置约束弯矩较小的弱连梁（其跨高比一般宜大于6）。

结构中某一墙段过长，地震作用下地震剪力过于集中在刚度大的某道长墙上，会引起长墙过早破坏。

此外，当墙段长度（即墙段截面高度）很长时，受弯后产生的裂缝宽度会较大，墙体的配筋容易拉断，因此墙段的长度不宜过大。

（6）抗震墙的两端（不包括洞口两侧）宜设置端柱或与另一方向的抗震墙相连。

4.2　剪力墙结构抗震设计要点

4.2.1　剪力墙结构抗震设计原则

剪力墙结构合理的屈服机制是剪力墙连梁首先屈服，后是剪力墙根部屈服。一般认为剪力墙刚度大，但延性不好。为提高剪力墙结构的变形能力和延性，避免剪切破坏，剪力墙结构设计时应结合门窗洞口设置弱连梁，较长的墙肢通过设置洞口连梁的方式，将长墙分成多个墙段。

1）将连梁设计成第一道防线，通过连梁产生塑性铰耗散地震能量。

2）通过设置边缘构件，提高底部墙肢的延性。

4.2.2　剪力墙结构抗震设计要点

（1）抗震设计时，剪力墙底部加强部位的范围，应符合表4.2-1的规定。

剪力墙底部加强部位的范围　　　　　　　　　　　　　表 4.2-1

结构类型		底部加强部位的范围
部分框支剪力墙结构的剪力墙		框支层加框支层以上两层的高度及落地剪力墙总高度的1/10二者的较大值
其他结构的剪力墙	$H \leqslant 24m$	底部一层
	$H > 24m$	底部两层和墙体总高度的1/10二者的较大值

注：1. 底部加强部位的高度应从地下室顶板算起。
　　2. 当结构计算的嵌固端位于地下一层的底板或以下时，底部加强部位尚宜向下延伸到计算嵌固端。

对于注1，抗震设计时，为保证剪力墙底部出现塑性铰后具有足够大的延性，应对可能出现塑性铰的部位加强抗震措施，包括提高其抗剪切破坏的能力，设置约束边缘构件等，该加强部位称为"底部加强部位"。剪力墙底部塑性铰出现都有一定范围，一般情况下单个塑性铰发展高度约为墙肢截面高度 h_w，但是为安全起见，设计时加强部位范围应适当扩大。"高规"统一以剪力墙总高度的1/10与两层层高二者的较大值作为加强部位（02版规程要求加强部位是剪力墙全高的1/8）。注2明确了当地下室整体刚度不足以作为结构嵌固端，而计算嵌固部位不能设在地下室顶板时，剪力墙底部加强部位的设计要求宜延伸至计算嵌固部位。

（2）楼面梁不宜支承在剪力墙或核心筒的连梁上。

楼面梁支承在连梁上时，连梁产生扭转，一方面不能有效约束楼面梁，另一方面连梁受力十分不利，因此要尽量避免。不可避免时应采取可靠措施，将连梁设计成强连梁，保证较大地震时该连梁不发生脆性破坏，如在连梁内设型钢等。楼板次梁等截面较小的梁支承在连梁上时，次梁端部可按铰接处理。

（3）当剪力墙或核心筒墙肢与其平面外相交的楼面梁刚接时，可沿楼面梁轴线方向设置与梁相连的剪力墙、扶壁柱或在墙内设置暗柱，并应符合下列规定：

1）设置沿楼面梁轴线方向与梁相连的剪力墙时，墙的厚度不宜小于梁的截面宽度。

2）设置扶壁柱时，其截面宽度不应小于梁宽，其截面高度可计入墙厚。

3）墙内设置暗柱时，暗柱的截面高度可取墙的厚度，暗柱的截面宽度可取梁宽加2倍墙厚。

4）应通过计算确定暗柱或扶壁柱的纵向钢筋（或型钢），纵向钢筋的总配筋率不宜小于表 4.2-2 的规定。

暗柱、扶壁柱纵向钢筋的构造配筋率　　　　　　　　　　　　　表 4.2-2

设计状况	抗震设计				非抗震设计
	一级	二级	三级	四级	
配筋率（%）	0.9	0.7	0.6	0.5	0.5

注：采用 400MPa、335MPa 级钢筋时，表中数值宜分别增加 0.05 和 0.10。

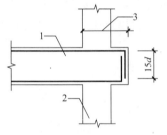

图 4.2-1　楼面梁伸出墙面形成梁头
1—楼面梁；2—剪力墙；
3—楼面梁钢筋锚固水平投影长度

5）楼面梁的水平钢筋应伸入剪力墙或扶壁柱，伸入长度应符合钢筋锚固要求。钢筋锚固段的水平投影长度，非抗震设计时不宜小于 $0.4l_{ab}$，抗震设计时不宜小于 $0.4l_{abE}$；当锚固段的水平投影长度不满足要求时，可将楼面梁伸出墙面形成梁头，梁的纵筋伸入梁头后弯折锚固（图 4.2-1），也可采取其他可靠的锚固措施。

6）暗柱或扶壁柱应设置箍筋，箍筋直径，一、二、三级时不应小于 8mm，四级及非抗震时不应小于 6mm，且均不应小于纵向钢筋直径的 1/4；箍筋间距，一、二、三级时不应大于 150mm，四级及非抗震时不应大于 200mm。

剪力墙的特点是平面内刚度及承载力大，而平面外刚度及承载力都很小，因此，应注意剪力墙平面外受弯时的安全问题。当剪力墙与平面外方向的大梁连接时，会使墙肢平面外承受弯矩，当梁高大于约 2 倍墙厚时，刚性连接梁的梁端弯矩将使剪力墙平面外产生较大的弯矩，此时应当采取措施，以保证剪力墙平面外的安全。

当梁与墙在同一平面内时，多数为刚接，梁钢筋在墙内的锚固长度应与梁、柱连接时相同。当梁与墙不在同一平面内时，可能为刚接或半刚接，梁钢筋锚固都应符合锚固长度要求。此外，对截面较小的楼面梁，也可通过支座弯矩调幅或变截面梁实现梁端铰接或半刚接设计，以减小墙肢平面外弯矩。此时应相应加大梁的跨中弯矩，这种情况下也必须保证梁纵向钢筋在墙内的锚固要求。

（4）跨高比小于 5 的连梁应按剪力墙结构中连梁的有关规定设计，跨高比不小于 5 的连梁宜按框架梁设计。

两端与剪力墙在平面内相连的梁为连梁。如果连梁以水平荷载作用下产生的弯矩和剪力为主，竖向荷载下的弯矩对连梁影响不大（两端弯矩仍然反号），那么该连梁对剪切变形十分敏感，容易出现剪切裂缝，则应按剪力墙结构中连梁设计的规定进行设计，一般是跨度较小的连梁；反之，则宜按框架梁进行设计，其抗震等级与所连接的剪力墙的抗震等级相同。

（5）当墙肢的截面高度与厚度之比不大于 4 时，宜按框架柱进行截面设计。

剪力墙与柱都是压弯构件，其压弯破坏状态以及计算原理基本相同，但是截面配筋构造有很大不同，因此柱截面和墙截面的配筋计算方法也各不相同。为此，要设定按柱或按墙进行截面设计的分界点。为方便设置边缘构件和分布钢筋，墙截面高厚比 h_w/b_w 宜大于 4；10版规范修改了以前的分界点，规定截面高厚比 h_w/b_w 不大于 4 时，按柱进行截面设计。

（6）剪力墙应进行平面内的斜截面受剪、偏心受压或偏心受拉、平面外轴心受压承载力验算。在集中荷载作用下，墙内无暗柱时还应进行局部受压承载力验算。

（7）剪力墙的混凝土强度等级不应低于 C20（采用 400MPa 等级以上的钢筋时，混凝土强度等级不应低于 C25），不宜高于 C60。

（8）抗震设计的双肢剪力墙，其墙肢不宜出现小偏心受拉；当任一墙肢为偏心受拉时，另一墙肢的弯矩设计值及剪力设计值应乘以增大系数 1.25。

（9）抗震设防烈度为 9 度的剪力墙结构和 B 级高度的高层剪力墙结构不应在外墙开设角窗。抗震设防烈度为 7 度和 8 度时，高层剪力墙结构不宜在外墙开设角窗，必须设置时应加强其抗震措施如下：

1）宜提高角窗两侧墙肢的抗震等级，轴压比限值应满足提高后的抗震等级要求。

2）角窗两侧的墙肢应沿全高均设置约束边缘构件。

3）抗震计算式应考虑扭转耦联影响。

4）角窗房间的楼板宜适当加厚，楼板内应双层双向配筋；楼板内宜设置连接角窗两侧墙肢的暗梁。

5）加强角窗窗台连梁的配筋与构造。

6）角窗两侧墙肢厚度不宜小于 250mm。

角窗处构造做法见图 4.2-2、图 4.2-3。

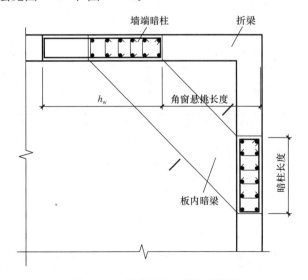

图 4.2-2　剪力墙角窗处构造做法

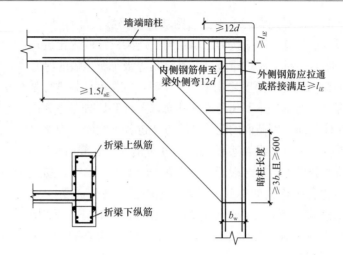

图 4.2-3　角窗折梁配筋构造

4.3　剪力墙构造要求

（1）剪力墙的截面最小厚度应符合表 4.3-1 的规定。

剪力墙截面最小厚度　　　　　　　表 4.3-1

结构类型	部　位		最小厚度（取较大值）（mm）	
			一、二级	三、四级
剪力墙结构	底部加强部位	有端柱或翼墙	应≥200 宜≥$H'/16$	应≥160 宜≥$H'/20$
		无端柱或翼墙	应≥220（200） 宜≥$H'/12$	应≥180（160） 宜≥$H'/16$
	一般部位	有端柱或翼墙	应≥160 宜≥$H'/20$	应≥160（140） 宜≥$H'/25$
		无端柱或翼墙	应≥180（160） 宜≥$H'/16$	应≥160 宜≥$H'/20$
框架-剪力墙结构	底部加强部位		应≥200，宜≥$H'/16$	
	一般部位		应≥160，宜≥$H'/20$	
框架-核心筒 结构筒中筒结构	筒体外墙	底部加强部位	应≥200，宜≥$H'/16$	
		一般部位	应≥200，宜≥$H'/20$	
	筒体内墙		应≥160	
错层结构			应≥250	

注：1. H'—层高或剪力墙无支长度的较小值（无支长度是指剪力墙平面外支撑之间的长度）。

2. 筒体底部加强部位及其上一层，当侧向刚度无突变时不宜改变墙体的厚度。

3. 括号内数字用于建筑高度小于或等于 24m 的多层结构。

4. 剪力墙井筒中，分隔电梯井或管道井的墙肢截面厚度可适当减小，但不宜小于 160mm。

5. 除满足表 4.3-1 要求外，还应按下式计算：

$$b_w \geq 3.16 L_0 \sqrt{\frac{R f_c}{E_c}}$$

式中　b_w—墙厚（mm）；

　　　E_c—混凝土弹性模量（N/mm²）；

　　　L_0—剪力墙墙肢计算长度（mm）（按《高层建筑混凝土结构技术规程》JGJ 3—2010 附录 D 确定）；

　　　R—作用于墙顶组合的等效竖向荷载设计值算出的墙肢轴压比（不与地震作用组合）；

　　　f_c—混凝土轴心抗压强度设计值（N/mm²）。

（2）剪力墙竖向和水平分布钢筋的最小配筋率取值如下：

1）剪力墙竖向和水平分布钢筋的配筋率，一、二、三级时均不应小于0.25%，四级和非抗震设计时均不应小于0.20%。

2）高度小于24m且剪压比很小的四级抗震墙，其竖向分布筋的最小配筋率应允许按0.15%采用。

3）房屋顶层剪力墙、长矩形平面房屋的楼梯间和电梯间剪力墙、端开间纵向剪力墙以及端山墙的水平和竖向分布钢筋的配筋率均不应小于0.25%。

4）对于特一级的剪力墙一般部位的水平和竖向分布钢筋最小配筋率应取为0.35%，底部加强部位的水平和竖向分布钢筋的最小配筋率应取为0.40%。

5）错层结构，错层处剪力墙的水平和竖向分布钢筋的配筋率不应小于0.5%。

6）部分框支剪力墙结构的落地剪力墙底部加强部位水平和竖向分布钢筋的最小配筋率应为0.30%。

（3）竖向、水平分布钢筋配置构造应符合表4.3-2的要求：

剪力墙竖向、水平分布钢筋配置构造　　　　　　　　　　　　表4.3-2

结构类型	分布筋间距	分布筋直径
剪力墙结构框架-剪力墙结构	宜≤300	不宜大于墙厚的1/10且不应小于8mm，竖向钢筋不宜小于10mm
部分框支剪力墙结构中落地剪力墙底部加强部位错层结构中错层处剪力墙剪力墙中温度、收缩应力较大的部位	宜≤200	

注：1. 剪力墙厚度大于140mm时，其竖向和横向分布筋不应单排配置，双排分布筋间应布置拉筋，拉筋间距不宜大于600mm，直径不应小于6mm，拉筋应交错布置。

　　2. 剪力墙中竖向和横向分布钢筋应采用双排钢筋。当为多排筋时，水平筋宜均匀放置、竖向筋在保持相同配筋率条件下外排筋直径宜大于内排筋直径。

　　3. 剪力墙中温度、收缩应力较大的部位指房屋顶层剪力墙、长矩形平面房屋的楼梯间剪力墙、端开间的纵向剪力墙以及端山墙

剪力墙结构（包括框架-剪力墙结构、板柱-剪力墙结构及筒体结构）中的剪力墙，是上述结构体系中的主要抗侧力构件。在水平荷载作用下，将承受较大的剪力，同时由于温度及混凝土收缩也将产生较大剪力，因此必须严格控制墙体分布钢筋数量的下限值。高层建筑的剪力墙不允许单排配筋；高层建筑的剪力墙厚度超过400mm时，如果仅采用双排配筋，形成中部大面积的素混凝土，会使剪力墙截面应力分布不均匀，因此按图4.3-1可采用三排或四排配筋方案，截面设计所需要的配筋可分布在各排中，靠墙面的配筋可略大。在各排配筋之间需要用拉筋互相连系。

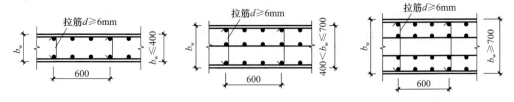

图4.3-1　剪力墙竖向、水平分布钢筋配置构造

（4）重力荷载代表值作用下，一、二、三级剪力墙墙肢的轴压比不宜超过表4.3-3的限值：

剪力墙墙肢的轴压比限值 表 4.3-3

抗震等级	一级（9度）	一级（6、7、8度）	二、三级
轴压比限值	0.4	0.5	0.6

注：1. 墙肢轴压比是指重力荷载代表值作用下墙肢承受的轴压力设计值与墙肢的全截面面积和混凝土轴心抗压强度设计值乘积之比值。
2. 结构全高均不宜超过轴压比限值，不仅仅是底部加强部位。
3. 6度一级仅用于B级高度部分框支剪力墙结构底部加强部位剪力墙。

轴压比是影响剪力墙在地震作用下塑性变形能力的重要因素。通过设置约束边缘构件，可以提高高轴压比剪力墙的塑性变形能力，但轴压比大于一定值后，即使设置约束边缘构件，在强震作用下，剪力墙仍可能因混凝土压溃而丧失承受重力荷载的能力。因此，限制了剪力墙的轴压比限值。

4.4　剪力墙设置边缘构件的要求

（1）抗震墙两端和洞口两侧应设置边缘构件，边缘构件分为构造边缘构件和约束边缘构件。边缘构件包括暗柱、端柱和翼墙。

（2）抗震等级为一、二、三级的剪力墙结构，当底部加强部位及上一层剪力墙墙肢底截面的轴压比大于表 4.4-1 的规定值时，应设置约束边缘构件，其轴压比不大于表 4.4-1 的规定值及其他部位可仅设置构造边缘构件；四级抗震等级的剪力墙可仅设置构造边缘构件。

剪力墙仅设置构造边缘构件的最大轴压比 表 4.4-1

抗震等级	一级（9度）	一级（6、7、8度）	二、三级
轴压比	0.1	0.2	0.3

注：6度一级仅用于B级高度部分框支剪力墙结构底部加强部位剪力墙。

轴压比低的剪力墙，即使不设约束边缘构件，在水平力作用下也能有比较大的塑性变形能力。表 4.4-1 规定了可以不设约束边缘构件的剪力墙的最大轴压比。

（3）部分框支剪力墙结构中，落地剪力强的底部加强部位及以上一层的墙肢两端，宜设置翼墙或端柱，并应设置约束边缘构件；不落地的剪力墙，应在底部加强部位及以上一层剪力墙的墙肢两端设置约束边缘构件。

（4）B级高度高层建筑的剪力墙，由于其高度比较高，为避免边缘构件配筋急剧减少的不利情况，规定宜在约束边缘构件层与构造边缘构件层之间设置 1～2 层过渡层，过渡层边缘构件的箍筋配置要求可低于约束边缘构件的要求，但应高于构造边缘构件的要求。

（5）主楼与裙房连接体相连，主楼的剪力墙，在裙房屋顶板上、下各一层范围内宜设置约束边缘构件；连体结构中，与连接体相连的剪力墙在连接体高度范围及其上、下层各一层范围内应设置约束边缘构件。

为保证多塔楼建筑中塔楼与底盘整体工作，塔楼中与裙房连接体相连的外围柱、墙，从固定端至出裙房屋面上一层的高度范围内，在构造上应予以特别加强；连体结构的连接体及与连接体相连的结构构件受力复杂，易形成薄弱部位，抗震设计时必须予以加强，以提高其抗震承载力和延性。

（6）墙肢两端未设约束边缘构件时均应设置构造边缘构件。

（7）当地下室顶板作为上部结构的嵌固部位时，地下一层剪力墙墙肢端部边缘构件纵向钢筋的截面面积，不应少于地上一层对应墙肢端部边缘构件纵向钢筋的截面面积。

（8）边缘构件的纵向钢筋应满足受弯承载力的要求。

（9）边缘构件中箍筋、拉筋沿水平方向的肢距不宜大于 300mm；不应大于竖向钢筋间距的 2 倍。

（10）剪力墙的墙肢长度不大于墙厚的 4 倍时，应按柱的有关要求进行设计；当矩形墙肢的厚度不大于 300mm 时，尚宜全高加密箍筋。

（11）在加强部位与一般部位的过渡区（可大体取加强部位以上与加强部位的高度相同的范围），边缘构件的长度需逐步过渡。

4.5 剪力墙边缘构件的构造及配筋要求

4.5.1 剪力墙构造边缘构件

剪力墙构造边缘构件的范围宜按图 4.5-1 中阴影部分采用，其最小配筋应满足表 4.5-1 的规定。

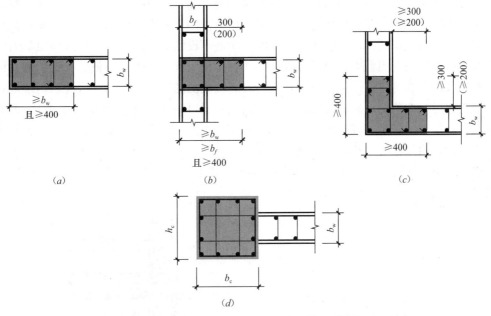

图 4.5-1 剪力墙构造边缘构件

（a）暗柱；（b）有翼墙；（c）转角墙（L 形墙）；（d）有端柱

注：括号内尺寸用于建筑高度≤24 的多层结构。

剪力墙构造边缘构件中的纵向钢筋按承载力计算和构造要求二者中的较大值设置。设计时需注意计算边缘构件竖向最小配筋所用的面积 A_c 的取法和配筋范围。承受集中荷载的端柱还要符合框架柱的配筋要求。构造边缘构件中的纵向钢筋宜采用高强钢筋。构造边缘构件可配置箍筋与拉筋相结合的横向钢筋。2010 版《建筑抗震设计规范》将箍筋、拉筋肢距"不应大于 300mm"改为"不宜大于 300mm",增加了一、二级剪力墙底部加强部位构造边缘构件的设计要求。

剪力墙构造边缘构件的配筋要求　　　　　　　　　　表 4.5-1

抗震等级	底部加强部位			其他部位		
	竖向钢筋最小量(取较大值)	箍筋、拉筋		纵向钢筋最小量(取较大值)	箍筋或拉筋	
		最小直径(mm)	沿竖向最大间距(mm)		最小直径(mm)	沿竖向大间距(mm)
一级	$0.010A_C$,6φ16	8	100	$0.008A_C$,6φ14	8	150
二级	$0.008A_C$,6φ14	8	150	$0.006A_C$,6φ12	8	200
三级	$0.006A_C$,6φ12	6	150	$0.005A_C$,4φ12	6	200
四级	$0.005A_C$,4φ12	6	200	$0.004A_C$,4φ12	6	250

注：1. A_C 为边缘构件(图 4.5-1 中阴影部分)的截面积。
　　2. 其他部位的拉筋,水平间距不应大于纵筋间距的 2 倍,且不宜大于 300mm,转角处宜采用箍筋。
　　3. 当端柱承受集中荷载时,其纵向钢筋,箍筋直径和间距应满足柱的相应要求。
　　4. 连体结构、错层结构的剪力墙,其构造边缘构件的最小配筋应符合。
　　　a) 竖向钢筋最小量应将上表的数值提高 $0.001A_C$;
　　　b) 箍筋的配筋范围宜取图中阴影部分,其配箍特征值 λ_v 不宜小于 0.1。
　　5. 竖向配筋应满足正截面受压(受拉)承载力的要求。
　　6. 特一级剪力墙构造边缘构件纵向钢筋的配筋率不应小于 1.2%。

4.5.2　剪力墙约束边缘构件

剪力墙墙肢的塑性变形能力和抗地震倒塌能力,除了与纵向配筋有关外,还与截面形状、截面相对受压区高度或轴压比、墙两端的约束范围、约束范围内的箍筋配箍特征值有关。当截面相对受压区高度或轴压比较小时,即使不设约束边缘构件,抗震墙也具有较好的延性和耗能能力。当截面相对受压区高度或轴压比大到一定值时,就需设置约束边缘构件,使墙肢端部成为箍筋约束混凝土,使其具有较大的受压变形能力。因此,当墙底截面的轴压比超过一定值时,底部加强部位墙的两端及洞口两侧应设置约束边缘构件,使底部加强部位有良好的延性和耗能能力;考虑到底部加强部位以上相邻层的抗震墙,其轴压比可能仍较大,将约束边缘构件向上延伸一层。

(1)约束边缘构件可为暗柱、端柱和翼墙(图 4.5-2),其沿墙肢的长度 l_c 和箍筋配箍特征值应按表 4.5-2 确定。

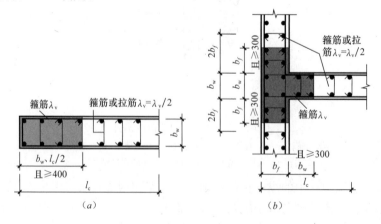

图 4.5-2　剪力墙约束边缘构件(一)

(a)暗柱;(b)有翼墙

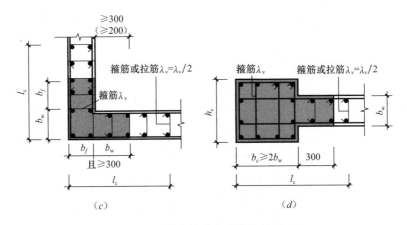

图 4.5-2 剪力墙约束边缘构件（二）

(c) 转角墙（L形墙）；(d) 有端柱

剪力墙约束边缘构件范围 l_c 及配筋要求　　　　表 4.5-2

项　　目	一级（9度）		一级（6、7、8度）		二、三级	
	$\lambda \leqslant 0.2$	$\lambda > 0.2$	$\lambda \leqslant 0.3$	$\lambda > 0.3$	$\lambda \leqslant 0.4$	$\lambda > 0.4$
l_c（暗柱）	$0.20h_w$	$0.25h_w$	$0.15h_w$	$0.20h_w$	$0.15h_w$	$0.20h_w$
l_c（翼墙或端柱）	$0.15h_w$	$0.20h_w$	$0.10h_w$	$0.15h_w$	$0.10h_w$	$0.15h_w$
λ_v	0.12	0.20	0.12	0.20	0.12	0.20
纵向钢筋（取较大值）	$0.012A_c$，$8\phi16$		$0.012A_c$，$8\phi16$		$0.010A_c$，$6\phi16$（三级 $6\phi14$）	
箍筋或拉筋沿 竖向间距（mm）	100		100		150	

注：1. 剪力墙的翼墙长度小于其 3 倍厚度或端柱截面边长小于 2 倍墙厚时，按无翼墙、无端柱查表。

2. l_c 为约束边缘构件沿墙肢长度，且不小于墙厚和 400mm；有翼墙或端柱时不应小于翼墙厚度或端柱沿墙肢方向截面高度加 300mm。

3. λ_v 为约束边缘构件阴影范围内的配箍特征值；当墙体的水平分布钢筋在墙端有 90°弯折后延伸到另一排分布筋并钩住其竖向主筋，且水平分布钢筋之间设置足够的拉筋形成复合箍筋时，可计入部分伸入约束边缘构件范围内墙体水平分布钢筋的截面面积，计入的水平分布钢筋的配箍特征值不应大于 30%总配箍特征值，水平分布钢筋之间应设置一道封闭箍筋。

4. 约束边缘构件的箍筋或拉筋沿竖向的间距，一级抗震等级不宜大于 100mm，二、三级抗震等级不宜大于 150mm，箍筋、拉筋沿水平方向的肢距不宜大于 300mm，不应大于竖向钢筋间距的 2 倍。

5. h_w 为剪力墙墙肢长度。

6. λ 为墙肢的轴压比，指在重力荷载代表值作用下，墙的轴压力设计值与墙的全截面面积和混凝土轴心抗压强度设计值乘积之比。

7. A_c 为约束边缘构件阴影部分的截面面积。

8. 端柱有集中荷载作用时，配筋构造按柱要求。

9. 6 度一级仅用于 B 级高度部分框支剪力墙结构底部加强部位剪力墙。

（2）约束边缘构件体积配箍率 ρ_v（表 4.5-3、表 4.5-4）应按下式计算：

$$\rho_v \geqslant \lambda_v f_c / f_{yv}$$

式中　ρ_v——柱箍筋的体积配箍率；

　　　λ_v——约束边缘构件配箍特征值，按表 4.5-2 采用；

　　　f_c——混凝土轴心抗压强度设计值；当强度等级低于 C35 时，按 C35 取值；

　　　f_{yv}——箍筋、拉筋或水平分布钢筋的抗拉强度设计值。

约束边缘构件体积配箍率 ρ_{vmin} （$\lambda_v = 0.12$）　　　　　表 4.5-3

箍筋及拉筋级别	C20	C25	C30	C35	C40	C45	C50	C55	C60
HPB300	0.742	0.742	0.742	0.742	0.849	0.938	1.027	1.124	1.222
HRB335	0.668	0.668	0.668	0.668	0.764	0.844	0.924	1.012	1.100
HRB400	—	0.557	0.557	0.557	0.637	0.703	0.770	0.843	0.917
HRB500	—	0.461	0.461	0.461	0.527	0.582	0.637	0.698	0.759

约束边缘构件体积配箍率 ρ_{vmin} （$\lambda_v = 0.2$）　　　　　表 4.5-4

箍筋及拉筋级别	C20	C25	C30	C35	C40	C45	C50	C55	C60
HPB300	1.237	1.237	1.237	1.237	1.415	1.563	1.711	1.874	2.037
HRB335	1.113	1.113	1.113	1.113	1.273	1.407	1.540	1.687	1.833
HRB400	—	0.928	0.928	0.928	1.061	1.172	1.283	1.406	1.528
HRB500	—	0.768	0.768	0.768	0.878	0.970	1.062	1.163	1.264

注：1. 表中 λ 为墙肢的轴压比；λ_v 为约束边缘构件阴影范围内的配箍特征值。
　　2. 当抗震等级为一级（9度）$\lambda \leqslant 0.2$、一级（6、7、8度）$\lambda \leqslant 0.3$、二、三级 $\lambda \leqslant 0.4$ 时，约束边缘构件体积配箍率按表 4.5-3 采用。
　　3. 当抗震等级为一级（9度）$\lambda > 0.2$、一级（6、7、8度）$\lambda > 0.3$、二、三级 $\lambda > 0.4$ 时，约束边缘构件体积配箍率按表 4.5-4 采用。

（3）剪力墙约束边缘构件阴影部分（图 4.5-2）的竖向钢筋除应满足正截面受压（受拉）承载力计算要求外，其配筋率一、二、三级时分别不应小于 1.2%、1.0% 和 1.0%，并分别不应少于 $8\phi16$、$6\phi16$ 和 $6\phi14$ 的钢筋（ϕ 表示钢筋直径）。

（4）特一级剪力墙约束边缘构件纵向钢筋最小构造配筋率应取为 1.4%，配箍特征值宜增大 20%；框支剪力墙结构的落地剪力墙底部加强部位边缘构件宜配置型钢，型钢宜向上、下各延伸一层。

4.6　约束边缘构件箍筋、拉筋做法

约束边缘构件的体积配箍率不计入墙体水平分布钢筋的截面面积时，可采用图 4.6-1 的做法。当墙体的水平分布钢筋在墙端有可靠的锚固做法（图 4.6-2、图 4.6-3），且水平分布钢筋之间设置足够的拉筋形成复合箍筋时，可计入部分伸入约束边缘构件范围内墙体水平分布钢筋的截面面积，计入的水平分布钢筋的配箍特征值不应大于 30% 总配箍特征值；水平分布钢筋之间的间距往往较大，在两层墙水平筋之间应加设一道封闭箍筋及拉筋。

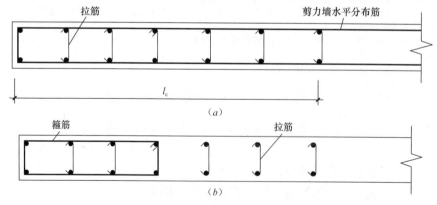

图 4.6-1　不利用墙的水平分布筋代替约束边缘构件的部分箍筋做法（一）

（a）墙水平筋在墙端 90°弯折时箍筋及拉筋做法；（b）两层墙水平筋之间加箍筋及拉筋做法

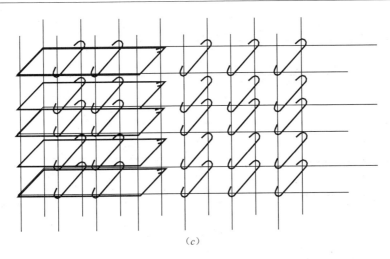

(c)

图 4.6-1 不利用墙的水平分布筋代替约束边缘构件的部分箍筋做法（二）

(c) 箍筋做法

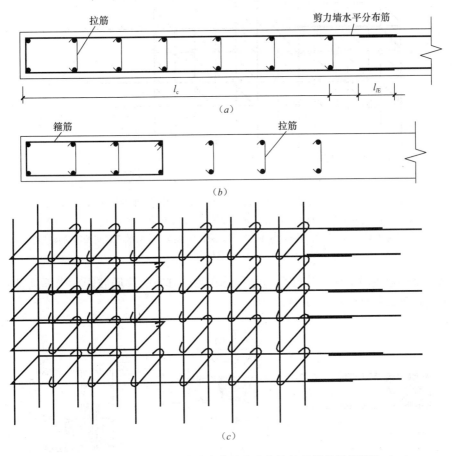

图 4.6-2 利用墙的水平分布筋代替约束边缘构件的部分箍筋做法（一）

（墙水平筋在墙端连续，在墙约束边缘构件以外连接）

（a）墙水平筋在约束边缘构件以外搭接时箍筋及拉筋做法；（b）两层墙水平筋之间加箍筋及拉筋做法；

(c) 箍筋做法

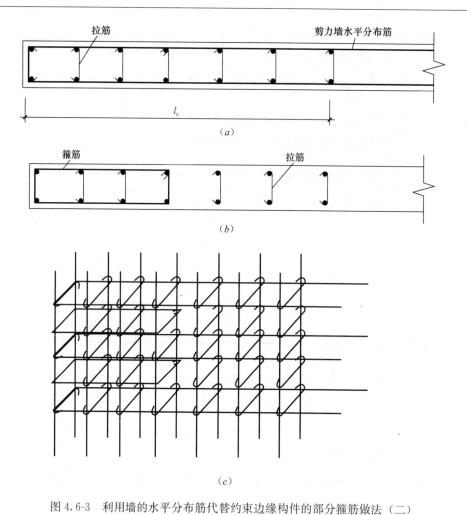

图 4.6-3　利用墙的水平分布筋代替约束边缘构件的部分箍筋做法（二）

（墙水平筋在墙端有 90°弯折后延伸到另一排分布筋并钩住其竖向主筋）

（*a*）墙水平筋在墙端钩住墙端纵筋时箍筋及拉筋做法；（*b*）两层墙水平筋之间加箍筋及拉筋做法；

（*c*）箍筋做法

　　当剪力墙的厚度较大时，应注意边缘构件在墙厚方向的箍筋肢距，当不满足时，应增加另一方向箍筋或拉筋（图 4.6-4）。

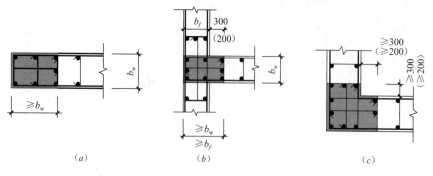

图 4.6-4　剪力墙较厚时边缘构件构造

（*a*）暗柱；（*b*）有翼墙；（*c*）转角墙（L 形墙）

4.7 具有较多短肢剪力墙的剪力墙结构设计要点及构造

短肢剪力墙结构在住宅建筑中应用较广，能够减轻结构自重，经济性较好。由于短肢剪力墙抗震性能较差，地震区应用经验不多，为安全起见，在高层住宅结构中短肢剪力墙布置不宜过多，不应采用全部为短肢剪力墙的结构，整体结构中仍需保有一定数量的一般剪力墙或剪力墙筒体。规定短肢剪力墙承担的倾覆力矩不宜大于结构底部总倾覆力矩的50%，是在短肢剪力墙较多的剪力墙结构中，对短肢剪力墙数量的间接限制。

短肢剪力墙是指截面厚度不大于300mm、各肢截面高度与厚度之比的最大值大于4但不大于8的剪力墙；具有较多短肢剪力墙的剪力墙结构是指，在规定的水平地震作用下，短肢剪力墙承担的底部倾覆力矩不小于结构底部总地震倾覆力矩的30%的剪力墙结构。对于L形、T形、十字形剪力墙，其各肢的肢长与截面厚度之比的最大值大于4且不大于8时，才划分为短肢剪力墙。对于采用刚度较大的连梁与墙肢形成的开洞剪力墙，不宜按单独墙肢判断其是否属于短肢剪力墙。

抗震设计时，高层建筑结构不应全部采用短肢剪力墙。B级高度高层建筑以及抗震设防烈度为9度的A级高度高层建筑，不宜布置短肢剪力墙，不应采用具有较多短肢剪力墙的剪力墙结构。当采用具有较多短肢剪力墙的剪力墙结构时，应符合下列规定：

1) 在规定的水平地震作用下，短肢剪力墙承担的底部倾覆力矩不宜大于结构底部总地震倾覆力矩的50%；

2) 房屋适用高度应比规范规定的剪力墙结构的最大适用高度适当降低，7度、8度（0.2g）和8度（0.3g）时分别不应大于100m、80m和60m。

3) 不宜采用一字形短肢剪力墙，不宜在一字形短肢剪力墙上布置平面外与之相交的单侧楼面梁。

4) 短肢剪力墙截面厚度除应符合表4.3-1的要求外，底部加强部位尚不应小于200mm，其他部位尚不应小于180mm。

5) 一、二、三级短肢剪力墙的轴压比，分别不宜大于0.45、0.50、0.55，一字形截面短肢剪力墙的轴压比限值应相应减少0.1。

6) 短肢剪力墙的底部加强部位应按一般剪力墙底部加强部位调整剪力设计值，其他各层一、二、三级时剪力设计值应分别乘以增大系数1.4、1.2和1.1。

7) 短肢剪力墙边缘构件的设置应符合本章相应等级的配筋构造要求。

8) 短肢剪力墙的全部竖向钢筋的配筋率，底部加强部位一、二级不宜小于1.2%，三、四级不宜小于1.0%；其他部位一、二级不宜小于1.0%，三、四级不宜小于0.8%。

9) 短肢剪力墙较多的剪力墙结构，对于梁净跨度与梁高之比不小于5的连梁宜按框架梁设计，计算时其刚度不应按连梁方法折减；梁端纵筋也应满足相应抗震等级框架梁的锚固要求。

4.8 剪力墙连梁配筋构造

(1) 剪力墙连梁箍筋的构造应符合表4.8-1的要求。

剪力墙连梁箍筋的构造 表 4.8-1

抗震等级	箍筋最大间距（mm）	箍筋最小直径（mm）
一级	纵筋直径的 6 倍，连梁高的 1/4 和 100 中的最小值	10
二级	纵筋直径的 8 倍，连梁高的 1/4 和 100 中的最小值	8
三级	纵筋直径的 8 倍，连梁高的 1/4 和 150 中的最小值	8
四级	纵筋直径的 8 倍，连梁高的 1/4 和 150 中的最小值	6

注：1. 当连梁纵向受拉钢筋配筋率大于 2%时，表中箍筋最小直径应增大 2mm。
2. 一、二级抗震等级剪力墙连梁，当连梁箍筋直径大于 12mm、数量不少于 4 肢且肢距不大于 150mm 时，最大间距应允许适当放宽，但不得大于 150mm。
3. 连梁端设置的第一个箍筋距墙肢边缘不应大于 50mm。

（2）剪力墙连梁纵向钢筋的配筋率。

1）跨高比 $l/h_b \leqslant 1.5$ 的连梁纵向钢筋单侧最小配筋率宜符合表 4.8-2 的要求。

跨高比 $l/h_b \leqslant 1.5$ 的连梁纵向钢筋单侧最小配筋率（%） 表 4.8-2

跨 高 比	最小配筋率（取较大值）
$l/h_b \leqslant 0.5$	0.20，$45f_t/f_y$
$0.5 < l/h_b \leqslant 1.5$	0.25，$55f_t/f_y$

注：剪力墙连梁的最小配筋率，应根据计算满足强剪弱弯的要求。

2）跨高比 $l/h_b > 1.5$ 的连梁纵向钢筋单侧最小配筋率宜符合表 4.8-3 的要求。

跨高比 $l/h_b > 1.5$ 的连梁纵向钢筋单侧最小配筋率（%） 表 4.8-3

抗震等级	最小配筋率（取较大值）
一级	0.40 和 $80f_t/f_y$
二级	0.30 和 $65f_t/f_y$
三级、四级	0.25 和 $55f_t/f_y$

3）剪力墙连梁纵向钢筋单侧最大配筋率宜符合表 4.8-4 的要求。

剪力墙连梁顶面及底面单侧纵向钢筋的最大配筋率限值（%） 表 4.8-4

跨高比	最大配筋率
$l/h_b \leqslant 1.0$	0.6
$1.0 < l/h_b \leqslant 2.0$	1.2
$2.0 < l/h_b \leqslant 2.5$	1.5

注：1. 剪力墙连梁的最大配筋率，应根据计算满足强剪弱弯的要求。
2. 任何情况下，剪力墙连梁的最大配筋率不宜大于 2.5%。
3. l 为梁的净跨。

连梁沿上、下边缘单侧纵向钢筋的最小配筋率不应小于 0.15%，且配筋不宜少于 2φ12。

（3）连梁顶面、底面纵向水平钢筋伸入墙肢的长度，抗震设计时不应小于 l_{aE}，非抗震设计时不应小于 l_a，且均不应小于 600mm。

（4）抗震设计时，沿连梁全长箍筋的构造应符合表 4.8-1 的要求，同框架梁梁端箍筋加密区的箍筋构造要求；非抗震设计时，沿连梁全长的箍筋直径不应小于 6mm，间距不应大于 150mm。

（5）顶层连梁纵向水平钢筋伸入墙肢的长度范围内应配置箍筋，箍筋间距不宜大于 150mm，直径应与该连梁的箍筋直径相同。

（6）连梁高度范围内的墙肢水平分布钢筋应在连梁内拉通作为连梁的腰筋。连梁截面高度大于700mm时，其两侧面腰筋的直径不应小于8mm，间距不应大于200mm；跨高比不大于2.5的连梁，其两侧腰筋的总面积配筋率不应小于0.3%。

（7）当洞口连梁截面宽度不小于250mm时，可采用交叉斜筋加折线筋配筋方案；当洞口连梁截面宽度不小于400mm时，可采用集中对角斜筋配筋方案或对角暗撑配筋方案，具体做法按第五章框架剪力墙结构相关内容进行设计。

（8）除集中对角斜筋配筋连梁、对角暗撑连梁外，其余连梁的水平钢筋及箍筋形成的钢筋网之间应采用拉筋拉接，拉筋直径不宜小于6mm，间距不宜大于400mm。

（9）剪力墙开设不同门洞时，连梁配筋示意如图 4.8-1～图 4.8-4 所示。

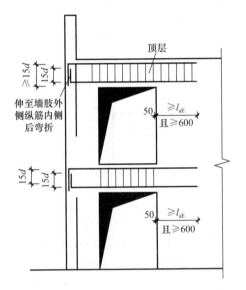

图 4.8-1　小墙垛处门洞连梁配筋示意（一）
（连梁端部为简支时）

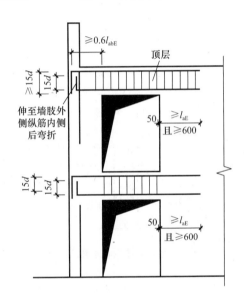

图 4.8-2　小墙垛处门洞连梁配筋示意（二）
（连梁端部为固端时）

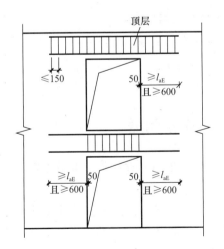

图 4.8-3　一般连梁配筋示意图

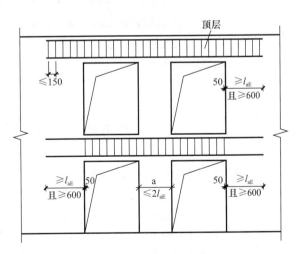

图 4.8-4　双门洞连梁示意图
（当 $a \leqslant 2l_{aE}$ 时两侧连梁配筋应拉通）

（10）剪力墙连梁位于楼层不同部位时的配筋示意及连梁细部关系如图 4.8-5～图 4.8-9 所示。

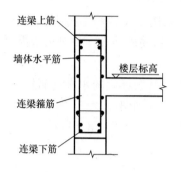

图 4.8-5　剪力墙跨层连梁配筋示意（一）

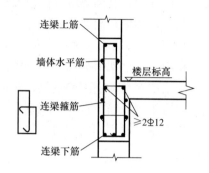

图 4.8-6　剪力墙跨层连梁配筋示意（二）

图 4.8-7　剪力墙楼层连梁配筋示意（一）

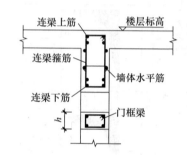

图 4.8-8　剪力墙楼层连梁配筋示意（二）
（门框梁断面及配筋详具体设计）

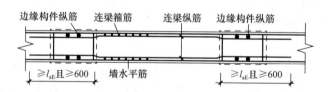

图 4.8-9　连梁纵筋与边缘构件钢筋细部关系

4.9　剪力墙边缘构件纵筋连接构造

（1）暗柱及端柱内纵向钢筋连接和锚固要求宜与框架柱相同，宜符合本书第 2 章的有关规定。

（2）底部构造加强部位为底部加强部位及相邻上一层；边缘构件纵向钢筋连接接头的位置应错开，同一连接区段内钢筋接头不宜超过全截面钢筋总面积的 50%。

（3）当受拉钢筋的直径大于 25mm 时，不宜采用绑扎搭接接头。

（4）边缘构件阴影范围内的纵筋构造如图 4.9-1～图 4.9-5 所示。

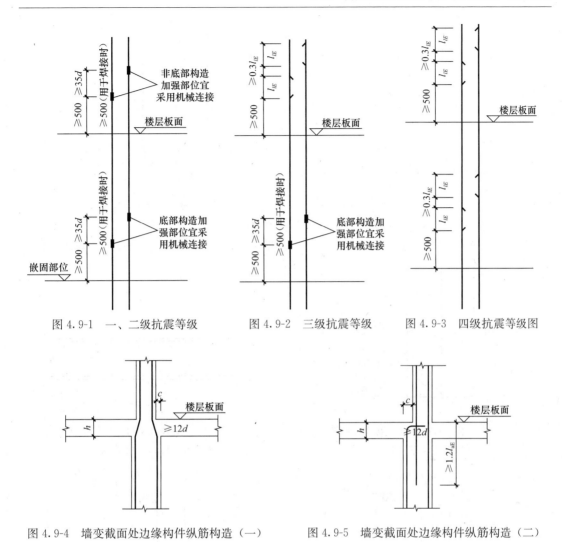

图 4.9-1 一、二级抗震等级　　图 4.9-2 三级抗震等级　　图 4.9-3 四级抗震等级图

图 4.9-4 墙变截面处边缘构件纵筋构造（一）　　　图 4.9-5 墙变截面处边缘构件纵筋构造（二）

（$c/h \leqslant 1/6$）　　　　　　　　　　　　　　（$c/h > 1/6$）

4.10 剪力墙竖向及水平分布筋连接、锚固构造

（1）非抗震设计时，剪力墙纵向钢筋最小锚固长度应取 l_a；抗震设计时，剪力墙纵向钢筋最小锚固长度应取 l_{aE}。l_a、l_{aE} 的取值应符合本书第2章的有关规定。

（2）剪力墙竖向及水平分布钢筋采用搭接连接时，一、二级剪力墙的底部加强部位，接头位置应错开，同一截面连接的钢筋数量不宜超过总数量的 50%，错开净距不宜小于 500mm（图 4.10-1）；其他情况剪力墙的钢筋可在同一截面连接（图 4.10-2）。分布钢筋的搭接长度，非抗震设计时不应小于 $1.2l_a$，抗震设计时不应小于 $1.2l_{aE}$。

（3）当不同直径搭接时，搭接长度按较小直径钢筋计算；当不同直径钢筋机械连接时，钢筋错开间距按较小钢筋计算。

（4）剪力墙竖向钢筋在基础锚固，除定位钢筋外，其余钢筋满足锚固长度即可。

剪力墙中竖向及水平分布筋的连接和锚固做法可见图 4.10-1～图 4.10-12。

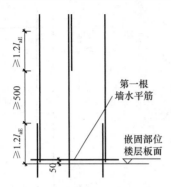

图 4.10-1　剪力墙竖向墙体分布筋连接构造（一）
（搭接连接；一、二级抗震等级的底部加强部位光面钢筋应加弯钩且宜垂直于墙面）

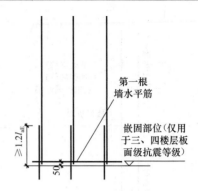

图 4.10-2　剪力墙竖向墙体分布筋连接构造（二）
（搭接连接；一、二级抗震等级的非底部加强部位；三、四级抗震等级光面钢筋应加弯钩且宜垂直于墙面）

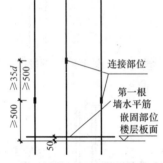

图 4.10-3　剪力墙竖向墙体分布筋连接构造（三）
（机械连接或焊接）

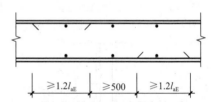

图 4.10-4　墙体水平分布钢筋搭接示意
（沿高度每隔一根错开搭接）

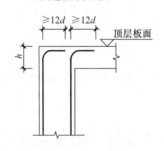

图 4.10-5　墙竖向分布筋在墙顶构造（一）

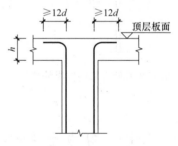

图 4.10-6　墙竖向分布筋在墙顶构造（二）

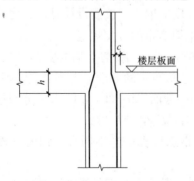

图 4.10-7　墙竖向分布筋在墙体构造（一）
（$c/h \leqslant 1/6$）

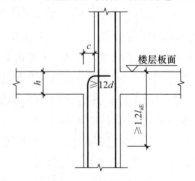

图 4.10-8　墙竖向分布筋在墙体构造（二）
（$c/h > 1/6$）

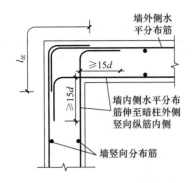

图 4.10-9 转角墙节点水平筋锚固示意（一）

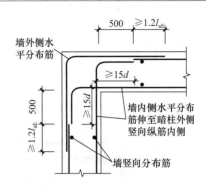

图 4.10-10 转角墙节点水平筋锚固示意（二）

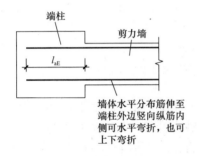

图 4.10-11 有端柱墙水平筋锚固示意

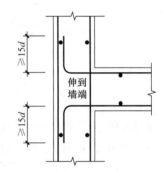

图 4.10-12 有翼墙节点墙水平筋锚固示意

4.11 剪力墙墙体及连梁开洞做法

剪力墙开小洞口和连梁开洞应符合下列规定：

（1）剪力墙开有边长小于 800mm 的小洞口且在结构整体计算中不考虑其影响时，应在洞口上、下和左、右配置补强钢筋，补强钢筋的直径不应小于 12mm，截面面积应分别不小于被截断的水平分布钢筋和竖向分布钢筋的面积（图 4.11-1、图 4.11-2）。

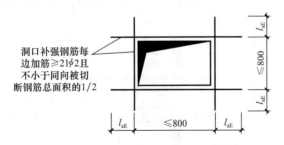

图 4.11-1 墙体预留洞口补强大样（一）
（非连续小洞口，且在整体计算中不考虑其影响时）

107

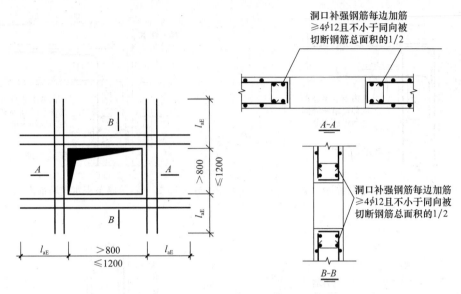

图 4.11-2　墙体预留洞口补强大样（二）

（非连续小洞口，且在整体计算中不考虑其影响时）

（2）穿过连梁的管道宜预埋套管，洞口上、下的截面有效高度不宜小于梁高的 1/3，且不宜小于 200mm；被洞口削弱的截面应进行承载力验算，洞口处应配置补强纵向钢筋和箍筋（图 4.11-3、图 4.11-4），补强纵向钢筋的直径不应小于 12mm。

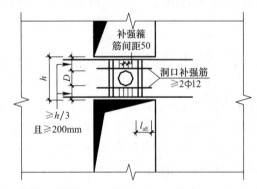

图 4.11-3　连梁上穿洞补强示意（一）（圆洞直径 $D \leqslant h/3$ 加钢套管）

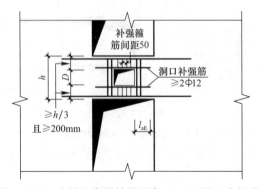

图 4.11-4　连梁上穿洞补强示意（二）（洞口为矩形）

4.12　剪力墙洞口不对齐时的构造措施

剪力墙洞口上下不对齐时的构造做法可见图 4.12-1。

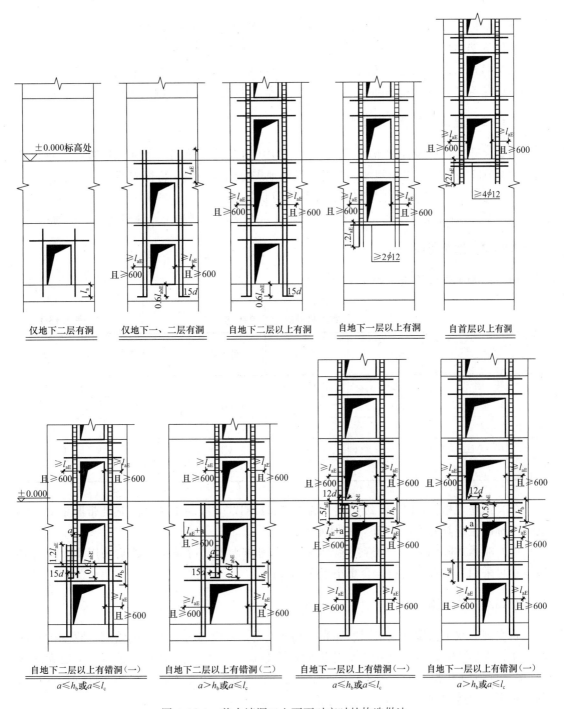

图 4.12-1　剪力墙洞口上下不对齐时的构造做法

4.13 剪力墙结构设计实例

4.13.1 工程概况

某公寓楼工程，地上 9 层，无地下室，本工程建设在软土地基上，为减轻基地压力，设一层地下架空层。室外地面以上高度 27.150m，坡屋顶最高处 31.050m。

结构形式采用全现浇钢筋混凝土剪力墙结构。剪力墙底部加强部位为首层和二层，墙体约束边缘构件的设置自基础顶至地上三层。基础形式采用钢筋混凝土筏板基础。

4.13.2 建筑抗震设计基本条件

根据《建筑抗震设计规范》GB 50011—2010 附录 A，该场地所在地区设计基本地震加速度为 0.15g，抗震设防烈度为 7 度，设计地震分组为一组，特征周期为 0.65s。

该场地地面下 20m 范围内的土层等效剪切波速 $v_{se}=116.9\text{m/s}\sim131.1\text{m/s}$，小于 140m/s；该场地覆盖层厚度 $d_{ov}\geqslant50\text{m}$，场地土类型为软弱场地土，建筑场地类别为Ⅳ类。

4.13.3 选用材料

（1）混凝土强度等级见表 4.13-1。

本工程混凝土强度等级 表 4.13-1

层数　　　　部位	垫 层	基 础	剪力墙	柱	梁 板
基 础	C10	C40	—	—	—
地下部分	—	—	C40	—	C30
首层	—	—	C35	—	C30
二层～六层	—	—	C35	—	C25
七层～坡屋面顶	—	—	C35	—	C25

（2）钢筋规格：HPB235 级热轧光圆钢筋、HRB335 级和 HRB400 热轧带肋钢筋。钢筋强度标准值应具有不小于 95％的保证率。

（3）非承重隔墙采用空心砖、空心砌块或增强水泥空心条板，砂浆采用 M5 混合砂浆，也可采用其他轻质材料，容重小于 8kN/m³。

4.13.4 结构施工图

本实例选取了除楼梯施工图以外的主要施工图，仅供参考。图纸的绘制，除基础平面图采用正投影法外，各层结构平面均采用镜像投影法绘制。图中尺寸标注单位均为毫米（mm），标高均为米（m）。施工图的表示方法参照《混凝土结构施工图平面整体表示方法制图规则和构造详图》11G101-1 的规定。

（1）基础平面图，见图 4.13-1。

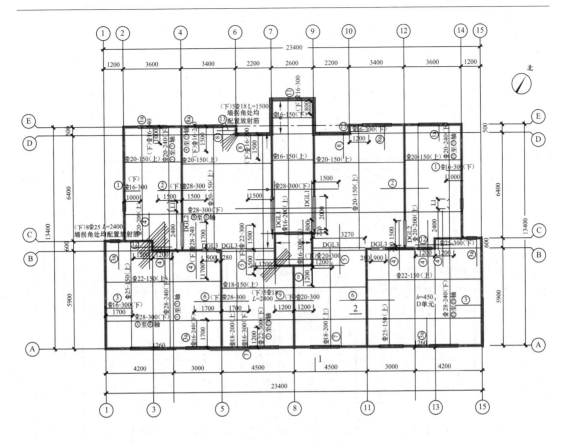

基础平面图 1:100

图中未注明的底板厚度均为450mm

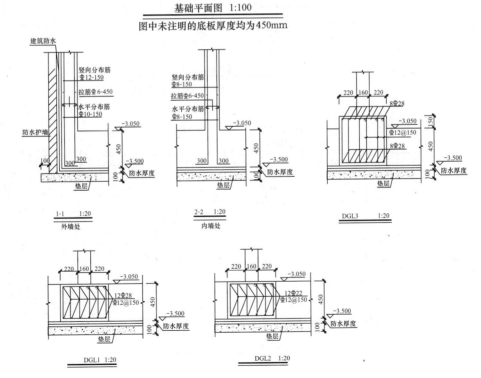

图 4.13-1 基础平面图

（2）结构平面图（包括板配筋），见图 4.13-2～图 4.13-9。

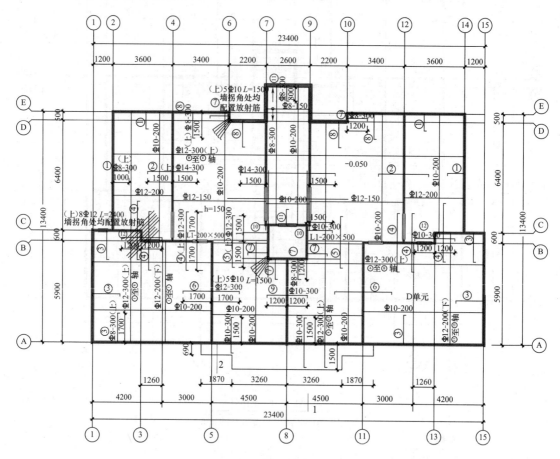

±0.000 标高板结构平面图　1:150

图中未注明的板厚均为150mm

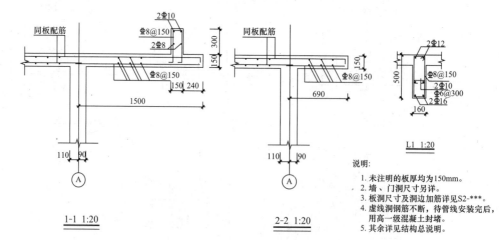

说明：

1. 未注明的板厚均为150mm。
2. 墙、门洞尺寸另详。
3. 板洞尺寸及洞边加筋详见S2-***。
4. 虚线洞钢筋不断，待管线安装完后，用高一级混凝土封堵。
5. 其余详见结构总说明。

图 4.13-2　±0.000 标高板结构平面图

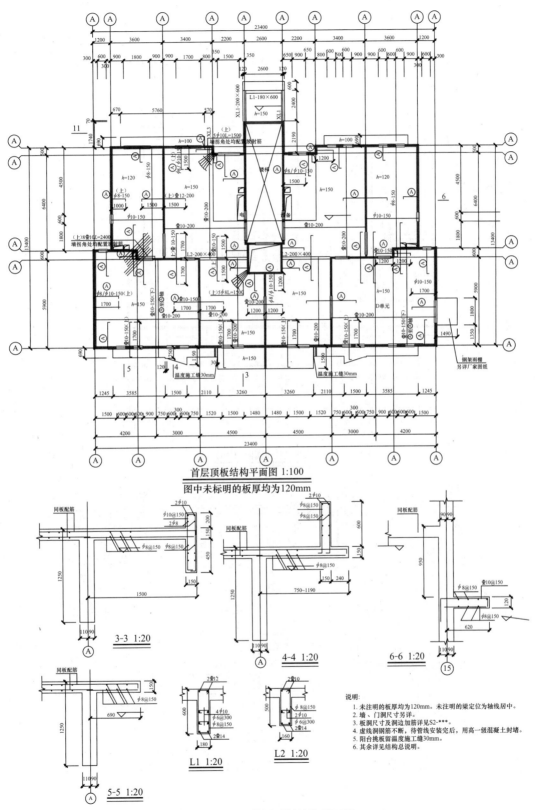

首层顶板结构平面图 1:100

图中未标明的板厚均为120mm

3-3 1:20

4-4 1:20

6-6 1:20

5-5 1:20

L1 1:20

L2 1:20

说明:
1. 未注明的板厚均为120mm。未注明的梁定位为轴线居中。
2. 墙、门洞尺寸另详。
3. 板洞尺寸及洞边加筋详见S2-***。
4. 虚线洞钢筋不断,待管线安装完后,用高一级混凝土封堵。
5. 阳台挑板留温度施工缝30mm。
6. 其余详见结构总说明。

图 4.13-3 首层顶板结构平面图

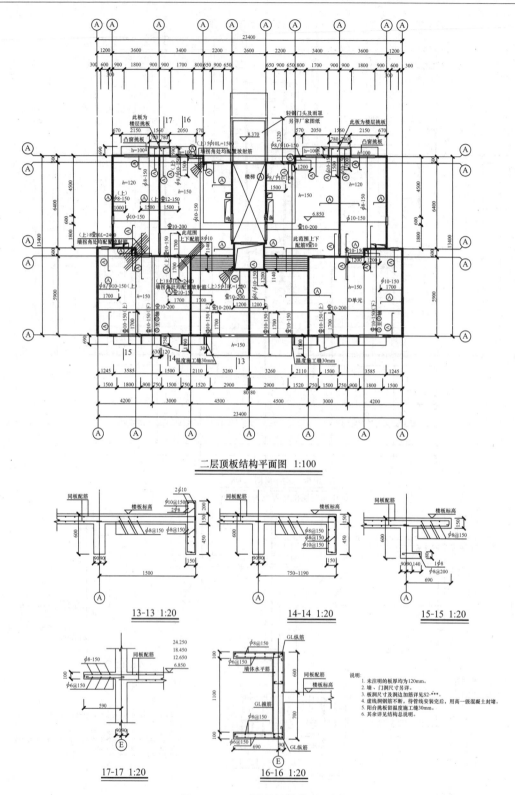

二层顶板结构平面图　1:100

13-13　1:20　　14-14　1:20　　15-15　1:20

17-17　1:20　　16-16　1:20

说明
1. 未注明的板厚均为120mm。
2. 墙、门洞尺寸另详。
3. 板洞尺寸及洞边加筋详见S2-***。
4. 虚线洞钢筋不断，待管线安装完后，用高一级混凝土封墙。
5. 阳台挑板留温度施工缝30mm。
6. 其余详见结构总说明。

图 4.13-4　二层顶板结构平面图

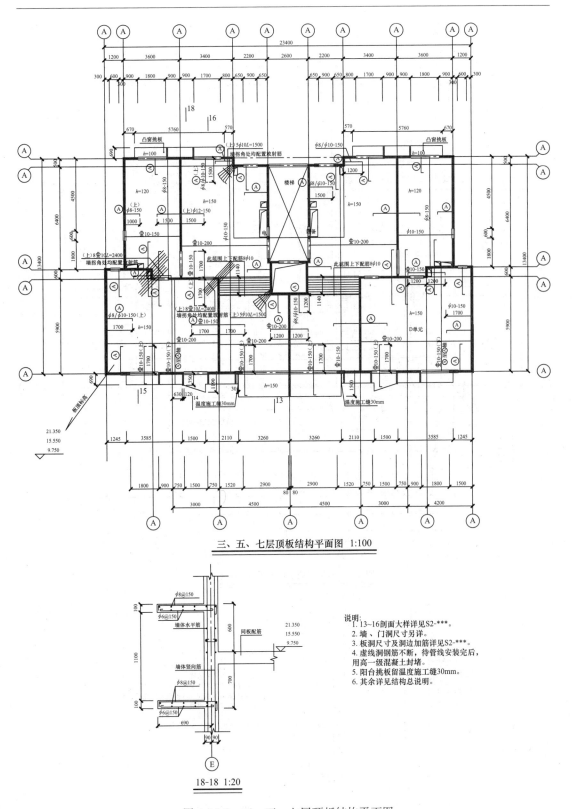

三、五、七层顶板结构平面图 1:100

18-18 1:20

说明:
1. 13~16剖面大样详见S2-***。
2. 墙、门洞尺寸另详。
3. 板洞尺寸及洞边加筋详见S2-***。
4. 虚线洞钢筋不断, 待管线安装完后, 用高一级混凝土封堵。
5. 阳台挑板留温度施工缝30mm。
6. 其余详见结构总说明。

图 4.13-5 三、五、七层顶板结构平面图

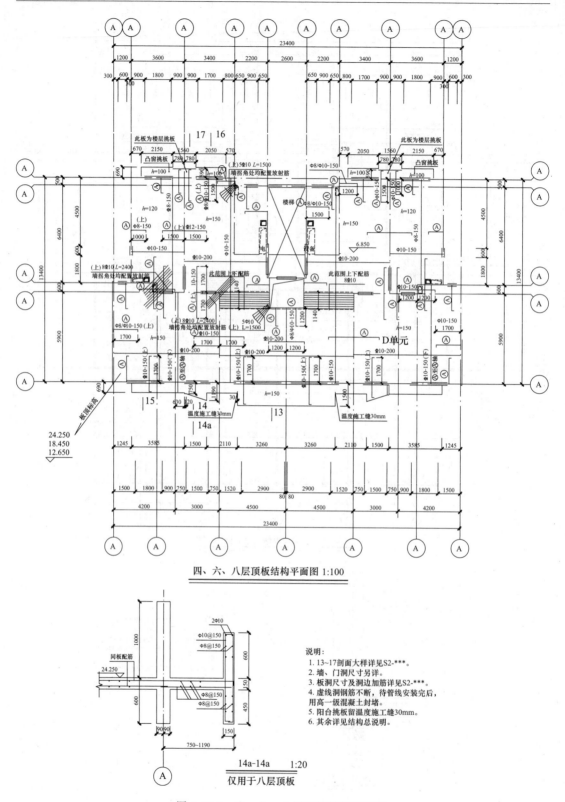

四、六、八层顶板结构平面图 1:100

说明:
1. 13~17剖面大样详见S2-***。
2. 墙、门洞尺寸另详。
3. 板洞尺寸及洞边加筋详见S2-***。
4. 虚线洞钢筋不断, 待管线安装完后, 用高一级混凝土封墙。
5. 阳台挑板留温度施工缝30mm。
6. 其余详见结构总说明。

14a-14a　1:20
仅用于八层顶板

图 4.13-6　四、六、八层顶板结构平面图

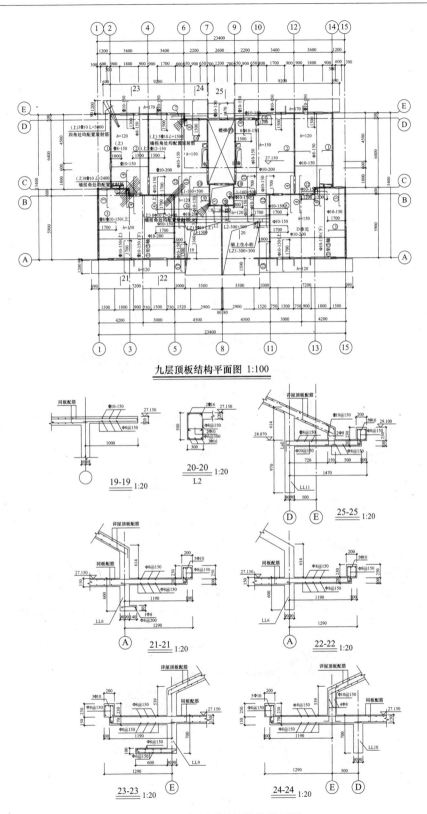

九层顶板结构平面图 1:100

图 4.13-7 九层顶板结构平面图

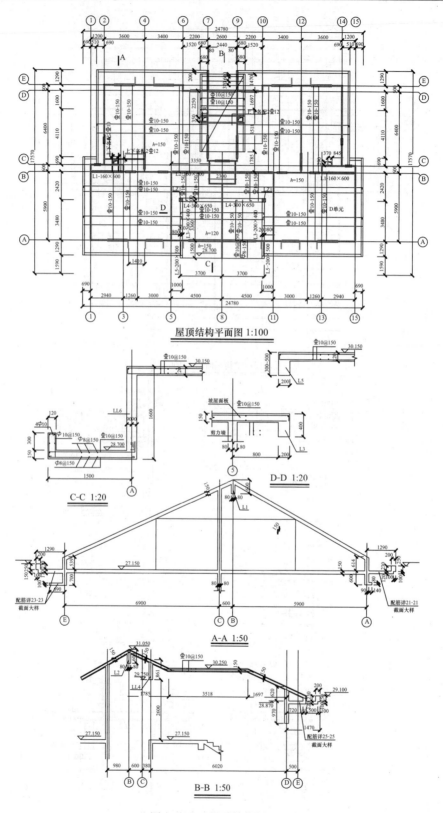

图 4.13-8 屋顶结构平面图

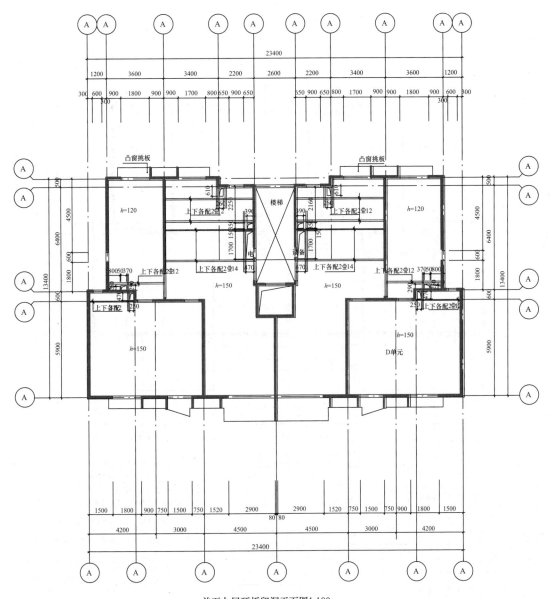

首至九层顶板留洞平面图1:100

说明:
1. 未注明的洞边加筋为上下各2Φ10。
2. 虚线洞钢筋不断,待管线安装完后,用高一级混凝土封堵。
3. 板洞位置及大小应与其他专业图核对预留,不得施工后剔凿。
4. 其余详见结构总说明。

图 4.13-9　首层至九层顶板留洞平面图

(3) 墙体配筋详图,见图 4.13-10～图 4.13-15。

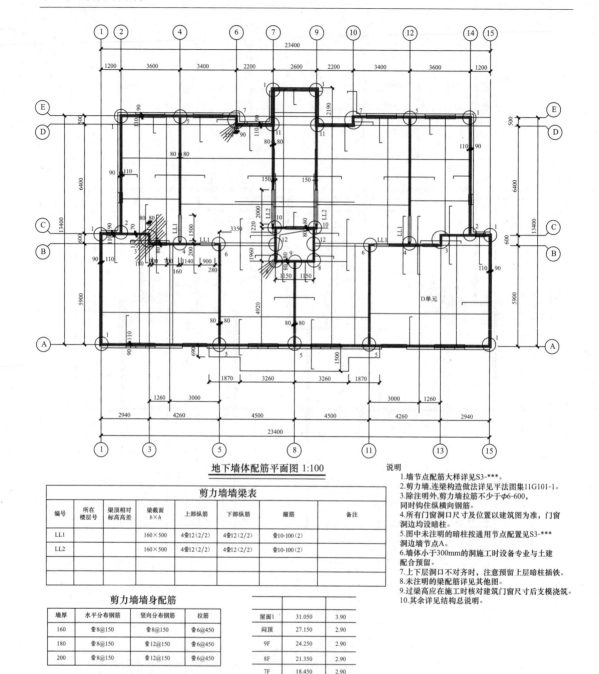

地下墙体配筋平面图 1:100

说明
1.墙节点配筋大样详见S3-***。
2.剪力墙,连梁构造做法详见平法图集11G101-1。
3.除注明外,剪力墙拉筋不少于φ6-600,
　同时钩住纵横向钢筋。
4.所有门窗洞口尺寸及位置以建筑图为准,门窗
　洞边均设暗柱。
5.图中未注明的暗柱按通用节点配置见S3-***
　洞边墙节点A。
6.墙体小于300mm的洞施工时设备专业与土建
　配合预留。
7.上下层洞口不对齐时,注意预留上层暗柱插铁。
8.未注明的梁配筋详见其他图。
9.过梁高应在施工时核对建筑门窗尺寸后支模浇筑。
10.其余详见结构总说明。

剪力墙墙梁表

编号	所在楼层号	梁顶相对标高高差	梁截面 $b \times h$	上部纵筋	下部纵筋	箍筋	备注
LL1			160×500	4Φ12(2/2)	4Φ12(2/2)	Φ10-100(2)	
LL2			160×500	4Φ12(2/2)	4Φ12(2/2)	Φ10-100(2)	

剪力墙墙身配筋

墙厚	水平分布钢筋	竖向分布钢筋	拉筋
160	Φ8@150	Φ8@150	Φ6@450
180	Φ8@150	Φ12@150	Φ6@450
200	Φ8@150	Φ12@150	Φ6@450

过梁剖面示意(一)

结构层楼面标高

层号	标高(mm)	层高(m)
屋面1	31.050	3.90
阁顶	27.150	2.90
9F	24.250	2.90
8F	21.350	2.90
7F	18.450	2.90
6F	15.550	2.90
5F	12.650	2.90
4F	9.750	2.90
3F	6.850	2.90
2F	3.950	2.90
1F	-0.050	4.00
±0.0以下	-3.050	3.00

约束边缘构件区　　　加强区

图 4.13-10　地下墙体配筋平面图

120

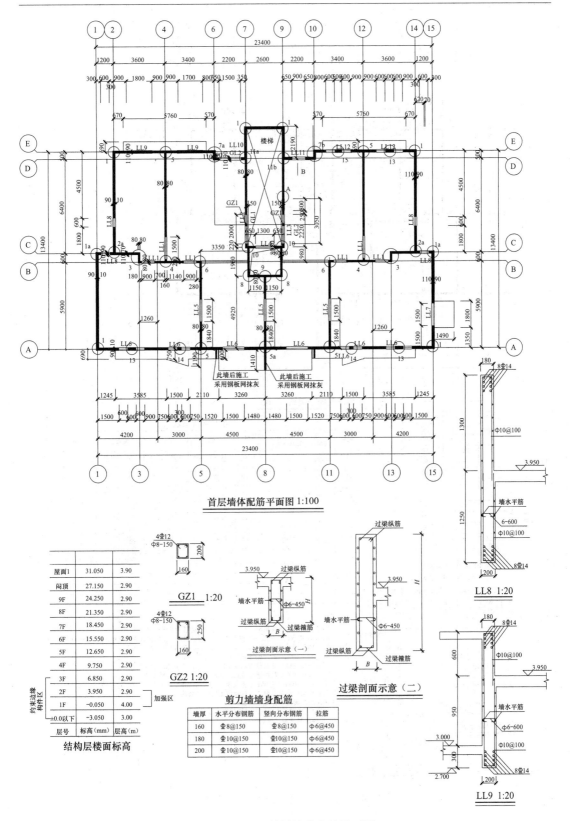

首层墙体配筋平面图 1:100

墙厚	水平分布钢筋	竖向分布钢筋	拉筋
160	Φ8@150	Φ8@150	Φ6@450
180	Φ10@150	Φ10@150	Φ6@450
200	Φ10@150	Φ10@150	Φ6@450

剪力墙墙身配筋

层号	标高(mm)	层高(m)
屋面1	31.050	3.90
阁顶	27.150	2.90
9F	24.250	2.90
8F	21.350	2.90
7F	18.450	2.90
6F	15.550	2.90
5F	12.650	2.90
4F	9.750	2.90
3F	6.850	2.90
2F	3.950	2.90
1F	-0.050	4.00
±0.0以下	-3.050	3.00

结构层楼面标高

GZ1 1:20

GZ2 1:20

过梁剖面示意（一）

过梁剖面示意（二）

LL8 1:20

LL9 1:20

图 4.13-11　首层墙体配筋平面图

121

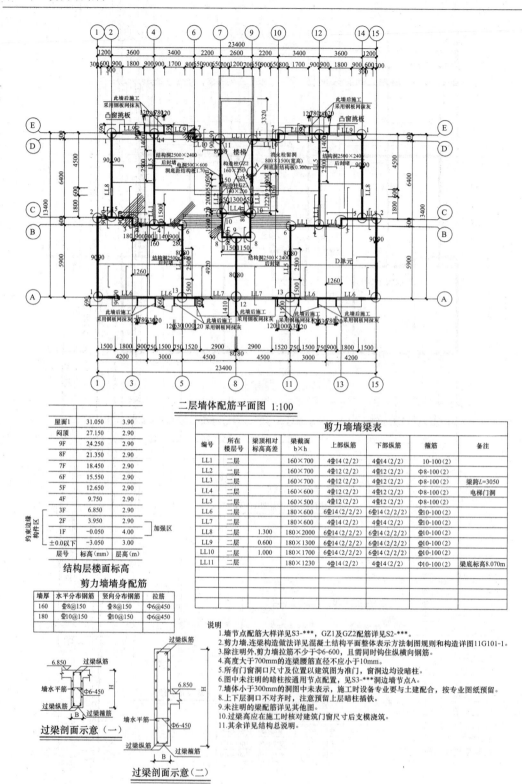

二层墙体配筋平面图 1:100

屋面1	31.050	3.90
闷顶	27.150	2.90
9F	24.250	2.90
8F	21.350	2.90
7F	18.450	2.90
6F	15.550	2.90
5F	12.650	2.90
4F	9.750	2.90
3F	6.850	2.90
2F	3.950	2.90
1F	−0.050	4.00
±0.0以下	−3.050	3.00
层号	标高(mm)	层高(m)

约束边缘构件区 加强区

结构层楼面标高

剪力墙墙梁表

编号	所在楼层号	梁顶相对标高高差	梁截面 b×h	上部纵筋	下部纵筋	箍筋	备注
LL1	二层		160×700	4Φ14(2/2)	4Φ14(2/2)	10-100(2)	
LL2	二层		160×700	4Φ12(2/2)	4Φ12(2/2)	Φ8-100(2)	
LL3	二层		160×700	4Φ12(2/2)	4Φ12(2/2)	Φ8-100(2)	梁跨L=3050
LL4	二层		160×600	4Φ12(2/2)	4Φ12(2/2)	Φ8-100(2)	电梯门洞
LL5	二层		160×500	4Φ12(2/2)	4Φ12(2/2)	Φ8-100(2)	
LL6	二层		180×600	6Φ14(2/2/2)	6Φ14(2/2/2)	Φ10-100(2)	
LL7	二层		180×600	4Φ14(2/2)	4Φ14(2/2)	Φ10-100(2)	
LL8	二层	1.300	180×2000	6Φ14(2/2/2)	6Φ14(2/2/2)	Φ10-100(2)	
LL9	二层	0.600	180×1300	6Φ14(2/2/2)	6Φ14(2/2/2)	Φ10-100(2)	
LL10	二层	1.000	180×1700	6Φ14(2/2/2)	6Φ14(2/2/2)	Φ10-100(2)	
LL11	二层		180×1230	4Φ14(2/2)	4Φ14(2/2)	Φ10-100(2)	梁底标高8.070m

剪力墙墙身配筋

墙厚	水平分布钢筋	竖向分布钢筋	拉筋
160	Φ8@150	Φ8@150	Φ6@450
180	Φ10@150	Φ10@150	Φ6@450

说明

1. 墙节点配筋大样详见S3-***，GZ1及GZ2配筋详见S2-***。
2. 剪力墙、连梁构造做法详见混凝土结构平面整体表示方法制图规则和构造详图11G101-1。
3. 除注明外，剪力墙拉筋不少于Φ6-600，且需同时钩住纵横向钢筋。
4. 高度大于700mm的连梁腰筋直径不应小于10mm。
5. 所有门窗洞口尺寸及位置以建筑图为准门，窗洞边设暗柱。
6. 图中未注明的暗柱按通用节点配置，见S3-***洞边墙节点A。
7. 墙体小于300mm的洞口图中未表示，施工时设备专业要与土建配合，按专业图纸预留。
8. 上下层洞口不对齐时，注意预留上层暗柱插铁。
9. 未注明的梁配筋详见其他图。
10. 过梁高应在施工时核对建筑门窗尺寸后支模浇筑。
11. 其余详见结构总说明。

过梁剖面示意（一）

过梁纵筋 墙水平筋 Φ6-450 过梁纵筋 过梁箍筋

过梁剖面示意（二）

过梁纵筋 墙水平筋 Φ6-450 过梁纵筋 过梁箍筋

图 4.13-12 二层墙体配筋平面图

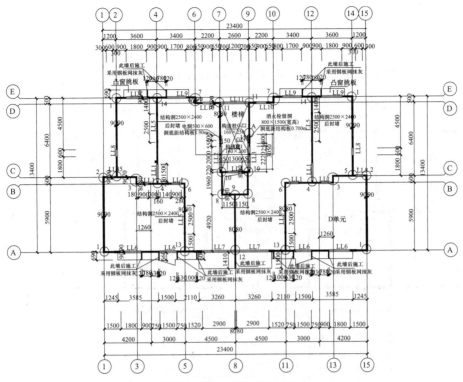

三层至八层墙体配筋平面图 1:100

结构层楼面标高

屋面1	31.050	3.90
闷顶	27.150	2.90
9F	24.250	2.90
8F	21.350	2.90
7F	18.450	2.90
6F	15.550	2.90
5F	12.650	2.90
4F	9.750	2.90
3F	6.850	2.90
2F	3.950	2.90
1F	-0.050	4.00
±0.0以下	-3.050	3.00
层号	标高(mm)	层高(m)

约束边缘构件区 — 加强区

剪力墙墙身配筋

所在楼层号	墙厚	水平分布钢筋	竖向分布钢筋	拉筋
三层至五层	160	Φ8@150	Φ8@150	Φ6@600
	180	Φ8@150	Φ8@150	Φ6@600
六层至八层	160	Φ8@150	Φ8@150	Φ6@600
	180	Φ8@150	Φ8@150	Φ6@600

剪力墙连梁表

编号	所在楼层号	梁顶相对标高高差	梁截面 $b×h$	上部纵筋	下部纵筋	箍筋	备注
LL1	三至八层		160×700	4Φ14(2/2)	4Φ14(2/2)	Φ10-100(2)	
LL2	三至八层		160×700	4Φ12(2/2)	4Φ12(2/2)	Φ8-100(2)	
LL3	三至八层		160×700	4Φ12(2/2)	4Φ12(2/2)	Φ8-100(2)	梁跨L=3050
LL4	三至八层		160×600	4Φ12(2/2)	4Φ12(2/2)	Φ8-100(2)	电梯门洞
LL5	三至八层		160×500	4Φ12(2/2)	4Φ12(2/2)	Φ8-100(2)	
LL6	三至八层		180×600	6Φ14(2/2/2)	6Φ14(2/2/2)	Φ10-100(2)	
LL7	三至八层		180×600	4Φ14(2/2)	4Φ14(2/2)	Φ10-100(2)	
LL8	三至八层	1.300	180×2000	6Φ14(2/2/2)	6Φ14(2/2/2)	Φ10-100(2)	
LL9	三至八层	0.600	180×1300	6Φ14(2/2/2)	6Φ14(2/2/2)	Φ10-100(2)	
LL10	三至八层	1.000	180×1700	6Φ14(2/2/2)	6Φ14(2/2/2)	Φ10-100(2)	
LL11	三至八层		180×770	4Φ14(2/2)	4Φ14(2/2)	Φ10-100(2)	梁底标高10.50m,13.40m,16.30m,19.20m,22.10m,25.00m

说明

1. 墙节点配筋大样详见S3-***, GZ1及GZ2配筋详见S2-***。
2. 剪力墙, 连梁构造做法详见混凝土结构平面整体表示方法制图规则和构造详图11G101-1。
3. 除注明外, 剪力墙拉筋不少于Φ6-600, 且需同时钩住纵向钢筋。
4. 高度大于700mm的连梁腰筋直径不应小于10mm。
5. 所有窗洞口尺寸及位置以建筑图为准门, 窗洞边均设暗柱。
6. 图中未注明的暗柱按通用节点配置, 见S3-***墙边节点A。
7. 墙体小于300mm的洞口中未表示, 施工时设备专业要与土建配合, 按专业图纸预留。
8. 上下层洞口不对齐时, 注意预留上层暗柱插铁。
9. 未注明的梁配筋详见其他图。
10. 过梁应在施工时核对建筑门窗尺寸后支模浇筑。
11. 其余详见结构总说明。

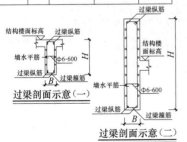

过梁剖面示意(一)

过梁剖面示意(二)

图 4.13-13 三层至八层墙体配筋平面图

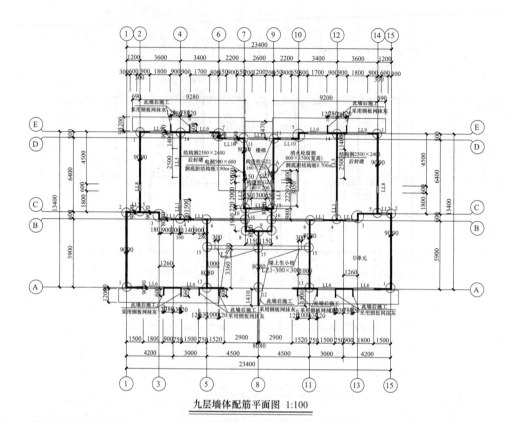

九层墙体配筋平面图　1:100

层号	标高(mm)	层高(m)	
屋面1	31.050	3.90	
闷顶	27.150	2.90	
9F	24.250	2.90	
8F	21.350	2.90	
7F	18.450	2.90	
6F	15.550	2.90	
5F	12.650	2.90	
4F	9.750	2.90	
3F	6.850	2.90	
2F	3.950	2.90	加强区
1F	-0.050	4.00	
±0.0以下	-3.050	3.00	
层号	标高(mm)	层高(m)	

约束边缘构件楼层区

结构层楼面标高

剪力墙身配筋

墙厚	水平分布钢筋	竖向分布钢筋	拉筋
160	$\Phi 8@150$	$\Phi 8@150$	$\Phi 6@600$
180	$\Phi 8@150$	$\Phi 8@150$	$\Phi 6@600$

剪力墙梁表

编号	所在楼层号	梁顶相对标高高差	梁截面 $b \times h$	上部纵筋	下部纵筋	箍筋	备注
LL1	九层		160×700	$4\Phi 14(2/2)$	$4\Phi 14(2/2)$	$\Phi 10$-100(2)	
LL2	九层		160×700	$4\Phi 12(2/2)$	$4\Phi 12(2/2)$	$\Phi 8$-100(2)	
LL3	九层		160×700	$4\Phi 12(2/2)$	$4\Phi 12(2/2)$	$\Phi 8$-100(2)	梁跨L=3050
LL4	九层		160×600	$4\Phi 12(2/2)$	$4\Phi 12(2/2)$	$\Phi 8$-100(2)	电梯门洞
LL5	九层		160×500	$4\Phi 12(2/2)$	$4\Phi 12(2/2)$	$\Phi 8$-100(2)	
LL6	九层	0.614	180×1214	$6\Phi 14(2/2)$	$6\Phi 14(2/2/2)$	$\Phi 10$-100(2)	
LL7	九层		180×700	$4\Phi 14(2/2)$	$4\Phi 14(2/2)$	$\Phi 10$-100(2)	
LL8	九层		180×700	$4\Phi 14(2/2)$	$4\Phi 14(2/2)$	$\Phi 10$-100(2)	
LL9	九层	0.539	180×1239	$6\Phi 14(2/2)$	$6\Phi 14(2/2/2)$	$\Phi 10$-100(2)	
LL10	九层		180×700	$4\Phi 14(2/2)$	$4\Phi 14(2/2)$	$\Phi 10$-100(2)	
LL11	九层		180×1584	$4\Phi 14(2/2)$	$4\Phi 14(2/2)$	$\Phi 10$-100(2)	梁底标高27.900m

说明
1.墙节点配筋大样详见S3-***，GZ1及GZ2配筋详见S2-***。
2.LL6、LL9、LL10、LL11截面形式详见结S2-***。
3.剪力墙、连梁构造做法详见混凝土结构平面整体表示方法制图规则和构造详图11G101-1。
4.除注明外，剪力墙拉筋不少于Φ6-600，且需同时钩住纵向钢筋。
5.高度大于700mm的连梁腰筋直径不应小于10mm。
6.所有门窗洞口尺寸及位置以建筑图为准门，窗洞口均设暗柱。
7.图中未注明的暗柱按通用节点配置，见S3-***洞边节点A。
8.墙体小于300mm的洞图中未表示，施工时设备专业要与土建配合，按专业图纸预留。
9.上下层洞口不对齐时，注意预留上层暗柱插铁。
10.未注明的梁配筋详见其他图。
11.过梁高应在施工时核对建筑门窗尺寸后支模浇筑。
12.其余详见结构总说明。

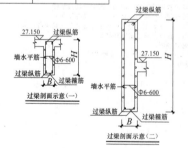

过梁剖面示意(一)

过梁剖面示意(二)

图 4.13-14　九层墙体配筋平面图

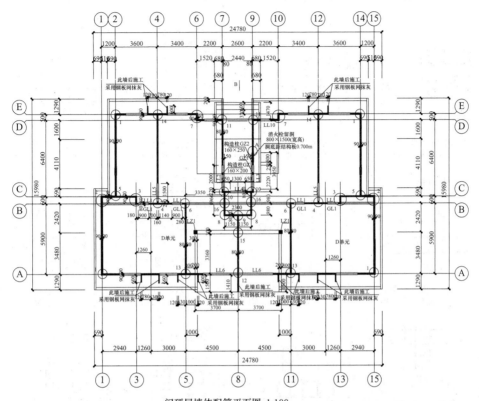

闷顶层墙体配筋平面图 1:100

屋面1	31.050	3.90	
闷顶	27.150	2.90	
9F	24.250	2.90	
8F	21.350	2.90	
7F	18.450	2.90	
6F	15.550	2.90	
5F	12.650	2.90	
4F	9.750	2.90	
3F	6.850	2.90	
2F	3.950	2.90	加强区
1F	-0.050	4.00	
±0.0以下	-3.050	3.00	
层号	标高(mm)	层高(m)	

约束边缘构件区 ←

结构层楼面标高

剪力墙墙身配筋

墙厚	水平分布钢筋	竖向分布钢筋	拉筋
160	Φ8@150	Φ8@150	Φ6@600
180	Φ8@150	Φ8@150	Φ6@600

剪力墙墙梁表						
编号	所在楼层号	梁顶相对标高高差	梁截面 $b \times h$	上部纵筋	下部纵筋	箍筋	备注
LL1	闷顶层		160×600	4Φ14(2/2)	4Φ14(2/2)	Φ10-100(2)	梁底标高30.450m
LL2	闷顶层		160×900(变高)	4Φ12(2/2)	4Φ12(2/2)	Φ8-100(2)	梁底标高29.350m
LL3	闷顶层		160×900(变高)	4Φ12(2/2)	4Φ12(2/2)	Φ8-100(2)	梁底标高29.350m,梁跨L=3050
LL4	闷顶层		160×861	4Φ12(2/2)	4Φ12(2/2)	Φ8-100(2)	梁底标高29.750m
LL5	闷顶层		160×553(变高)	4Φ12(2/2)	4Φ12(2/2)	Φ8-100(2)	梁底标高29.650m
LL6	闷顶层		180×1600	6Φ14(2/2/2)	6Φ14(2/2/2)	Φ10-100(2)	梁底标高28.550m
GL1	闷顶层		160×300	2Φ12	2Φ12	Φ8-100(2)	梁底标高29.350m

说明
1.墙节点配筋大样详见S3-***,GZ1及GZ2配筋详见S2-***。
2.LL6截面形式详见S2-***。
3.剪力墙、连梁构造做法详见混凝土结构平面整体表示方法制图规则和构造详见图.11G101-1。
4.除注明外,剪力墙拉筋不少于□6-600,且需同时钩住纵横向钢筋。
5.高度大于700mm的连梁腰筋直径不应小于10mm。
6.所有门窗洞口尺寸及位置以建筑图为准。门窗洞边均设暗柱。
7.图中未注明的暗柱按通用节点配置.见S3-***洞边节点A。
8.墙体小于300mm的洞图中未表示,施工时设备专业与土建配合,按专业图纸预留。
9.上下层洞口不对齐时,注意预留上层暗柱插筋。
10.未注明的梁配筋详见其他图。
11.过梁高应在施工时核对建筑门窗尺寸后支模浇筑。
12.其余详见结构总说明。

墙水平筋 ←
LL1 1:20

墙水平筋 ←
LL4 1:20

图 4.13-15 闷顶层墙体配筋平面图

（4）墙节点暗柱配筋详图，见图 4.13-16～图 4.13-21。

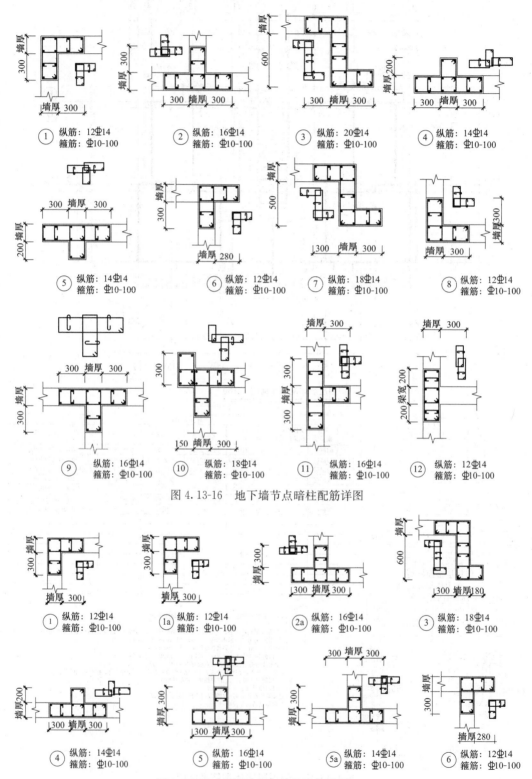

图 4.13-16　地下墙节点暗柱配筋详图

图 4.13-17　首层墙节点暗柱配筋详图（一）

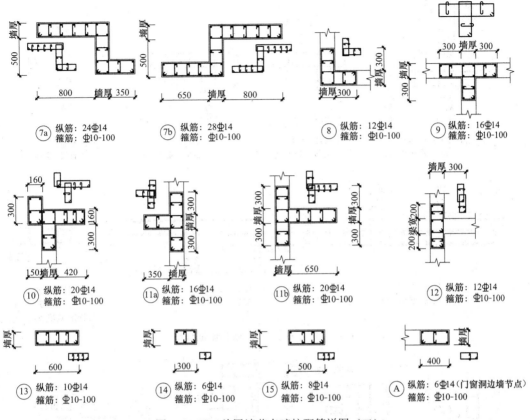

图 4.13-17 首层墙节点暗柱配筋详图（二）

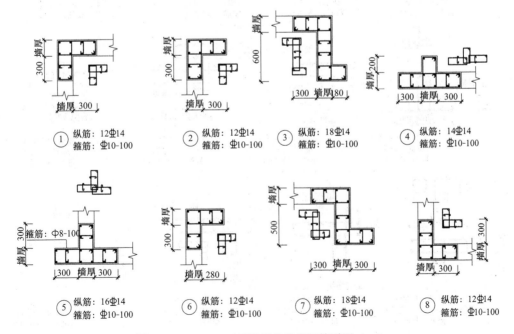

图 4.13-18 二～三层墙节点暗柱配筋详图（一）

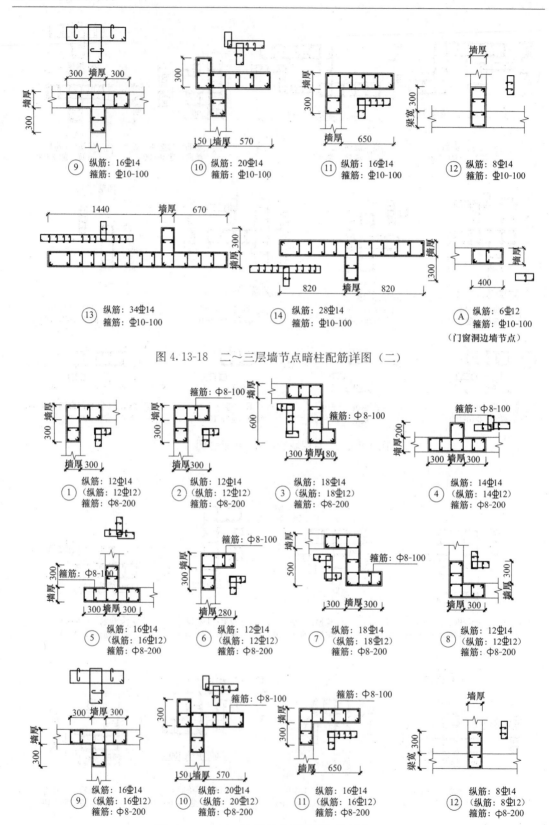

⑨ 纵筋：16Φ14
　　箍筋：Φ10-100

⑩ 纵筋：20Φ14
　　箍筋：Φ10-100

⑪ 纵筋：16Φ14
　　箍筋：Φ10-100

⑫ 纵筋：8Φ14
　　箍筋：Φ10-100

⑬ 纵筋：34Φ14
　　箍筋：Φ10-100

⑭ 纵筋：28Φ14
　　箍筋：Φ10-100

Ⓐ 纵筋：6Φ12
　　箍筋：Φ10-100
　（门窗洞边墙节点）

图 4.13-18　二～三层墙节点暗柱配筋详图（二）

① 纵筋：12Φ14
　（纵筋：12Φ12）
　　箍筋：Φ8-200

② 纵筋：12Φ14
　（纵筋：12Φ12）
　　箍筋：Φ8-200

③ 纵筋：18Φ14
　（纵筋：18Φ12）
　　箍筋：Φ8-200

④ 纵筋：14Φ14
　（纵筋：14Φ12）
　　箍筋：Φ8-200

⑤ 纵筋：16Φ14
　（纵筋：16Φ12）
　　箍筋：Φ8-200

⑥ 纵筋：12Φ14
　（纵筋：12Φ12）
　　箍筋：Φ8-200

⑦ 纵筋：18Φ14
　（纵筋：18Φ12）
　　箍筋：Φ8-200

⑧ 纵筋：12Φ14
　（纵筋：12Φ12）
　　箍筋：Φ8-200

⑨ 纵筋：16Φ14
　（纵筋：16Φ12）
　　箍筋：Φ8-200

⑩ 纵筋：20Φ14
　（纵筋：20Φ12）
　　箍筋：Φ8-200

⑪ 纵筋：16Φ14
　（纵筋：16Φ12）
　　箍筋：Φ8-200

⑫ 纵筋：8Φ14
　（纵筋：8Φ12）
　　箍筋：Φ8-200

图 4.13-19　四～八层墙节点暗柱配筋详图（一）

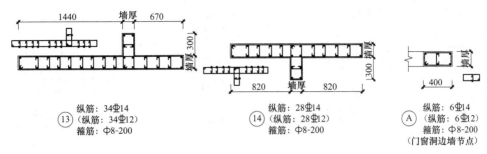

图 4.13-19 四～八层墙节点暗柱配筋详图（二）

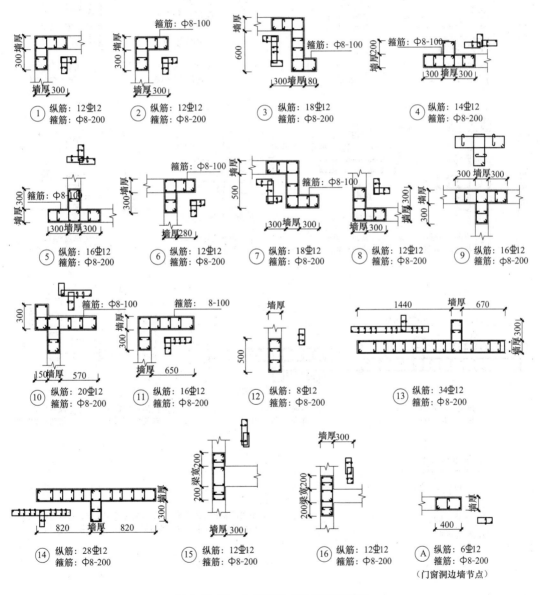

图 4.13-20 九层墙节点暗柱配筋详图

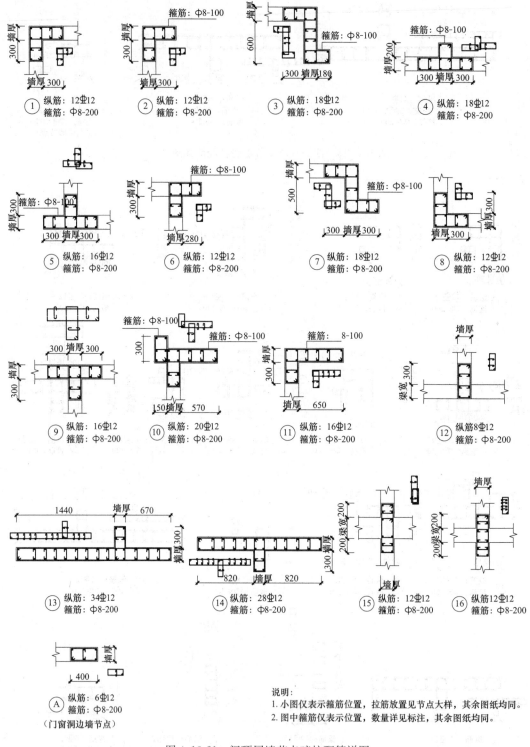

图 4.13-21　闷顶层墙节点暗柱配筋详图

说明:
1. 小图仅表示箍筋位置,拉筋放置见节点大样,其余图纸均同。
2. 图中箍筋仅表示位置,数量详见标注,其余图纸均同。

第 5 章 框架-剪力墙结构（钢支撑-框架结构）

5.1 框架-剪力墙结构的特点及布置

5.1.1 框架-剪力墙结构体系特点

框架-剪力墙结构是在框架结构中设置适当的剪力墙，由框架和剪力墙共同承担风荷载和地震作用的结构体系。

框架-剪力墙结构由框架和剪力墙协同工作，具有多道抗震防线，有良好的抗震性能。由于剪力墙刚度大，剪力墙承担了大部分水平荷载，作为该结构体系的主要抗侧力构件，大大提高了整个结构的侧向刚度，并起到第一道防线的作用。框架作为第二道防线，主要承担竖向荷载，提供较大的使用空间，同时也承担少部分水平力。

剪力墙在水平荷载下作用呈弯曲型变形，随着楼层的增加，总侧移增加加快；框架呈剪切型变形，随着楼层的增加，总侧移增加减慢。当剪力墙与框架通过楼板连接在一起，依靠楼板平面内巨大的刚度，将框架和剪力墙在各楼层标高处的变形协调起来，共同的侧向变形呈弯剪型。其由下至上各楼层层间变形趋于均匀，减小了顶点侧移，框架各楼层层剪力和各层梁柱截面尺寸、配筋也趋于均匀。

框架-剪力墙结构具有与框架结构相同的便于平面灵活布置的优点，但侧向刚度更大，梁柱断面较小，节省钢筋。适用于各类建筑。特别适用于地震烈度较高地区的高层建筑。

5.1.2 框架-剪力墙结构体系布置

（1）剪力墙应双向布置。剪力墙宜均匀布置在建筑物的周边附近、楼梯间、电梯间、平面形状变化及恒载较大的部位，剪力墙间距不宜过大。

（2）平面形状凹凸较大时，宜在凸出部分的端部附近布置剪力墙。

（3）纵、横剪力墙宜组成 L 形、T 形和 [形等形式。

（4）单片剪力墙底部承担的水平剪力不应超过结构底部总水平剪力的 30%。

（5）剪力墙宜贯通建筑物的全高，宜避免刚度突变；剪力墙开洞时，洞口宜上下对齐，洞边距端柱不宜小于 300mm。

（6）楼、电梯间等竖井宜尽量与靠近的抗侧力结构结合布置。

（7）抗震设计时，由于两个方向的地震作用接近，剪力墙的布置宜使结构各主轴方向的侧向刚度接近。

（8）剪力墙布置要对称，以减少结构的扭转效应。当不能对称时，也要使刚度中心尽量和质量中心接近，以减少地震作用产生的扭矩。

（9）剪力墙靠近结构外围布置，可以加强结构的抗扭作用。

（10）长矩形平面或平面有一部分较长的建筑中，其剪力墙的布置尚宜符合下列规定：

1）横向剪力墙沿长方向的间距宜满足表 5.1-1 的要求，当这些剪力墙之间的楼盖有较大开洞时，剪力墙的间距应适当减小。

剪力墙间距（m）　　　　　　　　　　　　　　　　　　　　　表 5.1-1

楼盖形式	非抗震设计（取较小值）	抗震设防烈度		
		6 度、7 度（取较小值）	8 度（取较小值）	9 度（取较小值）
现浇	5.0B，60	4.0B，50	3.0B，40	2.0B，30
装配整体	3.5B，50	3.0B，40	2.5B，30	—

注：1. 表中 B 为剪力墙之间的楼盖宽度（m）。
　　2. 装配整体式楼盖的现浇层应符合《高层建筑混凝土结构技术规程》JGJ 3—2010 第 3.6.2 条的有关规定。
　　3. 现浇层厚度大于 60mm 的叠合楼板可作为现浇板考虑。
　　4. 当房屋端部未布置剪力墙时，第一片剪力墙与房屋端部的距离，不宜大于表中剪力墙间距的 1/2。

在两片剪力墙之间布置框架时，楼盖必须有足够的平面内刚度，才能将水平剪力传递到两端的剪力墙上，发挥剪力墙作为主要抗侧力构件的作用。否则，楼盖在水平力作用下将产生弯曲变形，导致框架侧移增大，框架水平剪力也将成倍增大。因此，对剪力墙的最大间距不宜过大。当剪力墙之间的楼板有较大开洞时，对楼盖平面刚度有所削弱，此时剪力墙的间距宜再减小。

2）纵向剪力墙不宜集中布置在房屋的两尽端。

纵向剪力墙布置在平面的尽端时，会造成对楼盖两端的约束作用，楼盖中部的梁板容易因混凝土收缩和温度变化而出现裂缝，故宜避免。同时也考虑到在设计中有剪力墙布置在建筑中部，而端部无剪力墙的情况，用表 5.1-1 注 4 的相应规定，可防止布置框架的楼面伸出太长，不利于地震作用传递。

框架-剪力墙结构中，剪力墙的抗弯刚度提供了主要的抗侧刚度，结构总的抗侧刚度越大，越容易满足变形限制的要求。但是，在地震作用下，侧向位移与结构总的抗侧刚度并不成反比关系，结构总刚度增大一倍，层位移比和层间位移比仅减少 13%～19%。这是因为结构总刚度增大一倍，地震作用将增大 20%。因此，布置过多的剪力墙并不经济，剪力墙的数量最好以满足位移限制为宜。

5.2　框架-剪力墙结构的抗震性能及设计要点

5.2.1　框架-剪力墙结构抗震设计原则

（1）屈服机制

框架-剪力墙结构理想的屈服机制应该是剪力墙连梁先出现塑性铰，而后是框架梁端出现塑性铰，剪力墙的底部出现塑性铰。

（2）设计原则

1）墙的布置要两个受力方向对称，避免扭转效应，避免某道墙分配的地震作用过多产生应力集中。

2）结构布置上要有明显的"二道防线"。剪力墙作为框剪结构的主要抗侧力构件，承担了大部分地震作用。为了使剪力墙承担大部分地震作用，剪力墙要保证有一定的数量，同时，考虑到"大震"作用下，剪力墙进入塑性，框架与剪力墙之间的地震内力重分布，框架要有一定的抵抗地震作用的能力。

5.2.2　框架-剪力墙结构设计要点

（1）框架-剪力墙结构可采用下列形式：

1）框架与剪力墙（单片墙、联肢墙或较小井筒）分开布置；

2）在框架结构的若干跨内嵌入剪力墙形成带边框的剪力墙；

3）在单片抗侧力结构内连续分别布置框架和剪力墙；

4）上述两种或三种形式的混合。

（2）抗震设计的框架-剪力墙结构，应根据在规定的水平力作用下结构底层框架部分承受的地震倾覆力矩与结构总地震倾覆力矩的比值，确定相应的设计方法，并应符合下列规定：

1）框架部分承受的地震倾覆力矩不大于结构总地震倾覆力矩的10%时，按剪力墙结构进行设计，其中的框架部分应按框架-剪力墙结构的框架进行设计。

当框架部分承担的倾覆力矩不大于结构总倾覆力矩的10%时，意味着结构中框架承担的地震作用较小，绝大部分均由剪力墙承担，工作性能接近于纯剪力墙结构，此时结构中的剪力墙抗震等级可按剪力墙结构的规定执行；其最大适用高度仍按框架-剪力墙结构的要求执行；其中的框架部分应按框架-剪力墙结构的框架进行设计，需要进行本节（3）条的剪力调整，其侧向位移控制指标按剪力墙结构采用。

2）当框架部分承受的地震倾覆力矩大于结构总地震倾覆力矩的10%但不大于50%时，按框架-剪力墙结构进行设计。

3）当框架部分承受的地震倾覆力矩大于结构总地震倾覆力矩的50%但不大于80%时，按框架-剪力墙结构进行设计，其最大适用高度可比框架结构适当增加，框架部分的抗震等级和轴压比限值宜按框架结构的规定采用。

当框架部分承受的倾覆力矩大于结构总倾覆力矩的50%但不大于80%时，意味着结构中剪力墙的数量偏少，框架承担较大的地震作用，此时框架部分的抗震等级和轴压比宜按框架结构的规定执行，剪力墙部分的抗震等级和轴压比按框架-剪力墙结构的规定采用；其最大适用高度不宜再按框架-剪力墙结构的要求执行，但可比框架结构的要求适当提高，提高的幅度可视剪力墙承担的地震倾覆力矩来确定。

4）当框架部分承受的地震倾覆力矩大于结构总地震倾覆力矩的80%时，按框架-剪力墙结构进行设计，但其最大适用高度宜按框架结构采用，框架部分的抗震等级和轴压比限值应按框架结构的规定采用。当结构的层间位移角不满足框架-剪力墙结构的规定时，可按《高层建筑混凝土结构技术规程》JGJ 3—2010第3.11节的有关规定进行结构抗震性能分析和论证。

对于这种少墙框剪结构，由于其抗震性能较差，不主张采用，以避免剪力墙受力过大、过早破坏。当不可避免时，宜采取将此种剪力墙减薄、开竖缝、开结构洞、配置少量单排钢筋等措施，减小剪力墙的作用。

（3）抗震设计时，框架-剪力墙结构对应于地震作用标准值的各层框架总剪力应符合下列规定：

1）满足式（5.2-1）要求的楼层，其框架总剪力不必调整；不满足式（5.2-1）要求的楼层，其框架总剪力应按 $0.2V_0$、$1.5V_{f,max}$ 二者的较小值采用；

$$V_f \geqslant 0.2V_0 \tag{5.2-1}$$

式中　V_0——对框架柱数量从下至上基本不变的结构，应取对应于地震作用标准值的结构底层总剪力；对框架柱数量从下至上分段有规律变化的结构，应取每段底层结构对应于地震作用标准值的总剪力；

　　　　V_f——对应于地震作用标准值且未经调整的各层（或某一段内各层）框架承担的地震总剪力；

　　$V_{f,max}$——对框架柱数量从下至上基本不变的结构，应取对应于地震作用标准值且未经调整的各层框架承担的地震总剪力中的最大值；对框架柱数量从下至上分段有规律变化的结构，应取每段中对应于地震作用标准值且未经调整的各层框架承担的地震总剪力中的最大值。

2）各层框架所承担的地震总剪力按本条第 1 款调整后，应按调整前、后总剪力的比值调整每根框架柱和与之相连框架梁的剪力及端部弯矩标准值，框架柱的轴力标准值可不予调整。

3）按振型分解反应谱法计算地震作用时，本条第 1 款所规定的调整可在振型组合之后，并满足《高层建筑混凝土结构技术规程》JGJ 3—2010 第 4.3.12 条关于楼层最小地震剪力系数的前提下进行。

框架-剪力墙结构在水平地震作用下，框架部分计算所得的剪力一般都较小。按多道防线的概念设计要求，墙体是第一道防线，在设防地震、罕遇地震下先于框架破坏，由于塑性内力重分布，框架部分按侧向刚度分配的剪力会比多遇地震下加大，为保证作为第二道防线的框架具有一定的抗侧力能力，需要对框架承担的剪力予以适当的调整。随着建筑形式的多样化，框架柱的数量沿竖向有时会有较大的变化，框架柱的数量沿竖向有规律分段变化时可分段调整的规定，对框架柱数量沿竖向变化更复杂的情况，设计时应专门研究框架柱剪力的调整方法。对有加强层的结构，框架承担的最大剪力不包含加强层及相邻上下层的剪力。

（4）框架-剪力墙结构应设计成双向抗侧力体系；抗震设计时，结构两主轴方向均应布置剪力墙。

（5）框架-剪力墙结构中，主体结构构件之间除个别节点外不应采用铰接；梁与柱或柱与剪力墙的中线宜重合；框架梁、柱中心线之间有偏离时，应符合框架结构梁柱偏心时的有关规定。

框架-剪力墙结构中，主体结构构件之间一般不宜采用铰接，但在某些具体情况下，比如采用铰接对主体结构构件受力有利时可以针对具体构件进行分析判定后，在局部位置采用铰接。

（6）抗震墙的两端（不包括洞口两侧）宜设置端柱或与另一方向的抗震墙相连。

（7）抗震设计时，框架-剪力墙结构剪力墙底部加强部位高度可取底部两层和墙体总高度的 1/10 二者的较大值；房屋高度不大于 24m 时，底部加强部位可取底部一层。底部加强部位的高度，应从地下室顶板算起；当结构计算嵌固端位于地下一层的底板或以下时，底部加强部位尚宜向下延伸到计算嵌固端。

5.3 框架-剪力墙结构的构造要求

5.3.1 框架-剪力墙结构一般构造

（1）框架-剪力墙结构中，其框架部分柱构造可低于"框架结构柱"的要求，剪力墙洞边的暗柱应符合剪力墙结构对应边缘构件（约束边缘构件或构造边缘构件）的要求。

（2）框架-剪力墙结构中，抗震墙的厚度不应小于 160mm 且不宜小于层高或无支长度的 1/20，底部加强部位的抗震墙厚度不应小于 200mm 且不宜小于层高或无支长度的 1/16。剪力墙的截面厚度还应符合墙体稳定计算的要求。

（3）有端柱时，与剪力墙重合的框架梁可保留，亦可做成宽度与墙厚相同的暗梁，暗梁截面高度可取墙厚的 2 倍或与该榀框架梁截面等高，暗梁的配筋可按构造配置且应符合一般框架梁相应抗震等级的最小配筋要求；剪力墙底部加强部位的端柱和紧靠剪力墙洞口的端柱宜按柱箍筋加密区的要求沿全高加密箍筋。

（4）剪力墙截面宜按工字形设计，其端部的纵向受力钢筋应配置在边框柱截面内。

（5）边框柱截面宜与该榀框架其他柱的截面相同，边框柱应符合本书第 3 章有关框架柱构造配筋规定；剪力墙底部加强部位边框柱的箍筋宜沿全高加密；当带边框剪力墙上的洞口紧邻边框柱时，边框柱的箍筋宜沿全高加密。

（6）框架-剪力墙结构中，剪力墙的竖向、水平分布钢筋的配筋率，抗震设计时均不应小于0.25%，非抗震设计时均不应小于0.20%，钢筋直径不宜小于10mm，间距不宜大于300mm，并应至少双排布置。各排分布筋之间应设置拉筋，拉筋的直径不应小于6mm、间距不应大于600mm。

（7）剪力墙的水平钢筋应全部锚入边框柱内，锚固长度不应小于 l_{aE}。

（8）楼面梁与剪力墙平面外连接时，不宜支撑在洞口连梁上；沿梁轴线方向宜设置与梁连接的剪力墙，梁的纵筋应锚固在墙内；也可在支承梁的位置设置扶壁柱或暗柱，并应按计算确定其截面尺寸和配筋。

（9）框架-剪力墙结构中剪力墙端柱的构造见图 5.3-1。

5.3.2 框架-剪力墙结构楼面梁与剪力墙平面外相交连接做法

（1）当剪力墙或核心筒墙肢与其平面外的楼面梁采用刚性连接时，可沿楼面梁轴线方向设置与梁相连的剪力墙、扶壁柱或在墙内设置暗柱，并应符合下列规定：

1）设置沿楼面梁轴线方向与梁相连的剪力墙时，墙的厚度不宜小于梁的截面宽度。

图 5.3-1 框架-剪力墙结构中剪力墙端柱的构造

　　2）设置扶壁柱时，扶壁柱宽度不应小于梁宽，宜比梁每边宽出至少 50mm，扶壁柱的截面高度应计入墙厚，见图 5.3-2。

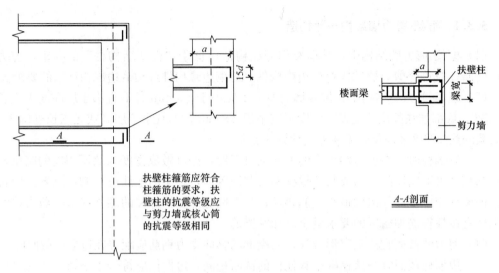

图 5.3-2　楼面梁与剪力墙平面外连接加扶壁柱做法

注：楼面梁纵筋锚固水平投影长度，$a \geqslant 0.4 l_{abE}$ 并弯折 $15d$。

　　3）墙内设暗柱时，暗柱截面高度可取墙的厚度，暗柱的截面宽度可取梁宽加 2 倍墙厚；不宜大于墙厚的 4 倍，见图 5.3-3。

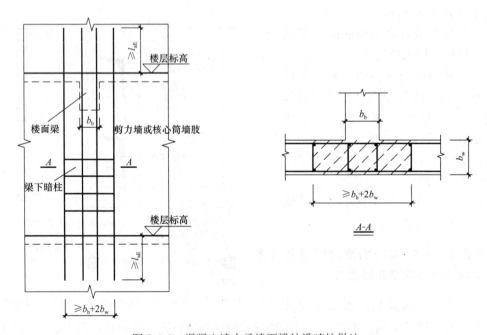

图 5.3-3　混凝土墙支承楼面梁处设暗柱做法

注：暗柱箍筋加密区的范围及其构造应符合相同抗震等级柱的要求，抗震等级应与剪力墙或核心筒的抗震等级相同。

4）楼面梁的水平钢筋应伸入剪力墙或扶壁柱，伸入长度应符合钢筋的锚固要求，钢筋锚固段的水平投影长度，不宜小于 $0.4l_{abE}$；当锚固段水平投影长度不能满足要求时，可将楼面梁伸出墙面形成梁头，梁的纵筋伸入梁头后弯折锚固，也可采用其他可靠的锚固措施，见图 5.3-4。

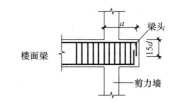

图 5.3-4　楼面梁伸出墙面形成梁头做法

注：楼面梁纵筋锚固水平投影长度 $a \geqslant 0.4l_{abE}$。

（2）暗柱或扶壁柱应设置箍筋，箍筋直径间距应符合表 5.3-1 的要求。

暗柱或扶壁柱箍筋要求　　　　　　　　　　　　　　　　表 5.3-1

抗震等级	一、二、三级	四级
箍筋直径（mm）	不应小于 8	不应小于 6
箍筋间距（mm）	不应大于 150	不应大于 200

注：箍筋直径均不应小于纵向钢筋直径的 1/4。

（3）应通过计算确定暗柱或扶壁柱的竖向钢筋（或型钢），竖向钢筋的总配筋率不宜小于表 5.3-2 的限值。

暗柱或扶壁柱纵向钢筋最小配筋率（%）　　　　　　　　表 5.3-2

抗震等级	一级	二级	三级	四级
配筋率	0.9	0.7	0.6	0.5

注：采用 400MPa、335MPa 级钢筋时，表中数值宜分别增加 0.05 和 0.10。

5.4　框架-剪力墙结构连梁的构造要求

（1）对于一、二级抗震等级的框架-剪力墙结构的剪力墙连梁，当跨高比不大于 2.5 且连梁截面不满足 $V_{wb} \leqslant \dfrac{1}{\gamma_{RE}}(0.15\beta_c f_c bh_0)$ 的要求时，宜根据不同情况选择一下构造措施，采取以下构造措施后连梁截面应满足：

$$V_{wb} \leqslant \frac{1}{\gamma_{RE}}(0.25\beta_c f_c bh_0)$$

1）当洞口连梁截面宽度不小于 250mm 时，可采用交叉斜筋加折线筋配筋方案，交叉斜筋连梁单向对角斜筋不宜少于 2φ12，单组两折线筋的截面面积可取为单向对角斜筋截面面积的一半，且直径不宜小于 12mm，对角斜筋在梁端部位设置不少于 3 根拉结筋，拉结筋的间距应不大于连梁宽度和 200mm 的较小值，直径不应小于 6mm，见图 5.4-1、图 5.4-2。

2）当洞口连梁截面宽度不小于 400mm 时，可采用集中对角斜筋配筋方案（图 5.4-3）或对角暗撑配筋方案（图 5.4-4），集中对角斜筋连梁和对角暗撑连梁中每组对角斜筋应至少由 4 根直径不小于 14mm 的钢筋组成，集中对角斜筋连梁应在梁截面内沿水平方向和竖直方向设置双向拉结筋，拉结筋应勾住外侧纵筋，间距应不大于 200mm，直径不应小于 8mm；对角暗撑配筋连梁中暗撑的箍筋外缘沿梁截面宽度方向不宜小于梁宽的一半，另一方向不宜小于梁宽的 1/5，对角暗撑约束箍筋的间距不大于暗撑钢筋直径的 6 倍，当计算间距小于 100mm 时可取 100mm，箍筋肢距不应大于 350mm。

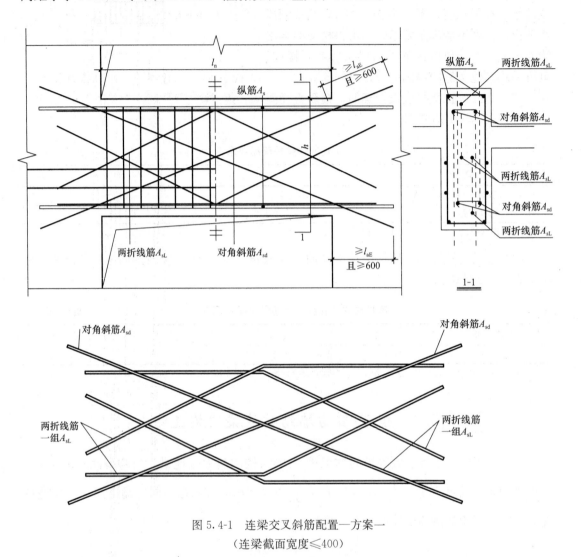

图 5.4-1　连梁交叉斜筋配置—方案一

（连梁截面宽度≤400）

3）除集中对角斜筋配筋连梁外，其余连梁的水平钢筋及箍筋形成的钢筋网之间应采用拉筋拉接，拉筋直径不宜小于 6mm，间距不宜大于 400mm。

（2）框架-剪力墙洞口连梁的纵向钢筋、斜筋及箍筋的构造应符合下列要求：

1）连梁沿上、下边缘单侧纵向钢筋的最小配筋率不应小于 0.15%，且配筋不宜少于 2φ12。

2）除对角斜筋配筋连梁外，其余连梁的水平构造钢筋及箍筋形成的钢筋网之间应采用拉筋拉接，拉筋直径不宜小于 6mm，间距不宜大于 400mm。

3）沿梁全长的箍筋构造应符合表 5.4-1 的要求；对角暗撑连梁沿连梁全长箍筋的间距可取表 5.4-1 要求的 2 倍。

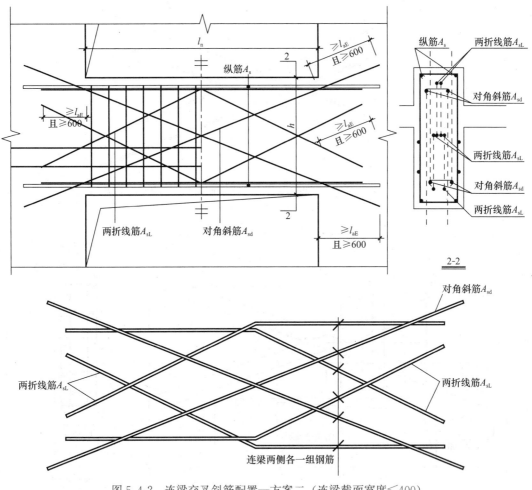

图 5.4-2 连梁交叉斜筋配置—方案二（连梁截面宽度≤400）

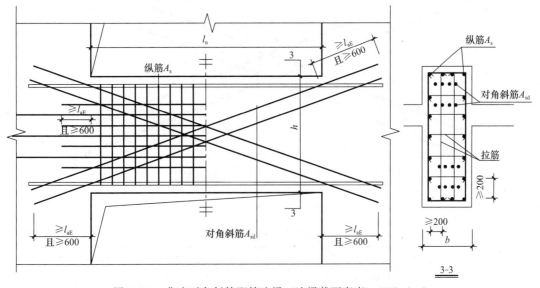

图 5.4-3 集中对角斜筋配筋连梁（连梁截面宽度＞400）（一）

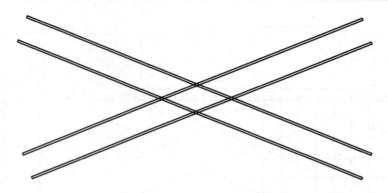

图 5.4-3　集中对角斜筋配筋连梁（连梁截面宽度＞400）（二）

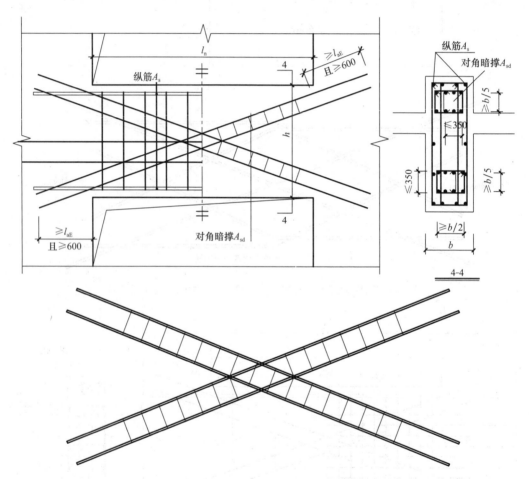

图 5.4-4　对角暗撑配筋连梁（连梁截面宽度＞400）

剪力墙连梁箍筋的构造

表 5.4-1

抗震等级	箍筋最大间距（mm）	箍筋最小直径（mm）
一级	纵筋直径的 6 倍，连梁高的 1/4 和 100 中的最小值	10
二级	纵筋直径的 8 倍，连梁高的 1/4 和 100 中的最小值	8

抗震等级	箍筋最大间距（mm）	箍筋最小直径（mm）
三级	纵筋直径的 8 倍，连梁高的 1/4 和 150 中的最小值	8
四级	纵筋直径的 8 倍，连梁高的 1/4 和 150 中的最小值	6

注：1. 当连梁纵向受拉钢筋配筋率大于 2％时，表中箍筋最小直径应增大 2mm。
　　2. 一、二级抗震等级剪力墙连梁，当连梁箍筋直径大于 12mm、数量不少于 4 肢且肢距不大于 150mm 时，最大间距应允许适当放宽，但不得大于 150mm。
　　3. 连梁端设置的第一个箍筋距墙肢边缘不应大于 50mm。

4）连梁顶面、底面纵向水平钢筋、交叉斜筋伸入墙肢的锚固长度，抗震设计时不应小于 l_{aE}，非抗震设计时不应小于 l_a，且均不应小于 600mm。

5）顶层连梁纵向水平钢筋伸入墙肢的长度范围内应配置箍筋，箍筋间距不宜大于 150mm，直径应与该连梁的箍筋直径相同。

6）连梁高度范围内的墙肢水平分布钢筋应在连梁内拉通作为连梁的腰筋。连梁截面高度大于 700mm 时，其两侧面腰筋的直径不应小于 8mm，间距不应大于 200mm；跨高比不大于 2.5 的连梁，其两侧腰筋的总面积配筋率不应小于 0.3％；对角暗撑连梁的水平分布钢筋间距不大于 300mm，梁两侧的纵向构造钢筋的面积配筋率不应小于 0.2％。

5.5 钢支撑-框架结构房屋抗震设计要求

（1）抗震设防烈度为 6～8 度且房屋高度超过本规范第 6.1.1 条的钢筋混凝土框架结构最大适用高度时，可采用钢支撑-混凝土框架组成抗侧力体系的结构。按本节要求进行抗震设计时，其适用的最大高度不宜超过《建筑抗震设计规范》GB 50011—2010 第 6.1.1 条钢筋混凝土框架结构和框架-抗震墙结构二者最大适用高度的平均值。超过最大适用高度的房屋，应进行专门研究和论证，采取有效的加强措施。

我国的钢支撑-混凝土框架结构，钢支撑承担较大的水平力，但不及抗震墙，其适用高度不宜超过框架结构和框剪结构二者最大适用高度的平均值。除抗震等级外也可适用于房屋高度在混凝土框架结构最大适用高度内的情况。

（2）钢支撑-混凝土框架结构房屋应根据设防类别、烈度和房屋高度采用不同的抗震等级，并应符合相应的计算和构造措施要求。丙类建筑的抗震等级，钢支撑框架部分应比《建筑抗震设计规范》GB 50011—2010 第 8.1.3 条和第 6.1.2 条框架结构的规定提高一个等级，钢筋混凝土框架部分仍按该规范第 6.1.2 条框架结构确定。

由于房屋高度超过《建筑抗震设计规范》GB 50011—2010 第 6.1.1 条混凝土框架结构的最大适用高度，故参照框剪结构提高抗震等级。

（3）钢支撑-混凝土框架结构的结构布置，应符合下列要求：

1）钢支撑框架应在结构的两个主轴方向同时设置。

2）钢支撑宜上下连续布置，当受建筑方案影响无法连续布置时，宜在邻跨延续布置。

3）钢支撑宜采用交叉支撑，也可采用人字支撑或 V 形支撑；采用单支撑时，两方向的斜杆应基本对称布置。

　　4）钢支撑在平面内的布置应避免导致扭转效应；钢支撑之间无大洞口的楼、屋盖的长宽比，宜符合《建筑抗震设计规范》GB 50011—2010 第 6.1.6 条对抗震墙间距的要求；楼梯间宜布置钢支撑。

　　5）底层的钢支撑框架按刚度分配的地震倾覆力矩应大于结构总地震倾覆力矩的 50%。

　　钢支撑-混凝土框架结构不同于钢支撑结构、混凝土框架结构的设计要求，主要参照混凝土框架-抗震墙结构的要求，将钢支撑框架在整个结构中的地位类比于混凝土框架-抗震墙结构中的抗震墙。

　　（4）钢支撑-混凝土框架结构的抗震计算，尚应符合下列要求：

　　1）结构的阻尼比不应大于 0.045，也可按混凝土框架部分和钢支撑部分在结构总变形能所占的比例折算为等效阻尼比。

　　2）钢支撑框架部分的斜杆，可按端部铰接杆计算。当支撑斜杆的轴线偏离混凝土柱轴线超过柱宽 1/4 时，应考虑附加弯矩。

　　3）混凝土框架部分承担的地震作用，应按框架结构和支撑框架结构两种模型计算，并宜取二者的较大值。

　　4）钢支撑-混凝土框架的层间位移限值，宜按框架和框架-抗震墙结构内插。

　　混合结构的阻尼比，取决于混凝土结构和钢结构在总变形能中所占比例的大小。采用振型分解反应谱法时，不同振型的阻尼比可能不同。当简化估算时，可取 0.045。按照多道防线的概念设计，支撑是第一道防线，混凝土框架需适当增大按刚度分配的地震作用，可取两种模型计算的较大值。

　　（5）钢支撑与混凝土柱的连接构造，应符合《建筑抗震设计规范》GB 50011—2010 第 9.1 节关于单层钢筋混凝土柱厂房支撑与柱连接的相关要求。钢支撑与混凝土梁的连接构造，应符合连接不先于支撑破坏的要求。

　　（6）钢支撑-混凝土框架结构中，钢支撑部分尚应按《建筑抗震设计规范》GB 50011—2010 第 8 章、现行国家标准《钢结构设计规范》GB 50017 的规定进行设计；钢筋混凝土框架部分尚应按《建筑抗震设计规范》GB 50011—2010 第 6 章的规定进行设计。

5.6　钢支撑-框架结构设计实例

　　某综合实验楼工程位于北京市昌平区。建筑地上共 6 层，建筑总高度 31.00m。综合实验楼采用钢筋混凝土框架结构，角部加钢斜撑。基础采用钢筋混凝土柱下条形基础与局部筏板基础相结合。本工程建筑结构的安全等级为一级；结构的设计使用年限为 50 年；结构设计基准期 50 年。

　　基本风压：0.50kN/m² （100 年一遇）。

　　基本雪压：0.45kN/m² （100 年一遇）。

　　根据《建筑抗震设计规范》GB 50011—2010 附录 A 和《中国地震动参数区划图》GB 18306—2001，本地区设计基本地震加速度为 0.20g，抗震设防烈度为 8 度，抗震设防类别为乙类。设计地震分组为一组。拟建场地地面下 20m 范围内的土层等效剪切波速 v_{se}＝221m/s，该场地覆盖层厚度 $d_{ov} \geqslant 50m$，建筑场地类别为Ⅲ类，特征周期为 0.45s。地震烈度为 8 度时，拟建场区内地基土不会产生地震液化。

综合实验楼有 10t 及 5t 吊车各一部。

该工程建于高烈度区，抗震设防类别为乙类；工程柱网较大，且为了实现建筑功能要求抽去了建筑中部六根框架柱，结构整体刚度较小。为了满足结构位移角限值，减小结构整体扭转效应，在建筑四角设置钢斜撑，形成钢支撑-框架结构体系。具体平面图及支撑节点大样见图 5.6-1～图 5.6-7。

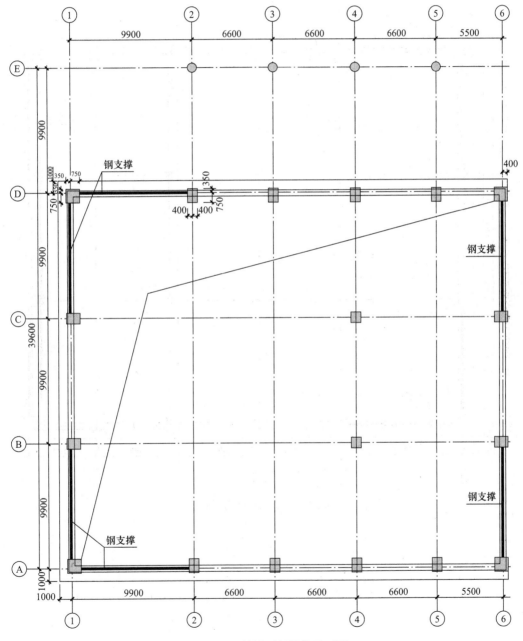

图 5.6-1 首层顶板结构平面图

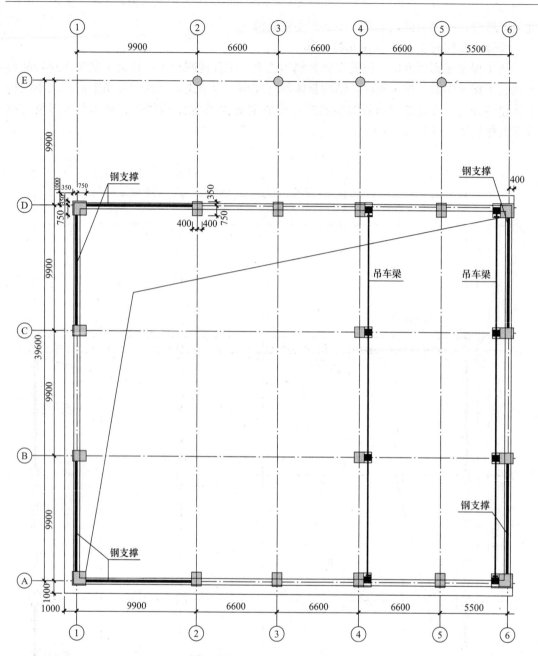

图 5.6-2   二层顶板结构平面图

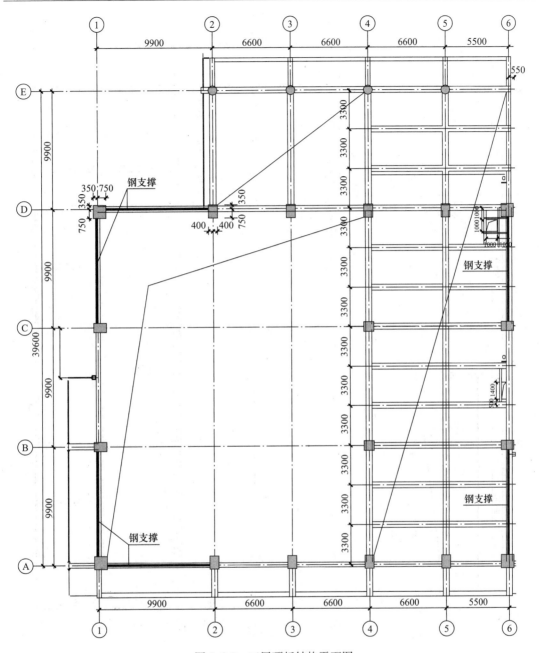

图 5.6-3 三层顶板结构平面图

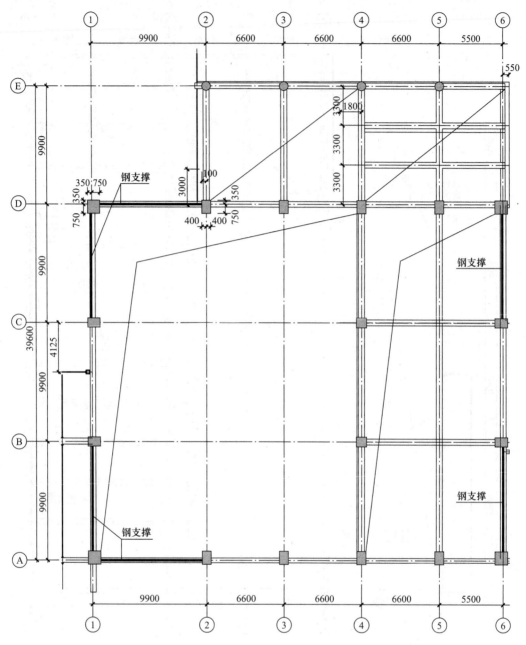

图 5.6-4　四层顶板结构平面图

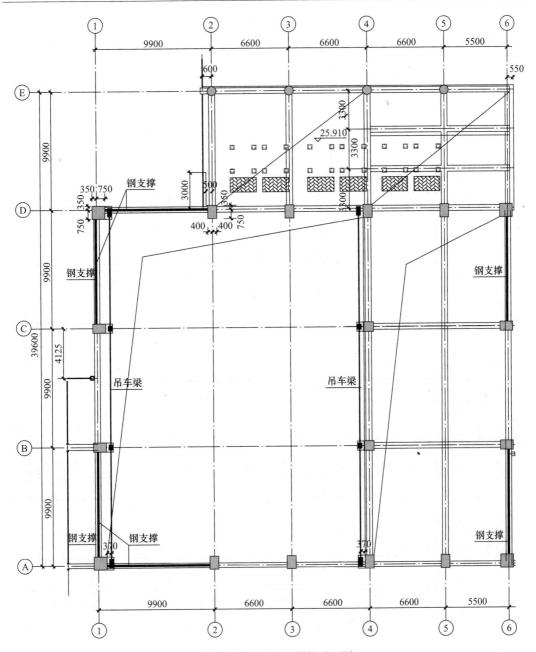

图 5.6-5 五层顶板结构平面图

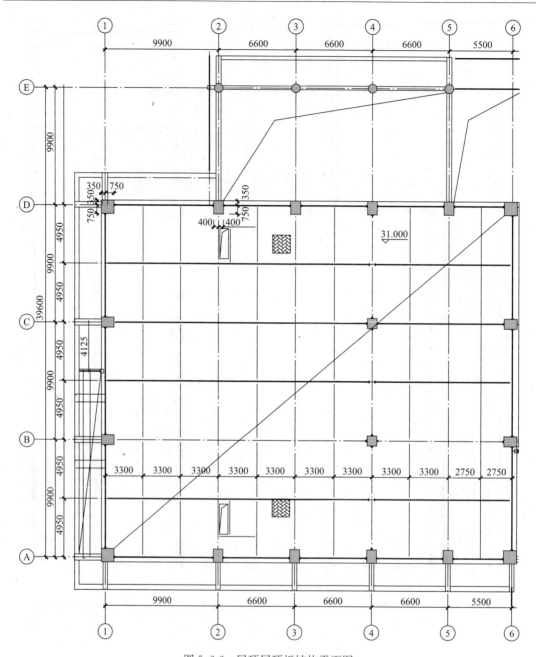

图 5.6-6　屋顶层顶板结构平面图

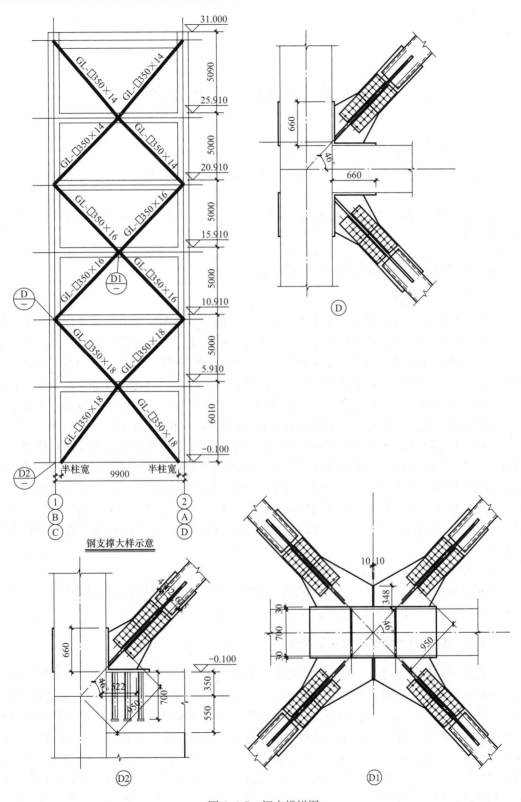

图 5.6-7 钢支撑详图

第6章 板柱-剪力墙结构

6.1 板柱-剪力墙结构的特点

板柱-剪力墙结构（或称板柱-抗震墙结构）是指板柱、框架和剪力墙（抗震墙）组成的抗侧力体系。

6.1.1 板柱-剪力墙结构的特点和适用范围

（1）特点及适用范围

板柱结构也就是我们常说的无梁楼盖结构。其特点是由无梁的平板或带柱冒的无梁板为主要水平构件与柱组成的结构体系。由于没有了楼面梁，在同样的层高条件下，板柱结构体系大大地增加建筑使用净高度，便于设备管道和电气管线等布置。无梁楼盖体系可以在有限的结构高度情况下，承受较大的竖向荷载，特别适用于商场、超市、图书馆、仓库等需要高大空间的建筑。对净高度要求较高的多层和高层写字楼，板柱结构也是争取净高度，或者在规划高度一定时，争取建筑层数和建筑使用空间的有效方法。

板柱结构相当于楼板与柱组成的框架结构体系，由于没有框架梁，楼板相对较薄，在楼板与柱的连接节点位置，楼板对柱的转动约束能力比梁对柱的约束能力差得多。所以，板柱结构虽然能够承受较大的竖向重力荷载，但在水平荷载下的刚度和承载能力严重不足。以往的震害表明，单纯的板柱结构震害严重。在抗震结构中如果采用板柱结构，应设置剪力墙，形成板柱-剪力墙结构，以剪力墙较强的侧向刚度来弥补板柱结构侧向刚度低的弱点。

（2）板柱-剪力墙结构的适用高度

对于板柱-剪力墙结构的最大适用高度，我国"抗震规范"是这样规定的：9度不应采用；8度（0.3g）40m；8度（0.2g）55m；7度70m；6度80m。

6.1.2 板柱-剪力墙结构的受力特性

工程中采用的无梁楼盖结构，其主要水平构件是楼板，竖向构件是柱，由于没有楼面梁，所以称之为板柱结构。板柱结构在水平力的作用下的结构受力特性与框架结构类似，只不过是以柱上板带代替了框架梁，是框架结构的一种特殊形式。但是板柱结构的侧向刚度比梁柱组成的框架结构差，特别是板柱节点的抗震性能比梁柱节点差。板与柱连接部位是最薄弱位置，在地震反复荷载作用下，连接部位容易开裂并失效，引起无梁板的脱落。由于板柱结构受力的特殊性，单独用于多层或高层建筑并不适合，必须设置剪力墙或由剪力墙组成的简体以承担侧向力，形成板柱-剪力墙结构。板柱-剪力墙结构的受力状态类似于框架-剪力墙结构，除遵循框架-剪力墙结构的设计原则、方法和构造要求外，还要根据其受力特点有针对性的予以加强。

6.2 板柱-剪力墙结构的一般规定及构造要求

6.2.1 板柱-剪力墙结构的布置

（1）板柱-剪力墙结构的剪力墙及柱的抗震构造措施应满足剪力墙结构和框架-剪力墙结构的相关规定。

（2）剪力墙厚度不应小于180mm，且不小于层高或无肢长度的1/20；房屋高度大于12m时，剪力墙厚度不应小于200mm。

（3）板柱-剪力墙结构应同时布置筒体或两个主轴方向的剪力墙以形成双向抗侧力体系，并避免结构刚度偏心，其中剪力墙或筒体应遵守剪力墙结构和筒体结构的相关要求，且宜在对应剪力墙或筒体的楼层处设置暗梁。

板柱-剪力墙结构与框架-剪力墙结构中，剪力墙都是主要抗侧力构件，应该在两个主轴方向都布置剪力墙，形成双向体系。如果仅一个方向布置剪力墙，将会造成两个主轴方向侧向刚度相差悬殊，容易造成整个结构产生扭转。板柱-剪力墙结构抗震性能比框架剪力墙差，更要强调剪力墙的双向布置。

（4）房屋的周边应设置边梁形成周边框架，房屋的顶层及地下室顶板宜采用梁板结构。

（5）有楼、电梯间等较大洞口时，洞口周围宜设置框架梁或边梁。

地震作用下，结构周边是受力的主要部位，结构在地震作用下不可能不产生一定扭转，这样沿楼框架柱，特别是角柱会承受较大的地震剪力。板柱结构中应在周边设框架梁，形成周边梁柱框架。地下室顶板和屋顶，以及楼板开大洞处设置框架梁或边梁也是为了提高关键部位的安全度。

（6）无梁板可以根据承载力和变形要求采用无柱帽（柱托）板或有柱帽（柱托）板形式。柱托板的长度和厚度应按计算确定，且每个方向长度不宜小于板跨度的1/6，其厚度不宜小于板厚度的1/4。7度时宜采用有柱托板，8度时应采用有柱托板，此时托板每方向长度尚不宜小于同方向柱截面宽度和4倍板厚之和，托板厚度尚不应小于柱纵向钢筋直径的16倍。当无柱托板且无梁板受冲切力不足时，可采用型钢剪力架（键），此时板的厚度不应小于200mm。

（7）双向无梁板厚度与长跨之比，不宜小于表6.2-1的规定。

双向无梁板厚度与长跨的最小比值 表 6.2-1

非预应力楼板		预应力楼板	
无柱托板	有柱托板	无柱托板	有柱托板
1/30	1/35	1/40	1/45

（8）抗风设计时，板柱剪力墙结构中各层筒体或剪力墙应能承担不小于80%相应方向该层承担的风荷载作用下的剪力；抗震设计时，应能承担各层全部相应方向该层承担的地震剪力，而各层板柱部分尚应能承担不小于20%相应方向该层承担的地震剪力，且应符合

有关抗震构造要求。

板柱框架，在侧向力作用时，以柱上板带作为框架梁，抗侧力能力很差。抗震设计时，要符合多道设防的原则，板柱-剪力墙结构抗震性能比框架-剪力墙差很多，所以，剪力墙应能承受 100％的地震作用，同时板柱框架还要能承受各层同方向 20％的地震剪力。保证"二道防线"。

6.2.2　板柱-剪力墙结构中，板的构造设计要求

（1）抗震设计时，应在柱上板带设置构造暗梁，暗梁宽度取柱宽及两侧各 1.5 倍板厚之和，暗梁支座上部钢筋截面积不宜小于柱上板带钢筋面积的 50％，并应全跨拉通，暗梁下部钢筋不应小于上部钢筋的 1/2。暗梁箍筋的布置，当计算不需要时，直径不应小于 8mm，间距不宜大于 $3h_0/4$，肢距不宜大于 $2h_0$；当计算需要时应按计算确定，且直径不应小于 10mm，间距不宜大于 $h_0/2$，肢距不宜大于 $1.5h_0$。

板柱-剪力墙结构中，地震作用虽由剪力墙全部承担，但结构在整体工作时，板柱部分仍会承担一定的水平地震作用。由柱上板带和柱组成的板柱框架中的板，受力主要集中在柱的连线附近，故抗震设计应沿柱轴线设置暗梁，目的在于加强板与柱的连接，较好地起到板柱框架的作用，此时柱上板带的钢筋应比较集中在暗梁部位。柱上板带暗梁配筋构造见图 6.2-1。

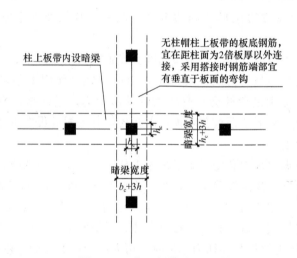

图 6.2-1　柱上板带暗梁配筋构造

注：1. 无柱帽平板宜在柱上板带中设构造暗梁，暗梁宽度可取柱宽加柱两侧各不大于 1.5 倍板厚。暗梁支座上部纵向钢筋应不小于柱上板带纵向钢筋截面面积的 1/2，暗梁下部纵向钢筋不宜少于上部纵向钢筋截面面积的 1/2。

2. 暗梁箍筋的布置，当计算不需要时，直径不应小于 8mm，间距不宜大于 $3h_0/4$，肢距不宜大于 $2h_0$；当计算需要时应按计算确定，且直径不应小于 10mm，间距不宜大于 $h_0/2$，肢距不宜大于 $1.5h_0$。

3. 支座处暗梁箍筋加密区长度不应小于 3 倍板厚，其箍筋间距不宜大于 100mm，肢距不宜大于 250mm。

4. 设置柱托板时，非抗震设计时托板底部宜布置构造钢筋；抗震设计时托板底部钢筋应按计算确定，并应满足抗震锚固要求。计算柱上板带的支座钢筋时，可考虑托板厚度的有利影响。

（2）设托板时，抗震设计时托板底部钢筋应按计算确定，并应满足抗震锚固要求。

（3）无梁楼板开局部洞口时，应验算承载力及刚度要求。

当未作专门分析时，在板的不同部位开单个洞的大小应符合图6.2-2的要求。若在同一部位开多个洞时，则在同一截面上各个洞宽之和不应大于该部位单个洞的允许宽度。所有洞边均应设置补强钢筋。

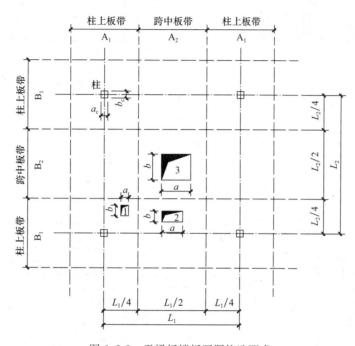

图 6.2-2　无梁板楼板开洞构造要求

注：洞1：$a \leqslant a_c/4$ 且 $a \leqslant t/2$，$b \leqslant b_c/4$ 且 $b \leqslant t/2$，其中，a—洞口短边尺寸，b—洞口长边尺寸，a_c—相应于洞口短边方向的柱宽，b_c—相应于洞口长边方向的柱宽，t—板厚；洞2：$a \leqslant A_2/4$ 且 $b \leqslant B_1/4$；洞3：$a \leqslant A_2/2$ 且 $b \leqslant B_2/2$。

（4）沿两个主轴方向通过柱截面的板底连续钢筋的总截面面积，应符合下式要求：

$$A_s \geqslant N_G/f_y$$

式中　A_s——板底连续钢筋总截面面积；

N_G——在本层楼板重力荷载代表值（8度时尚宜计入竖向地震）作用下的柱轴压力设计值；

f_y——楼板钢筋的抗拉强度设计值。

为了防止强震作用下楼板脱落，穿过柱截面的板底两个方向钢筋的受拉承载力应满足该层楼板重力荷载代表值作用下的柱轴压力设计值。

（5）板柱节点应根据抗冲切承载力要求，配置抗剪栓钉或抗冲切钢筋。

6.3　板柱结构配筋构造

6.3.1　托板与柱帽配筋构造

托板与柱帽配筋构造见图6.3-1、图6.3-2。

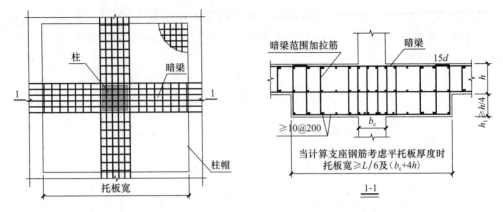

图 6.3-1　平托板配筋构造及 1-1 剖面（L—板跨度）

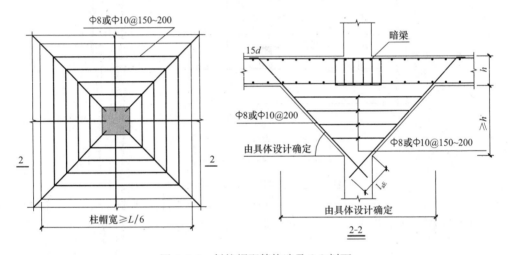

图 6.3-2　斜柱帽配筋构造及 2-2 剖面

6.3.2　无柱帽板柱节点配筋构造

无柱帽板柱节点配筋构造见图 6.3-3～图 6.3-5。

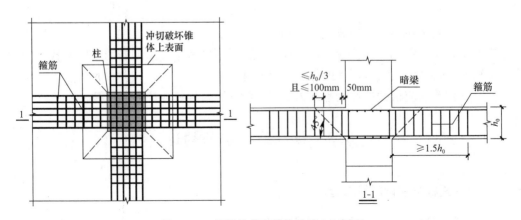

图 6.3-3　箍筋抗剪配筋构造及 1-1 剖面

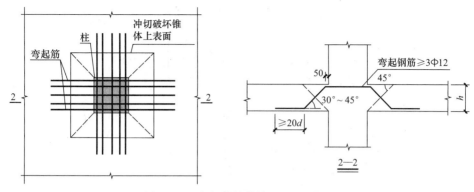

图 6.3-4 弯起筋抗剪构造及 2-2 剖面

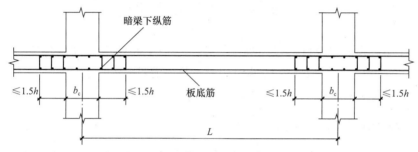

图 6.3-5 无梁板板底筋在支座处构造

6.3.3 柱上板带暗梁配筋构造

柱上板带暗梁配筋构造见图 6.3-6、图 6.3-7。

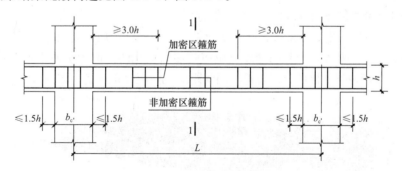

图 6.3-6 无柱帽暗梁构造

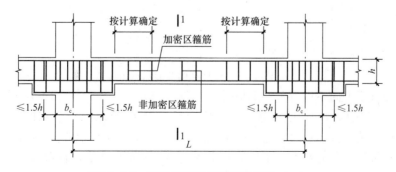

图 6.3-7 有平托板或柱帽暗梁构造（一）

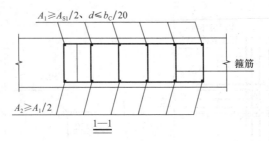

图 6.3-7　有平托板或柱帽暗梁构造（二）

注：A_{S1}—柱上板带上部钢筋。

6.4　板柱结构设计的常见问题和实例

以上各小节都是《建筑抗震设计规范》GB 50011—2010 和《高层建筑混凝土结构技术规程》JGJ 3—2010 针对板柱-剪力墙结构的一些规定和图示。本节阐述在实际操作中施工图表达的一些方法。

6.4.1　柱上板带和跨中板带

无梁楼盖本质上可以看作是一种板搭板的结构形式，在柱边一定范围内的板，即柱上板带，由于有柱的约束，有较大的刚度，接近跨中的板线刚度较小。无梁板的变形也是由柱边至跨中柱间逐渐变化的。在竖向荷载作用下板在柱边曲率较大，产生的负弯矩也较大，接近跨中正弯矩较大。柱上板带相当于主梁，跨中板带相当于次梁或板支承在柱上板带上。

（1）板带的配筋按柱上板带和跨中板带分别配置

由图 6.4-1 可以看出，无梁楼盖板的变形是渐变的，负弯矩也是由柱边较大向跨中逐渐减小，正弯矩是跨中最大，合理的配筋也应该是逐渐变化的。但为了便于施工及质量控制，一般是按柱上板带和跨中板带分别布置不同间距的等间距分布钢筋。如图 6.4-2 所示。

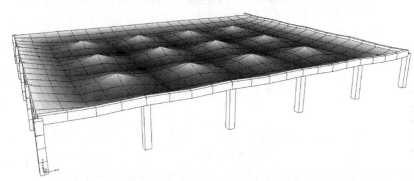

图 6.4-1　板柱结构变形示意图

（2）沿墙或梁方向不用设置柱上板带

板柱-剪力墙结构中的无梁楼盖应该设置边梁，很多设计人员在设计无梁楼盖时，在沿梁的方向和沿墙的方向也布置柱上板带是不对的。墙或梁的刚度远远大于板的刚度，沿墙或梁的方向板的弯曲要与墙或梁协调，主要由墙或梁承担弯矩，该部位的无梁板受力如同一般梁板结构的板。板带应该按图 6.4-3 布置。

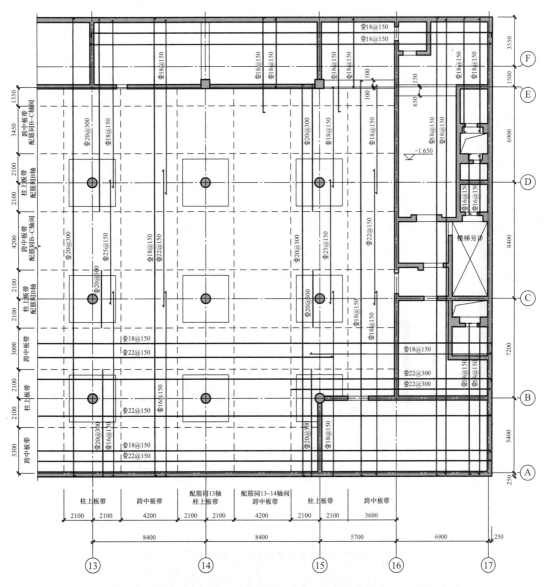

图 6.4-2 板柱结构顶板配筋平面图

6.4.2 柱帽（托板）及暗梁

（1）有梁和墙的位置不用设置半个柱帽或托板，见图 6.4-2。

在有梁或墙的位置设置半个柱帽也是无梁楼盖设计中常见的问题。柱帽的设置是为了解决板柱相交位置板的冲切承载力不足的问题。沿墙或梁的长度方向，板的长度较长，已经不是局部抗冲切的问题，此时还在局部设置半个柱帽既浪费也没有意义。

（2）暗梁可以借用柱上板带通长的纵筋设置箍筋，不足时根据计算另加通长钢筋。

地震作用是反复荷载，地震作用下托板底部也会受拉，托板的底部构造钢筋在暗梁范围内应该满足抗震需要，并根据计算要求予以加大。箍筋在托板范围内应拉到托板底部钢筋。无梁楼盖暗梁示意图见图 6.4-4。

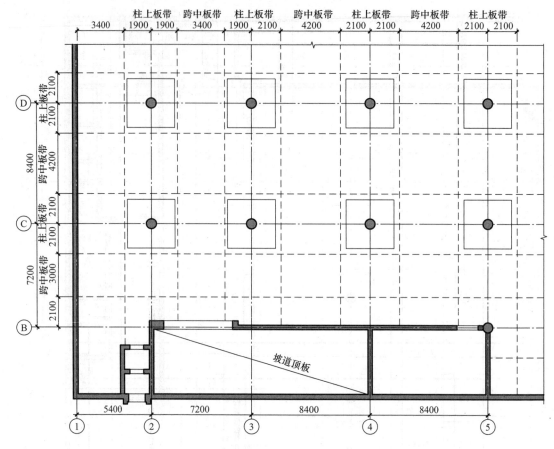

图 6.4-3　柱上板带布置平面图

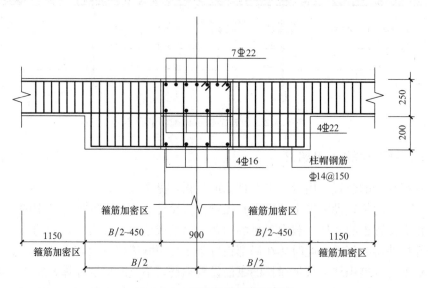

图 6.4-4　无梁楼盖暗梁示意图

第7章 部分框支剪力墙结构

7.1 部分框支剪力墙结构特点

7.1.1 部分框支剪力墙结构特点

许多高层住宅和酒店建筑，根据建筑功能上的需要，上部一般是小开间的住宅或客房，底层是公共部分，比如门厅、餐厅、商店、银行等，地下部分会设计成停车库。这样整个建筑就形成了上、下两个不同的功能分区，上部是小开间的住宅或客房，公共空间需要较大的开间和进深，一般布置在建筑的底部几层。这样形成上部是小开间剪力墙，底部大空间采用框架结构支撑上部不能落地的剪力墙，形成底部大空间的部分框支剪力墙结构，又称底层大空间剪力墙结构。在20世纪80年代至90年代前后，比较多的是底层为商业上部为住宅的底商住宅楼。近年来越来越多地出现集住宅、办公、商业为一体的大型综合性建筑。其特点是上部建筑小开间的竖向荷载再要通过转换构件传递到框支层的柱上，往往需要设置转换层，水平荷载也要通过转换层楼板转换到其他抗侧力构件上。使用功能上，上部的竖向管线也需要在转换层转换。比如，上部为住宅下部为商业的底商住宅项目，上部住宅的卫生间管道不能直接延伸到下部商业用房内，特别是下水管需要在商业用房顶板以上水平转换到可以向下延伸的位置。这样带转换层就成了该类结构的最大特点：一是建筑空间大开间的需要，结构传力上需要转换，二是设备管线的走向也需要在转换层内转换。

7.1.2 震害特点

部分框支剪力墙结构，上部小开间的剪力墙布置，纵横墙较多，一般刚度较大，整体性好，震害轻微。而底部开间较大，上部的部分剪力墙不能落地，要由框架承托不落地的剪力墙，并设置转换层。转换层上下的抗侧刚度产生突变，上层刚度较大，到了转换层以下刚度骤减，引起底部框支层的变形集中，而底部框支层的框支梁、柱还要托上部结构重量，变形过大容易引起底部框支层的破坏。

7.2 部分框支剪力墙结构抗震设计要点

部分框支剪力墙结构的主要问题是：结构侧向刚度沿竖向分布不均匀。由于转换层的存在引起转换层上下刚度的突变；转换层及转换构件既要传递上部结构的竖向力，也要传递水平力。转换层及转换构件本身尺度较大，刚度及自重都比较大，地震作用下转换层本身的惯性力要大于上下楼层，与之相连楼层的抗侧力构件侧向力引起的内力及变形较大；转换构件受力复杂。设计部分框支剪力墙结构时要根据上述特点，有针对性地采取相应措施。

7.2.1　结构布置

（1）转换层高度

部分框支剪力墙结构在地面以上设置转换层的位置，8 度时不宜超过 3 层，7 度时不宜超过 5 层，6 度时可适当提高。

带转换层的底层大空间剪力墙结构于 20 世纪 80 年代中开始采用。近几十年，底部带转换层的大空间剪力墙结构迅速发展，在地震区许多工程的转换层位置设计得越来越高，一般做到 3～6 层，有的工程转换层位于 7～10 层。转换层本身刚度和重量都比上下楼层大，转换层位置高，对结构抗震性能会带来一系列不利影响。特别是转换层上部要承托较多楼层时，转换层越高，下部框支层在水平荷载作用下的变形也越大，过大的侧向变形引起的 P-Δ 效应，再加上上部楼层的重量会产生较大的附加内力，产生恶性循环，甚至直接压溃下部框支柱导致全楼的倒塌。研究表明，转换层位置较高时，更易使框支剪力墙结构在转换层附近的刚度、内力发生突变，并易形成薄弱层，其抗震设计概念与底层框支剪力墙结构有一定差异。转换层位置较高时，转换层下部的落地剪力墙及框支结构易于开裂和屈服，转换层上部几层墙体易于破坏。转换层位置较高的高层建筑不利于抗震，规定 7 度、8 度地区可以采用，但限制部分框支剪力墙结构转换层设置位置：7 度区不宜超过第 5 层，8 度区不宜超过第 3 层。如转换层位置超过上述规定时，应作专门分析研究并采取有效措施，避免框支层破坏。对托柱转换层结构，考虑到其刚度变化、受力情况同框支剪力墙结构不同，对转换层位置未作限制。

（2）控制转换层上、下刚度不致突变

框支剪力墙结构应控制转换层下部框支层结构的侧向刚度接近转换层上部结构的侧向刚度，不要发生明显的刚度突变。在水平荷载作用下，当转换层上、下部楼层的结构侧向刚度相差较大时，会导致转换层上、下部结构构件内力突变，促使部分构件提前破坏；当转换层位置相对较高时，这种内力突变会进一步加剧。所以，框支剪力墙结构设计中控制转换层上下的刚度比是关键问题。

（3）转换层转换水平构件设置

框支剪力墙结构，转换层上部的部分剪力墙不能直接落地，需要设置转换构件。转换构件可以是转换梁、转换桁架、空腹桁架、箱形结构、斜撑、厚板等。由于转换厚板在地震区使用经验较少，且厚板转换层的自重很大，一般高烈度区不建议采用。

对于大空间地下室，因周围有土的约束作用，地震反应不明显，故 7、8 度抗震设计时地下室顶板可采用厚板转换层。

转换层上部的竖向抗侧力构件：（墙、柱）宜直接落在转换层的主要转换构件上。部分框支剪力墙等带转换层的高层建筑，当上部平面布置复杂而采用框支主梁承托剪力墙并承托转换次梁及其上剪力墙时，这种多次转换传力路径长，框支主梁将承受较大的剪力、扭矩和弯矩，一般不宜采用。中国建筑科学研究院抗震所进行的试验表明，框支主梁易产生受剪破坏，应进行应力分析，按应力校核配筋，并加强配筋构造措施；条件许可时，可采用箱形转换层。

当框支梁承托剪力墙并承托转换次梁及其上剪力墙时，应进行应力分析，按应力校核配筋，并加强构造措施。B 级高度部分框支剪力墙高层建筑的结构转换层，不宜采用框支主、次梁方案。

（4）框支层框支柱、落地墙的布置

1）落地剪力墙和筒体底部墙体应加厚；落地剪力墙和筒体的洞口宜布置在墙体的中部。

2）落地剪力墙的间距抗震设计时，当底部框支层为 1、2 层时，不宜大于 2B 和 24m；当底部框支层为 3 层及 3 层以上时，不宜大于 1.5B 和 20m；此处，B 为落地墙之间楼盖的平均宽度。

3）框支柱周围楼板不应错层布置；框支柱与相邻落地剪力墙的距离，1、2 层框支层时不宜大于 12m，3 层及 3 层以上框支层时不宜大于 10m。

表 7.2-1 为落地剪力墙间距要求。

落地剪力墙的间距要求 表 7.2-1

底部框支层层数 部位	1、2 层	3 层及 3 层以上
落地剪力墙之间	不宜大于 2B 和 24m	不宜大于 1.5B 和 20m
框支柱与落地剪力墙之间	不宜大于 12m	不宜大于 10m

注：B—落地墙之间楼盖的平均宽度。

7.2.2 底部加强部位内力调整

（1）底部加强部位的范围

带转换层的高层建筑结构，其剪力墙底部加强部位的高度应从地下室顶板算起，宜取至转换层以上两层且不宜小于房屋高度的 1/10。

由于转换层位置的增高，结构传力路径复杂、内力变化较大，剪力墙底部加强范围亦增大，可取转换层加上转换层以上两层的高度或房屋总高度的 1/10 二者的较大值。这里的剪力墙包括落地剪力墙和转换构件上部的剪力墙。

（2）薄弱层

底层大空间的框支剪力墙结构，由于上部结构的部分墙体不能连续贯通落地。因此，转换层以下的框支层是薄弱楼层，应加强。

（3）落地墙及框支柱的内力调整

1）部分框支剪力墙结构中，特一、一、二、三级落地剪力墙底部加强部位的弯矩设计值应按墙底截面有地震作用组合的弯矩值乘以增大系数 1.8、1.5、1.3、1.1 采用。落地剪力墙墙肢不宜出现偏心受拉。

2）一、二级转换柱由地震作用产生的轴力应分别乘以增大系数 1.5、1.2，但计算柱轴压比时可不考虑该增大系数。与转换构件相连的一、二级转换柱的上端和底层柱下端截面的弯矩组合值应分别乘以增大系数 1.5、1.3。

（4）转换层位置在 3 层及 3 层以上的结构抗震等级

对部分框支剪力墙结构，高位转换对结构抗震不利，因此部分框支剪力墙结构转换层的位置设置在 3 层及 3 层以上时，其框支柱、落地剪力墙的底部加强部位的抗震等级宜按《高层建筑混凝土结构技术规程》JGJ 3—2010 相应的规定提高一级采用（已经为特一级时可不再提高），提高其抗震构造措施。

7.3　框支梁、柱及剪力墙底部加强部位的构造要求

7.3.1　框支梁的构造要求

（1）转换梁上、下部纵向钢筋的最小配筋率，抗震设计时，特一、一和二级分别不应小于 0.60%、0.50% 和 0.40%。

（2）离柱边 1.5 倍梁截面高度范围内的梁箍筋应加密，加密区箍筋直径不应小于 10mm、间距不应大于 100mm。加密区箍筋的最小面积配筋率，抗震设计时，特一、一和二级分别不应小于 $1.3f_t/f_{yv}$、$1.2f_t/f_{yv}$ 和 $1.1f_t/f_{yv}$。

（3）偏心受拉的转换梁的支座上部纵向钢筋至少应有 50% 沿梁全长贯通，下部纵向钢筋应全部直通到柱内；沿梁腹板高度应配置间距不大于 200mm、直径不小于 16mm 的腰筋。框支梁构造要求见表 7.3-1。

框支梁构造要求

表 7.3-1

抗震等级 项目		特一级	一级	二级
	混凝土强度等级	≥C30		
尺寸	梁截面宽度 b_b	宜敢≤相应柱宽、≥2 倍上层墙厚、≥400mm		
	梁截面高度 h_b	宜≥计算跨度/8		
纵筋	最小配筋率（上下各）	≥0.6%	≥0.5%	≥0.4%
	腰筋	沿梁高间距≤200mm，d≥16mm		
	纵筋接头	宜机械连接或焊接，同一截面接头面积≤50% 纵筋总面积，接头部位应避开上部墙体开洞部位及受力较大部位		
箍筋加密区	箍筋直径	应≥10mm		
	箍筋间距	≤100mm		
	箍筋肢距	宜取≤200 和 20d 的较大值		宜取≤250 和 20d 的较大值
	范围	距柱边 1.5 倍梁高范围内；梁上部墙体开洞部位，当托转换次梁时，应沿框支梁全长加密		
	最小面积配箍率	$1.3f_t/f_{yv}$	$1.2f_t/f_{yv}$	$1.1f_t/f_{yv}$

注：当框支梁上部层数较少、荷载较小时，框支梁的高度要求可以适当放宽。
d—箍筋直径。

（4）转换梁设计尚应符合下列规定：

1）转换梁与转换柱截面中线宜重合。

2）转换梁截面高度不宜小于计算跨度的 1/8。托柱转换梁截面宽度不应小于其上所托柱在梁宽方向的截面宽度。框支梁截面宽度不宜大于框支柱相应方向的截面宽度，且不宜小于其上墙体截面厚度的 2 倍和 400mm 的较大值。

3）转换梁截面组合的剪力设计值应符合下列规定：

$$V \leqslant \frac{1}{\gamma_{RE}}(0.15\beta_c f_c bh_0)$$

4）托柱转换梁应沿腹板高度配置腰筋，其直径不宜小于 12mm、间距不宜大于 200mm。

5）转换梁纵向钢筋接头宜采用机械连接，同一连接区段内接头钢筋截面面积不宜超过全部纵筋截面面积的 50%，接头位置应避开上部墙体开洞部位、梁上托柱部位及受力较

大部位。

6）转换梁不宜开洞。若必须开洞时，洞口边离开支座柱边的距离不宜小于梁截面高度；被洞口削弱的截面应进行承载力计算，因开洞形成的上、下弦杆应加强纵向钢筋和抗剪箍筋的配置。框支梁上开洞构造见图 7.3-1。

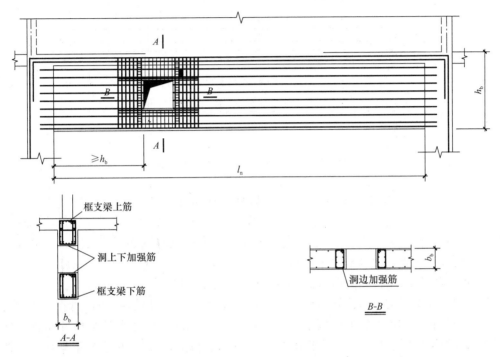

图 7.3-1　框支梁开洞构造

7）对框支梁上部的墙体开洞部位，梁的箍筋应加密配置，加密区范围可取梁上托墙边两侧各 1.5 倍转换梁高度（图 7.3-2）。

转换梁承受较大的剪力，开洞会对转换梁的受力造成很大影响，尤其是转换梁端部剪力最大的部位开洞的影响更加不利，因此要对转换梁上开洞进行限制，并规定梁上洞口避开转换梁端部，开洞部位要加强配筋构造。

研究表明，托柱转换梁在托柱部位承受较大的剪力和弯矩，其箍筋应加密配置（图 7.3-3）。框支梁多数情况下为偏心受拉构件，并承受较大的剪力；

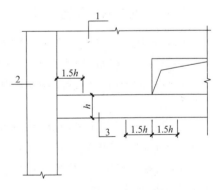

图 7.3-2　框支梁箍筋加密区示意
1—框支剪力墙；2—转换柱；3—转换梁

框支梁上墙体开有边门洞时，往往形成小墙肢，此小墙肢的应力集中尤为突出，而边门洞部位框支梁应力急剧加大。在水平荷载作用下，上部有边门洞框支梁的弯矩约为上部无边门洞框支梁弯矩的 3 倍，剪力也约为 3 倍，因此除小墙肢应加强外，边门洞墙边部位对应的框支梁的抗剪能力也应加强，箍筋应加密配置。当洞口靠近梁端且剪压比不满足规定时，也可采用梁端加腋提高其受剪承载力，并加密配箍。

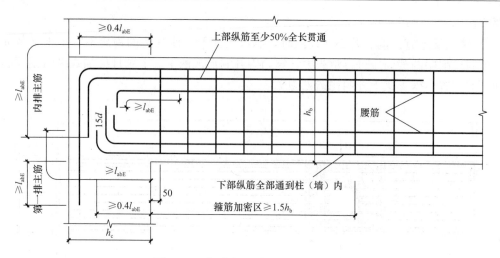

图 7.3-3　框支梁主筋、腰筋锚固构造

8）框支剪力墙结构中的框支梁上、下纵向钢筋和腰筋（图 7.3-3）应在节点区可靠锚固，水平段应伸至柱边，抗震设计时不应小于 $0.4l_{abE}$，梁上部第一排纵向钢筋应向柱内弯折锚固，且应延伸过梁底不小于 l_{aE}；当梁上部配置多排纵向钢筋时，其内排钢筋锚入柱内的长度可适当减小，但水平段长度和弯下段长度之和不应小于钢筋锚固长度 l_{aE}。

9）托柱转换梁在转换层宜在托柱位置设置正交方向的框架梁或楼面梁。

10）转换层上部的竖向抗侧力构件：（墙、柱）宜直接落在转换层的主要转换构件上。

（5）箱形转换结构上、下楼板厚度均不宜小于 180mm，应根据转换柱的布置和建筑功能要求设置双向横隔板；上、下板配筋设计应同时考虑板局部弯曲和箱形转换层整体弯曲的影响，横隔板宜按深梁设计。

7.3.2　框支柱的构造要求

（1）转换柱设计应符合下列要求：

1）柱内全部纵向钢筋配筋率应符合最小配筋率不应小于一级 1.1%；二级 0.9% 的规定值，且柱截面每一侧纵向钢筋配筋率不应小于 0.2%；对 Ⅳ 类场地上较高的高层建筑应增加 0.1。

2）转换柱箍筋应采用复合螺旋箍或井字复合箍，并应沿柱全高加密，箍筋直径不应小于 10mm，箍筋间距不应大于 100mm 和 6 倍纵向钢筋直径的较小值。

3）转换柱的箍筋配箍特征值应比普通框架柱要求的数值增加 0.02 采用，且箍筋体积配箍率不应小于 1.5%。

（2）转换柱设计尚应符合下列规定：

1）柱截面宽度，非抗震设计时不宜小于 400mm，抗震设计时不应小于 450mm；柱截面高度，非抗震设计时不宜小于转换梁跨度的 1/15，抗震设计时不宜小于转换梁跨度的 1/12。

2）一、二级转换柱由地震作用产生的轴力应分别乘以增大系数 1.5、1.2，但计算柱轴压比时可不考虑该增大系数。

3）与转换构件相连的一、二级转换柱的上端和底层柱下端截面的弯矩组合值应分别乘以增大系数 1.5、1.3，其他层转换柱柱端弯矩设计值应符合普通框架柱的规定。

4）一、二级柱端截面的剪力设计值应符合框架、框支柱的有关规定。

5）转换角柱的弯矩设计值和剪力设计值应分别在本条第 3、4 款的基础上乘以增大系数 1.1。

6）柱截面的组合剪力设计值应符合下列规定：

$$V \leqslant \frac{1}{\gamma_{RE}}(0.15\beta_c f_c b h_0)$$

7）纵向钢筋间距均不应小于 80mm，且抗震设计时不宜大于 200mm，非抗震设计时不宜大于 250mm；抗震设计时，柱内全部纵向钢筋配筋率不宜大于 4.0%。

8）非抗震设计时，转换柱宜采用复合螺旋箍或井字复合箍，其箍筋体积配箍率不宜小于 0.8%，箍筋直径不宜小于 10mm，箍筋间距不宜大于 150mm。

9）部分框支剪力墙结构中的框支柱在上部墙体范围内的纵向钢筋应伸入上部墙体内不少于一层，其余柱纵筋应锚入转换层梁内或板内；从柱边算起，锚入梁内、板内的钢筋长度，抗震设计时不应小于 l_{aE}。构造做法见图 7.3-4、图 7.3-5。

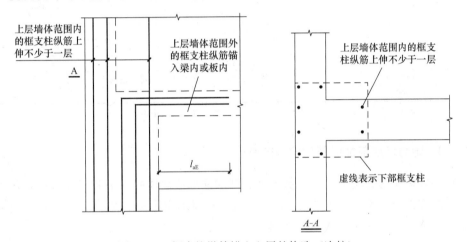

图 7.3-4　框支柱纵筋锚入上层的构造（边柱）

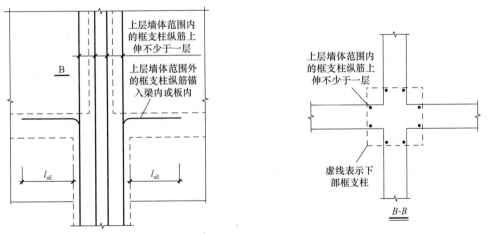

图 7.3-5　框支柱纵筋锚入上层的构造（中柱）

（3）抗震设计时，转换梁、柱的节点核心区应进行抗震验算，节点应符合构造措施的要求。转换梁、柱的节点核心区应设置水平箍筋。框支柱构造要求见表 7.3-2。

框支柱构造要求　　　　　　　　　　　　　表 7.3-2

项　目		抗震等级	一　级			二　级		
		混凝土强度等级	C30～C60	C65～C70	C75～C80	C30～C60	C65～C70	C75～C80
柱轴压比限值		$\lambda>2.0$	0.65	0.55	0.50	0.70	0.65	0.60
		$1.5\leqslant\lambda\leqslant2.0$	0.55	0.50	0.45	0.65	0.60	0.55
尺寸		柱截面宽度 b_b	应≥450mm					
		柱截面高度 h_b	应≥$l_0/12$					
纵筋	最小总配筋率	300MPa 级	1.10%			0.90%		
		335MPa 级	1.20%			1.00%		
		400MPa 级	1.15%			0.95%		
			1. Ⅳ类场地且较高建筑，上表数值相应增加 0.1； 2. 混凝土等级高于 C60，上表数值相应增加 0.1					
	每侧最小配筋率		应≥0.2%					
	最大总配筋率		宜≤4%，应≤5%					
	纵筋间距		宜≤200mm，应≥80mm					
箍筋	形式		应采用复合螺旋箍或井字复合箍					
	直径		≥12mm			≥10mm		
	沿竖向最大间距		全高应取 6d 和 100 中的较小值					
	肢距		≤150mm			≤200mm		
	配箍特征值		比框架柱箍筋加密区的箍筋最小配箍特征值增加 0.02					
	体积配箍率		应≥1.5%					

注：l_0—框支梁计算跨度；λ—框支柱的剪跨比；d—纵向钢筋直径的较小值。

7.3.3　剪力墙底部加强部位的构造要求

（1）部分框支剪力墙结构中，剪力墙底部加强部位墙体的水平和竖向分布钢筋的最小配筋率，抗震设计时不应小于 0.3%，非抗震设计时不应小于 0.25%；抗震设计时钢筋间距不应大于 200mm，钢筋直径不应小于 8mm。

部分框支剪力墙结构中，剪力墙底部加强部位是指房屋高度的 1/10 以及地下室顶板至转换层以上两层高度二者的较大值。落地剪力墙是框支层以下最主要的抗侧力构件，受力很大，破坏后果严重，十分重要；框支层上部两层剪力墙直接与转换构件相连，相当于一般剪力墙的底部加强部位，且其承受的竖向力和水平力要通过转换构件传递至框支层竖向构件。因此，对部分框支剪力墙底部加强部位剪力墙的分布钢筋最低构造，提出了比普通剪力墙底部加强部位更高的要求。

（2）部分框支剪力墙结构的剪力墙底部加强部位，墙体两端宜设置翼墙或端柱，抗震设计时应按规定设置约束边缘构件。

7.3.4　框支梁上部墙体的构造要求

试验及有限元分析表明，在竖向及水平荷载作用下，框支梁上部的墙体在多个部位会出现较大的应力集中，这些部位的剪力墙容易发生破坏，因此对这些部位的剪力墙规定了多项加强措施。根据实际工程的弹塑性分析显示，转换层以上的二到三层在地震作用下会产生较大的变形，产生塑性铰，对于转换层以上紧邻转换层的楼层墙体应予以加强。

1）当梁上部的墙体开有边门洞时（图 7.3-6），洞边墙体宜设置翼墙、端柱或加厚，并应按约束边缘构件的要求进行配筋设计；当洞口靠近梁端部且梁的受剪承载力不满足要求时，可采取框支梁加腋或增大框支墙洞口连梁刚度等措施。

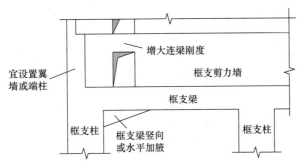

图 7.3-6 框支梁上墙体有边门洞时洞边墙体的构造措施

2）框支梁上部墙体竖向钢筋在梁内的锚固长度，抗震设计时不应小于 l_{aE}。

3）框支梁上部一层墙体的配筋宜进行抗震校核。

4）框支梁与其上部墙体的水平施工缝处宜进行抗滑移能力验算。

7.4 框支剪力墙结构构造图示

7.4.1 转换层楼板构造

转换层楼板构造见图 7.4-1～图 7.4-3。

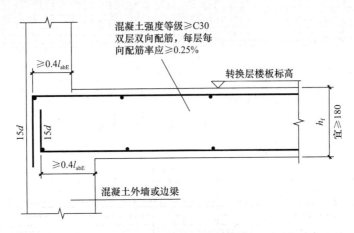

图 7.4-1 转换层楼板构造

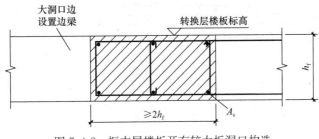

图 7.4-2 框支层楼板开有较大板洞口构造

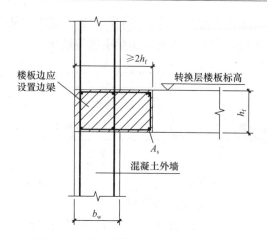

图 7.4-3 框支层楼板设置边梁构件构造

注：1. $A_s \geqslant A_c \times 1.0\%$ 钢筋接头宜机械连接或焊接，A_c—图中阴影面积。

2. 落地剪力墙和筒体外围的楼板不宜开洞。

7.4.2 框支梁配筋构造

框支梁配筋构造见图 7.4-4～图 7.4-8。

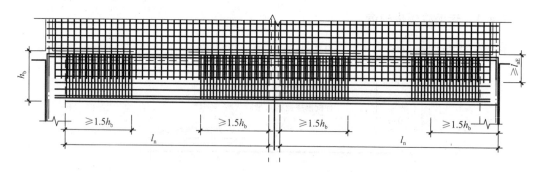

图 7.4-4 框支梁承托剪力墙构造

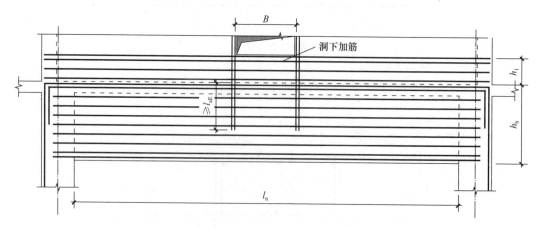

图 7.4-5 框支梁上一层墙体有较小洞口时的构造

$B \leqslant 2h_1$ 或 $h_1 \geqslant h_b/3$

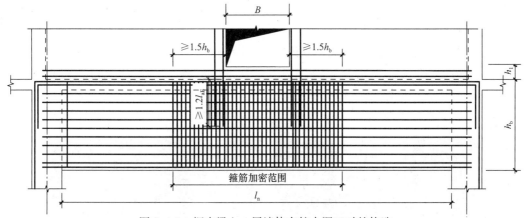

图 7.4-6 框支梁上一层墙体有较大洞口时的构造

$B>2h_1$ 或 $h_1<h_b/3$

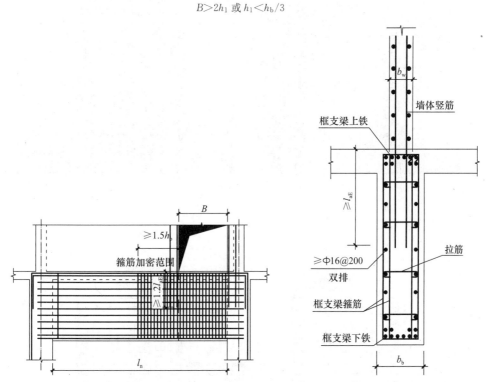

图 7.4-7 框支梁上一层墙体洞口靠近支座时的构造

图 7.4-8 框支梁横剖面构造示意

7.5 部分框支剪力墙结构设计实例

7.5.1 工程概况

北京天亚花园（旺座中心）项目位于北京市朝阳区中央商务区（CBD）的国贸商务圈内。规划建设用地 11800m²，建设规模 110048.4m²。工程为高级商住公寓楼，地下 4 层，地上包括设备层（转换层）共 30 层，局部出屋顶 2 层。其中，地下层 4 为人防车库，地下层 2、3 为车库，地下层 1 为商业用房及设备电气机房。地上首层为商业用房，层 2、3

169

为写字楼，层 4 为设备层兼转换层，转换层以上由三部分公寓楼相连而成，在层 21 以下为一整体，层 22 以上分为东西两个塔楼。建筑总高度为 95.65m。整个建筑形成大底盘，底层大空间的双塔结构，建筑平面不规则，刚度沿高度变化大，为较复杂的结构。

工程的抗震设防烈度为 8 度，设计基本地震加速度 0.2g，设计地震第一组，抗震设防类别为丙类，建筑场地类别为Ⅲ类。

该项目实景图片见图 7.5-1。立面图、平面图及剖面图见图 7.5-2～图 7.5-5。

图 7.5-1　天亚花园（旺座中心）南北实景照片

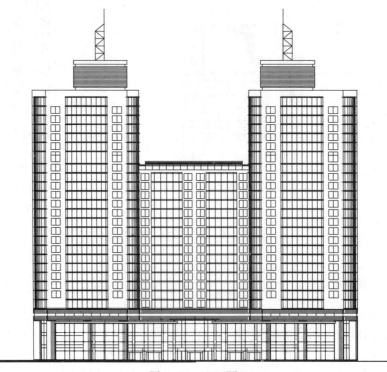

图 7.5-2　立面图

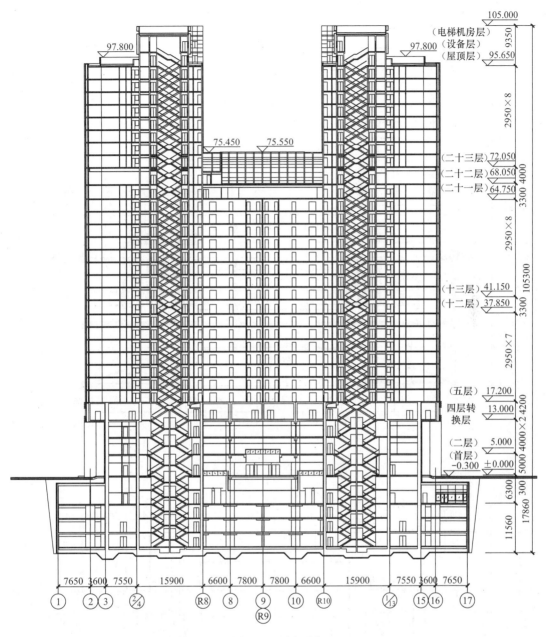

图 7.5-3 剖面图

7.5.2 结构设计及技术措施

（1）结构体系

根据本工程建筑形式及功能要求，结构形式采用底部大空间抗震墙结构（框支剪力墙结构）。地下 4 层、地上 3 层为底部大空间楼层，地上层 4 为转换层兼作设备层，转换层以上为 26 层公寓（包括会馆）。公寓部分采用现浇钢筋混凝土剪力墙结构；转换层采用全层高箱形结构转换层，按层高设置转换大梁，并根据建筑和设备需要，考虑结构的可能性在梁上设置洞口，并加强转换层上下的楼板。

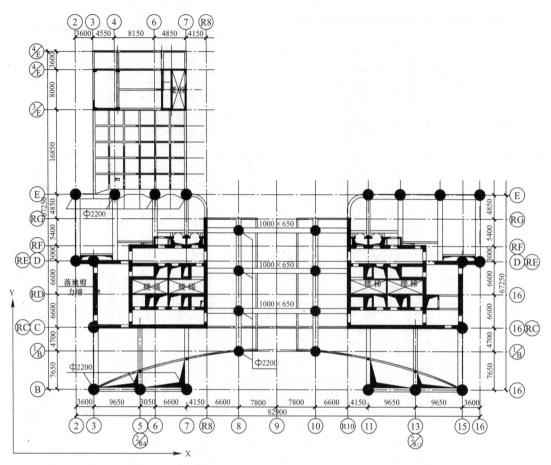

图 7.5-4　框支层结构平面图

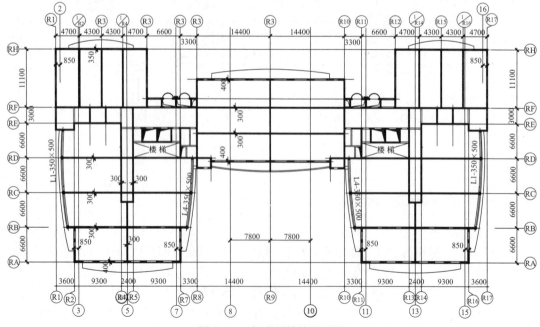

图 7.5-5　标准层结构平面图

（2）技术措施

1）框支层框架及落地墙抗震等级按特一级设计。

为提高框支层的抗震性能，转换层以下框支层增加剪力墙数量，并适当增加落地墙的厚度，使转换层上下的剪切刚度比接近 1。并在落地墙端部的暗柱中增设型钢，楼层处设置暗梁。落地墙竖向及水平分布筋配筋率不小于 0.4%。

框支柱内设型钢，形成型钢混凝土柱，提高框支柱的承载力和延性。框支柱轴压比控制在 0.6 以下。框支柱的配筋率 1.6%，型钢的含钢率不小于 4.0%。

框支柱截面见图 7.5-6。

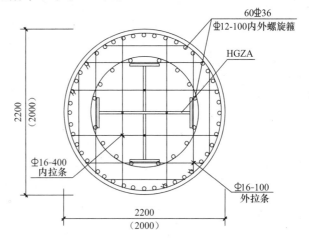

图 7.5-6 框支柱截面

2）转换层采用全层高箱形结构转换层，按层高设置转换大梁。根据计算，框支梁内增设型钢，提高框支梁的抗震性能。

3）层 5 以上的公寓部分采用剪力墙结构，转换层以上的 3 层（5～7 层）为加强层，适当增加墙厚及配筋率，墙体及边缘构件均按一级剪力墙底部加强区构造要求配筋。并按弹塑性分析结果适当调整设计。

4）双塔部位刚度突变，加强刚度突变部位本层及下层楼板，提高楼板配筋率，上下钢筋均拉通。提高层 21 至层 23 剪力墙配筋率，墙体及边缘构件均按一级剪力墙底部加强区构造要求配筋。

5）工程中段两侧的落地墙间距为 28.8m，上部结构 20 层楼的重量全部落在 6 个框支柱上，中段是抗震的薄弱部位。设计中加宽了中段的楼板宽度，根据上部剪力墙传来的地震剪力核算转换层楼板平面内受剪承载力，使其能够传递上部剪力墙传来的地震作用；同时提高中段框支柱的承载力，使其能够承担中段的大部分地震作用。

7.5.3 转换层结构设计

为避免这高位转换，采用了箱形转换结构，在地上层 4 的设备层处，做一层高的箱形转换层，利用该层设全层高的转换大梁。由于要利用转换层做设备机房和办公用房，与一般转换梁仅开设备洞和检修洞不同，转换层的转换大梁根据建筑使用要求开设许多门窗洞和设备洞，转换梁受力复杂。采用 ANSYS 有限元程序及 SATWE 和 FEQ 程序进行计算分析。由分析结果发现，由于转换梁开洞大，在竖向荷载作用下，虽然拱的作用明显，但洞边应力集中，受力复杂，洞底 700mm 高的梁承受较大的拉力。故在转换梁上部、底部和洞口边设置型钢，转换梁为型钢混凝土梁。转换层上下楼板厚度为上板 300mm，下板 250mm。

框支梁大样见图 7.5-7，施工过程实景见图 7.5-8、图 7.5-9。

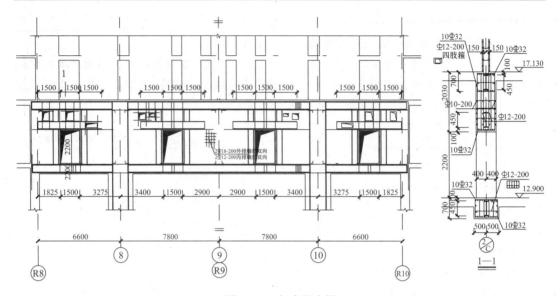

图 7.5-7　框支梁大样

图 7.5-8　箱形转换层实景

图 7.5-9　施工过程实景

第8章 筒 体 结 构

8.1 筒体的分类及受力特点

8.1.1 筒体结构的分类

(1) 筒体结构的平面布置

高层或超高层的办公写字楼建筑，为了有效利用建筑面积，又便于使用，往往把竖向交通（楼梯、电梯间）、开水间、卫生间、设备间和设备、电气管井等服务设施和服务用房集中布置在建筑平面的中部形成一个服务核心，将办公用房布置在服务核心的外圈。这类建筑的使用率很高。结构设计根据建筑平面特点，将服务核心区设计成由剪力墙围合成的核心筒，建筑外围设计成框架或框筒，内筒墙体与外框之间有较大的无柱空间，便于建筑灵活布置，充分利用（图 8.1-1）。一般情况下，筒体结构平面布置较简洁、规则，又具有受力性能合理、整体性好的特点，特别适用于较高的高层建筑。目前，高层或超高层办公建筑大多采用筒体结构。

(2) 筒体结构的种类

在设计较高的高层办公建筑时，为了增加结构的侧向刚度，往往都会采用空间受力性能较好的筒体结构。根据建筑设计的需要和建筑物的高度，已建成的筒体结构的形式有：框架-核心筒结构、框筒结构（框架密柱与深梁组成的筒体）、筒中筒结构、成束筒结构（由多个筒体排列成束状）等（图 8.1-2、图 8.1-3）。

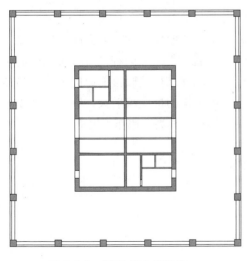

图 8.1-1 框架-核心筒结构

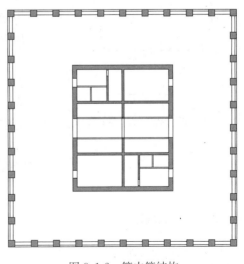

图 8.1-2 筒中筒结构

常用的混凝土筒体结构一般分两类：一是钢筋混凝土框架-核心筒结构，由钢筋混凝土核心筒与外围的稀柱框架组成，外框架的柱距一般会在 9m 左右，核心筒（内筒）外墙至外框的距离一般在 12m 左右；二是钢筋混凝土筒中筒结构，一般是由内外两个筒组成，内筒由钢筋混凝土墙体围合而成，外筒由密柱和框筒梁（深梁）组成钢筋混凝土框筒，外框柱的柱距一般在 3～4m。

图 8.1-3　成束筒结构

8.1.2　筒体结构的受力特点

（1）框架-核心筒结构的受力特点

框架-核心筒结构其内筒是由钢筋混凝土剪力墙组成，有较大的刚度，外框架由稀柱框架组成。由于外框是稀柱框架，边框梁又不能设计得太高，外框架虽然有一定的空间作用，但不明显。其在水平力作用下的受力特点是核心筒承担了大部分的倾覆弯矩和水平剪力，外框架承担的较少。其受力特点更接近于框架-剪力墙结构。与框架-剪力墙结构的不同是核心筒成为主要的抗侧力构件，同时，核心筒有承担大部分的竖向荷载。抗震设计时，框架-核心筒结构要在保证核心筒有足够的承载力和延性的情况下，采取措施使外框架能够承受一定的倾覆弯矩和剪力，保证整个结构体系有明显的"二道防线"。

（2）筒中筒结构的受力特点

筒中筒结构一般是由外围框筒和内部剪力墙围合成的核心筒组成。由密柱、深梁组成的外框筒，在水平力的作用下能产生较大的拉压力，为结构提供较大的抗侧刚度。一般筒中筒结构可以设计得较高。研究表明，筒中筒的空间受力性能与结构的高度、高宽比、平面形状、柱距、梁高等诸多因素有关。外框筒在水平力作用下，竖向构件的轴力分布于平截面假定有很大出入，角柱受的轴向力明显大于其他边柱，离角柱越远轴力越小，主要原因是框筒梁的变形导致的"剪力滞后"现象（图 8.1-4）。"剪力滞后"现象的程度直接影响框筒结构的空间受力性能和结构抗倾覆能力的大小。当结构高度较高外筒承担的抗倾覆较大，所以"高规"对筒中筒结构的高度和高宽比作了规定。

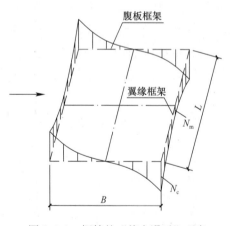

图 8.1-4　框筒的"剪力滞后"现象

8.2　筒体结构的一般规定

8.2.1　一般规定

（1）高度和高宽比

筒中筒结构的高度不宜低于 80m，高宽比不宜小于 3。对高度不超过 60m 的框架-核心筒结构，可按框架-剪力墙结构设计。

筒中筒结构，当高宽比小于 3 时，不能很好地发挥结构整体空间作用。框架-核心筒结构的高度和高宽比可以不受限制，高度较低的框架-核心筒结构可以按框架-剪力墙结构设计，适当降低框架和核心筒的构造要求。

(2) 带转换层时的要求

当相邻层的柱不贯通时，应设置转换构件。转换构件的结构设计应符合"高规"第 10 章的有关规定。

筒中筒结构的外框柱比较密，建筑的底层一般需要较大的空间，部分密柱不能贯通到底，这时可以设置转换构件，比如转换梁、转换桁架等，这样就形成了带转换层的筒体结构。转换构件的设计要符合有关规定。

8.2.2 截面设计和构造措施

(1) 筒体结构的楼盖外角宜设置双层双向钢筋（图 8.2-1）。

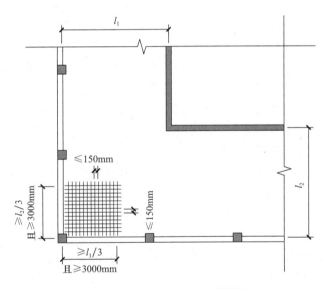

图 8.2-1 筒体楼板外角配筋构造

单层单向配筋率不宜小于 0.3%，钢筋直径不应小于 8mm，间距不应大于 150mm，配筋范围不宜小于外框架（或外筒）至内筒外墙中距的 1/3 且不小于 3m。

筒体结构的双向楼板在竖向荷载作用下，四角外角要上翘，但受到剪力墙的约束，加上楼板混凝土收缩和温度变化的影响，楼板外角可能产生斜裂缝，在一些实际工程中也出现过角部楼板开裂的现象。为了防止这类现象的发生，"高规"规定对楼板外角顶面和底面配置双向钢筋网片，适当加强。

(2) 核心筒或内筒的外墙与外框柱之间的中距，非抗震设计大于 15m、抗震设计大于 12m 时，宜采取增设内柱等措施。

(3) 筒体结构墙的加强部位高度、轴压比限值、边缘构件的设置以及截面设计，应符合剪力墙结构的有关规定。

（4）核心筒或内筒的外墙不宜在水平方向连续开洞，洞间墙肢截面高度不宜小于1.2m；当洞间墙肢的截面高度与厚度之比小于4时，宜按框架柱进行截面设计。

（5）抗震设计时，框筒柱和框架柱的轴压比限值可按框架-剪力墙结构的有关规定。

（6）楼盖主梁不宜搁置在核心筒或内筒的连梁上。

楼盖主梁搁置在核心筒的连梁上，会使连梁产生较大剪力和扭矩，容易产生脆性破坏，应尽量避免。

8.3　框架-核心筒结构

8.3.1　核心筒构造设计

（1）核心筒宜贯通建筑物全高

核心筒是框架-核心筒结构的主要抗侧力构件，应尽量贯通建筑物全高，并要求具有较大的侧向刚度。一般来讲，当核心筒宽度不小于筒体高度的1/12时，筒体结构的层间位移容易满足规定。当外框架范围内设置角筒、剪力墙或增强结构整体刚度的构件时，核心筒的宽度可适当减小。

核心筒的大小、尺寸及墙厚度在具体设计时，有可能根据建筑或结构设计的需要沿高度有一定变化，比如建筑物内的电梯分高低区设置时，底层的电梯数量布置较多，低区的电梯数量比高区多，电梯井道不贯通建筑全高，上部需要的核心筒面积会比建筑物下部小，并且上部剪力墙厚度也比底层小，设计时要注意不要引起竖向刚度突变。

（2）核心筒应具有良好的整体性

核心筒墙肢应均匀、对称布置，筒体角部附近不宜开洞，当不可避免时，筒角墙体内壁至洞口之间要保持一定距离，以便设置边缘构件。角部洞边距墙内皮距离不应小于500mm和开洞墙截面厚度的较大值。

（3）核心筒墙体最小厚度

核心筒墙体应验算稳定，且外墙厚度不应小于200mm，内墙厚度不应小于160mm。

（4）核心筒墙体配筋构造

1）底部加强部位主要墙体的水平和竖向分布筋的配筋率均不宜小于0.30%。

2）核心筒角部墙体，底部加强部位约束边缘构件沿墙肢的长度宜取截面高度的1/4，约束边缘构件范围内应主要采用箍筋。

3）核心筒角部墙体在底部加强部位以上的全高范围内，宜按剪力墙结构的要求设计约束边缘构件。

墙体约束边缘构件通常是采用箍筋加拉筋的方式配置，考虑到拉筋在实际操作过程中无法拉住箍筋时，会箍筋长边的无肢长度过大，起不到约束作用，所以在底部加强部位尽量采用箍筋（图8.3-1~图8.3-3）。

8.3.2　框架的构造设计

（1）框架-核心筒结构的周边柱间必须设置框架梁

无梁楼盖的抗震性能较差，特别是板柱节点的抗震性能差，当结构周边不设框架梁时，会降低框架-核心筒结构的整体抗扭刚度，对结构的抗震性能产生不利影响。因此，框架-核心筒结构采用无梁楼盖时，周边框架要设置框架梁。

（2）框架-核心筒结构应形成外框架与核心筒协同作用的双重抗侧力结构体系

框架-核心筒结构布置时往往因为外围框架的柱距较大，而且梁的高度较小，造成框架刚度过低，核心筒刚度过高，结构底部剪力主要由核心筒承受。在强震作用下，核心筒墙体可能出现严重损伤，经内力重分布后，外围框架就可能会承受较大的地震作用。为了提高框架柱的可靠度，要结构设计中形成框架与核心筒双重抗侧力体系，保证"二道防线"作用。"高规"作了以下规定：

1）框架部分分配的楼层地震剪力标准值的最大值不宜小于结构底部总剪力标准值的10%。

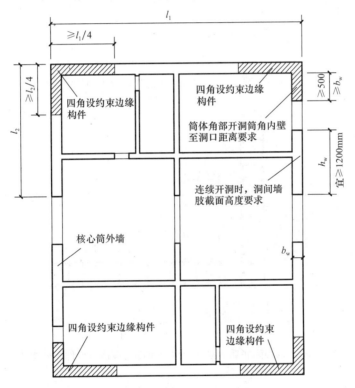

图 8.3-1 核心筒平面构造及约束边缘构件的设置

2）当达不到上一条要求时，各楼层框架部分分担的地震剪力标准值应增大到结构底部总剪力的15%；此时，各楼层核心筒墙体的地震剪力标准值宜乘以1.1的增大系数，但可以不大于结构底部总地震剪力标准值，墙体的抗震构造措施应按抗震等级提高一级后采用，以为特一级的可不再提高。

3）当框架部分分配的地震剪力标准值小于结构底部总地震剪力的20%，但其最大值不小于结构底部总地震剪力的10%时，框架的地震剪力应适当调整，各层框架承担的总剪力不应小于$0.2V_0$与$1.5V_{f,\max}$的较小值。

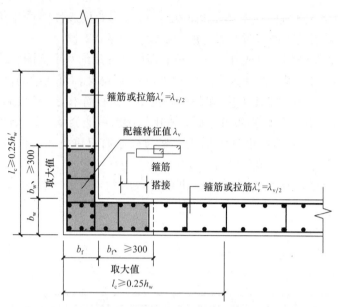

图 8.3-2　核心筒底部加强部位角部约束边缘构件配筋构造

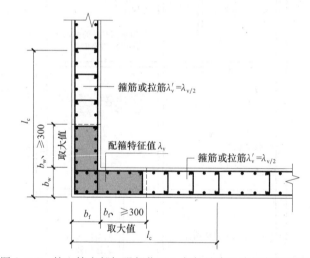

图 8.3-3　核心筒底部加强部位以上角部约束边缘构件配筋构造

8.4　框　筒　结　构

8.4.1　筒中筒结构平面外形

（1）筒中筒结构的平面外形宜选用圆形、正方形、椭圆形或矩形等，内筒宜居中。

（2）矩形平面的长宽比不宜大于 2。

（3）三角形平面宜切角，外筒的切角长度不宜小于相应边长的 1/8，其角部可设刚度较大的角柱或角筒；内筒的切角长度不宜小于相应边长的 1/10，切角处的筒壁厚度适当加厚。

以上是"高规"对筒中筒结构平面形状的相应规定。研究表明，筒中筒结构在水平荷载作用下的受力性能与平面形状有关。对于正多边形来讲，边数越多，剪力滞后现象越不明显。选用圆形和正多边形等平面，能减小外框筒的"剪力滞后"现象，使结构更好地发挥空间作用，矩形和三角形平面的"剪力滞后"现象相对严重，矩形平面的长宽比大于 2 时，外筒的"剪力滞后"更突出，应尽量避免；三角形平面切角后，空间受力性能会有所改善。

8.4.2 构造措施

（1）内筒设计

内筒是筒中筒结构抗侧力的主要构件，宜贯通建筑物全高，其刚度沿竖向宜均匀变化，避免因竖向不规则引起结构在水平力作用下产生内力和水平位移的急剧变化。内筒的宽度可为高度的 1/12～1/15，如有外角筒或剪力墙时，内筒的平面尺寸可适当减小。

（2）外筒设计

除了结构高度、高宽比和平面形状外，外筒的空间受力性能还与柱距、墙面开洞率、洞口形状、梁的截面高度，以及洞口高宽比与层高与柱距之比等因素有关。

一是开洞率：以矩形平面为例，柱距与层高越接近、开洞率越小，洞口高宽比与层高和柱距之比越接近，外筒的空间作用越强。

二是柱距和梁高：一般来说，外框筒采用密柱和深梁能够提高结构的空间作用。设计时，考虑建筑立面效果、开窗率等使用功能的影响，还要满足建筑功能要求。当开洞率和形状一定的情况下，框筒的刚度在柱距等于层高时最佳。考虑到高层建筑标准层层高一般在 4m 左右，因此，在一般情况下，要提高外筒的刚度，柱距在 4m 左右为好，框筒梁的截面高度可取柱净距的 1/4 左右。

三是角柱截面大小：由于外筒在水平荷载作用下的"剪力滞后"现象，角柱的轴力为邻柱的 1～2 倍，为了减小楼层的楼盖翘曲，角柱的截面可以适当放大，必要时可采用 L 形角墙或角筒。因此，"高规"对外框筒作了如下规定：

1）柱距不宜大于 4m，框筒柱的截面长边应沿筒壁方向布置，必要时可采用 T 形截面。

2）洞口面积不宜大于墙面面积的 60%，洞口高宽比宜与层高和柱距之比相近。

3）外框筒梁的截面高度可取柱净距的 1/4。

4）角柱截面面积可取中柱的 1～2 倍。

（3）框筒梁和连梁设计

1）外框筒梁和内筒连梁的构造配筋要求，抗震设计时，箍筋直径不应小于 10mm，箍筋间距沿长度不变，且不应大于 100mm；当梁内设置交叉暗撑时，箍筋间距不应大于 200mm；框筒梁上、下纵向钢筋的直径均不应小于 16mm，腰筋的直径不应小于 10mm，腰筋间距不应大于 200mm。

2）跨高比不大于 2 的框筒梁和内筒连梁宜增配对角斜向钢筋。高跨比不大于 1 的框筒梁和内筒连梁宜采用交叉暗撑（图 8.4-1），且应符合梁的截面宽度不宜小于 400mm；每根暗撑应由 4 根纵向钢筋组成，纵向钢筋直径不应小于 14mm。两个方向暗撑的纵向钢筋应采用矩形箍筋或螺旋箍筋绑扎成一体，箍筋直径不应小于 8mm，箍筋间距不应大于 150mm；纵筋伸入竖向构件的长度不应小于 $1.15l_a$。

3）《混凝土结构设计规范》还给出了设置交叉斜筋和对角集中斜筋的连梁设计方法（图 8.4-2 和 8.4-3）。

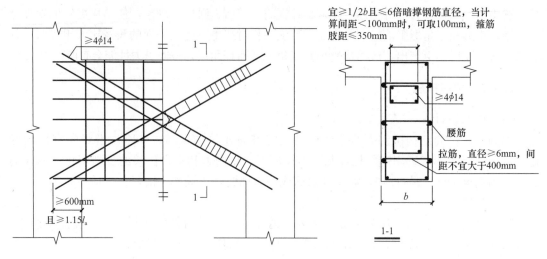

图 8.4-1　对角暗撑配筋连梁

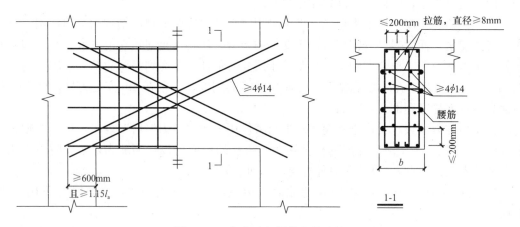

图 8.4-2　集中对角斜筋配筋连梁

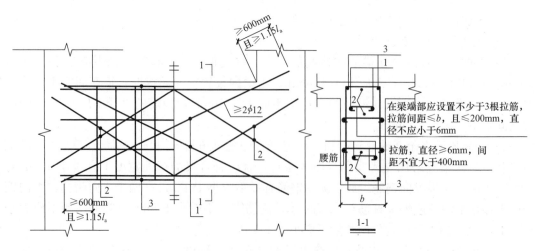

图 8.4-3　交叉斜筋配筋连梁

1—对角斜筋；2—折现筋；3—纵向钢筋

8.5 筒体结构设计实例

8.5.1 几种框架-核心筒结构平面布置形式

框架-核心筒结构的平面特点是内部是混凝土剪力墙围合成的核心筒，外围是稀柱形成的框架，核心筒到框架之间的距离（跨度）一般较大，而建筑层高和使用上净高度的限值，楼层梁除了外边框梁外，内部的楼层梁不能设计得太高，否则影响建筑使用高度。以下是几个实际工程的平面布置，供参考。

（1）密肋梁结构

密肋梁结构的平面图见图 8.5-1。

（2）梁板结构

梁板结构的平面图见图 8.5-2。

（3）预应力空心管现浇板结构

预应力空心管现浇板结构见图 8.5-3、图 8.5-4。

（4）密肋结构

密肋结构平面图见图 8.5-5。

8.5.2 实际工程实例

（1）工程概况

项目概况：某工程地上部分共 24 层，为高端写字楼，构筑物高度 98m，标准层层高 4m，采用框架-核心筒结构，结构安全等级二级。框架及核心筒剪力墙的抗震等级均为一级。框架-核心筒结构底部加强部位约束边缘构件沿墙肢的长度取墙肢截面高度的 1/4，且在底部加强部位以上角部墙体均设置约束边缘构件。

此项目属于内筒偏置的框架-核心筒结构，控制结构考虑偶然偏心影响的地震作用下，最大楼层水平位移和层间位移小于该楼层平均值的 1.4 倍，结构扭转为主的第一自振周期 T_t 与平动为主的第一自振周期 T_1 之比小于 0.85，且 T_1 的扭转成分不大于 30%。

（2）平面布置

本工程由于日照遮挡等问题，建筑在平面布置上无法像一般写字楼那样沿核心筒周圈对称布置办公使用空间，框架及核心筒都采用了偏心布置（图 8.5-6、图 8.5-7）。平面的不对称，以及核心筒的偏心布置，使得结构扭转不规则。

（3）核心筒及框架柱

标准层墙柱配筋见图 8.5-8、图 8.5-9。

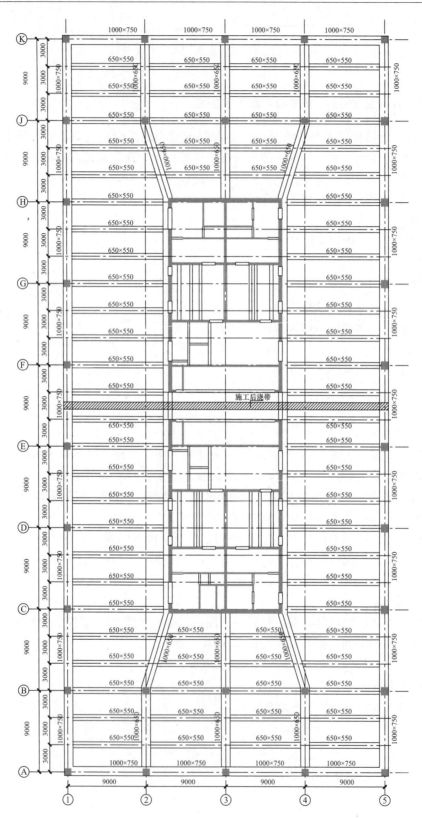

图 8.5-1　某广场标准层结构平面图

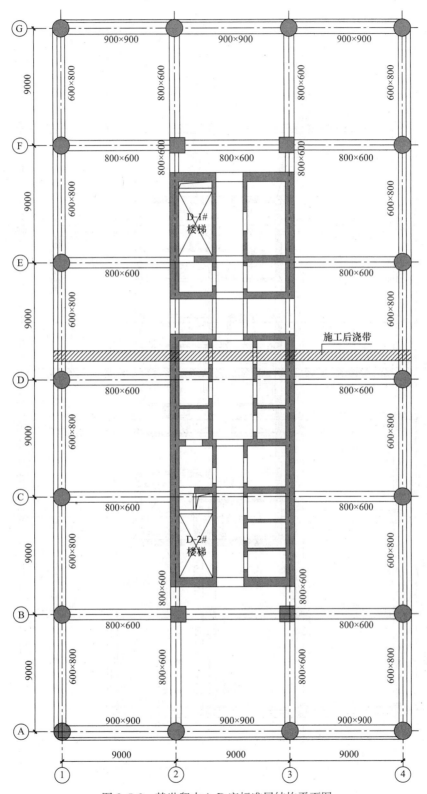

图 8.5-2 某世贸中心 D 座标准层结构平面图

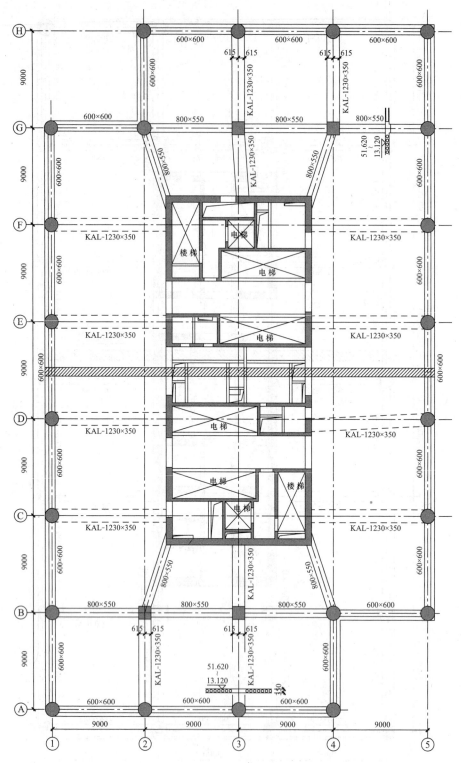

图 8.5-3   某世贸中心 C 座标准层梁平面布置图

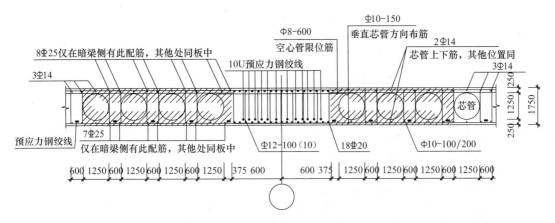

图 8.5-4 预应力空心管现浇楼板支座处做法示意图

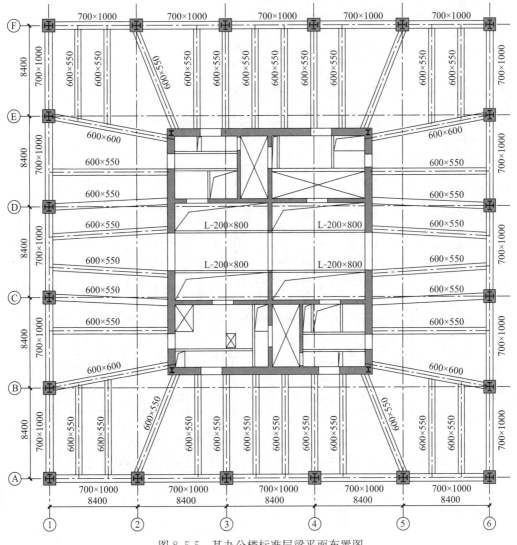

图 8.5-5 某办公楼标准层梁平面布置图

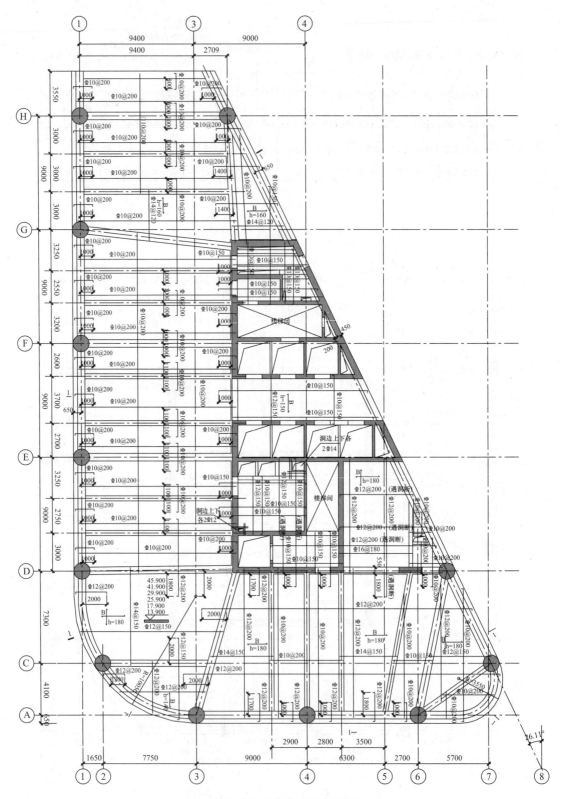

图 8.5-6　某项目标准层板配筋平面图

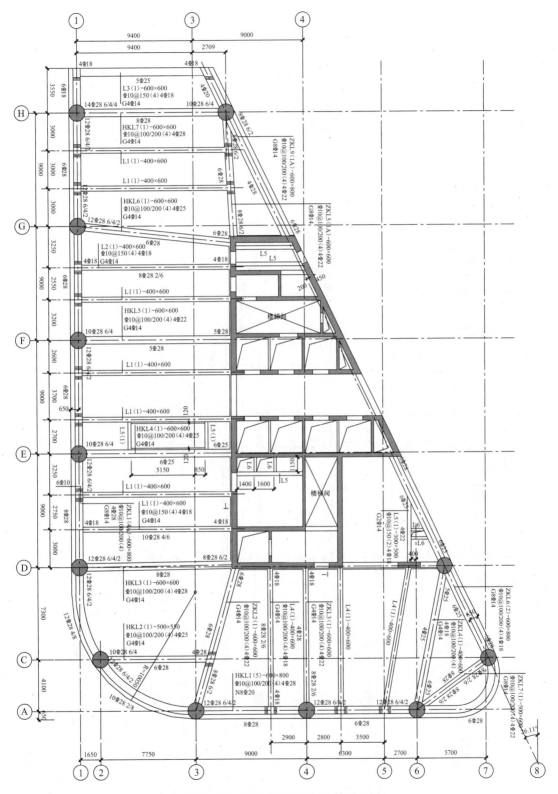

图 8.5-7 某项目标准层梁配筋平面图

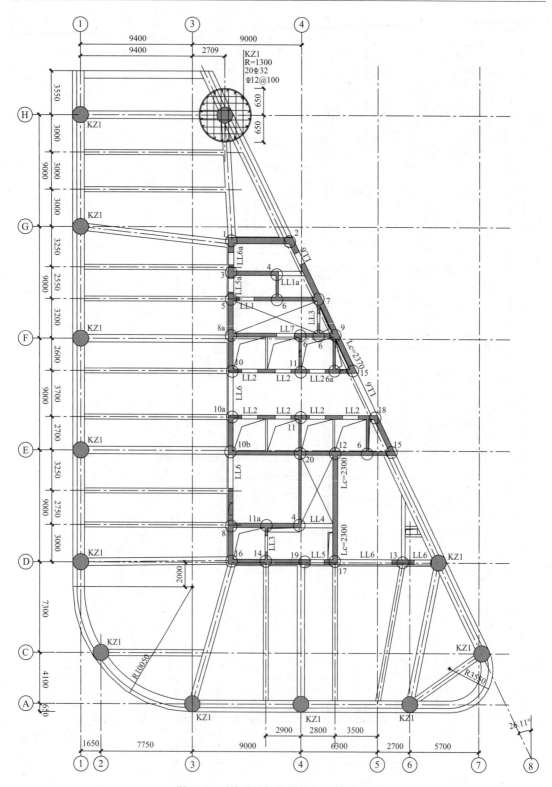

图 8.5-8 某项目标准层墙柱配筋平面图

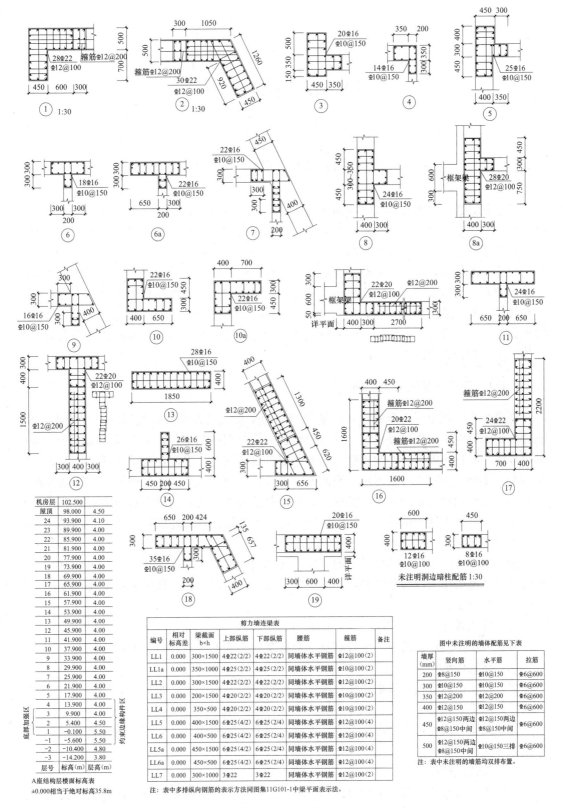

A座结构层楼面标高表

±0.000相当于绝对标高35.8m

机房层	102.500	
屋顶	98.000	4.50
24	93.900	4.10
23	89.900	4.00
22	85.900	4.00
21	81.900	4.00
20	77.900	4.00
19	73.900	4.00
18	69.900	4.00
17	65.900	4.00
16	61.900	4.00
15	57.900	4.00
14	53.900	4.00
13	49.900	4.00
12	45.900	4.00
11	41.900	4.00
10	37.900	4.00
9	33.900	4.00
8	29.900	4.00
7	25.900	4.00
6	21.900	4.00
5	17.900	4.00
4	13.900	4.00
3	9.900	4.00
2	5.400	4.50
1	-0.100	5.50
-1	-5.600	5.50
-2	-10.400	4.80
-3	-14.200	4.80
层号	标高(m)	层高(m)

底部加强区 约束边缘构件区

剪力墙连梁表

编号	相对标高差	梁截面 b×h	上部纵筋	下部纵筋	腰筋	箍筋	备注
LL1	0.000	300×1500	4Φ22(2/2)	4Φ22(2/2)	同墙体水平钢筋	Φ12@100(2)	
LL1a	0.000	350×1000	4Φ25(2/2)	4Φ25(2/2)	同墙体水平钢筋	Φ10@100(2)	
LL2	0.000	300×1500	4Φ22(2/2)	4Φ22(2/2)	同墙体水平钢筋	Φ12@100(2)	
LL3	0.000	200×1500	4Φ20(2/2)	4Φ20(2/2)	同墙体水平钢筋	Φ10@100(2)	
LL4	0.000	350×500	4Φ20(2/2)	4Φ20(2/2)	同墙体水平钢筋	Φ10@100(2)	
LL5	0.000	400×1500	6Φ25(4/2)	6Φ25(2/4)	同墙体水平钢筋	Φ12@100(4)	
LL6	0.000	400×500	6Φ25(4/2)	6Φ25(2/4)	同墙体水平钢筋	Φ12@100(4)	
LL5a	0.000	450×1500	6Φ25(4/2)	6Φ25(2/4)	同墙体水平钢筋	Φ12@100(4)	
LL6a	0.000	450×500	6Φ25(4/2)	6Φ25(2/4)	同墙体水平钢筋	Φ12@100(4)	
LL7	0.000	300×1000	3Φ22	3Φ22	同墙体水平钢筋	Φ12@100(2)	

注:表中多排纵向钢筋的表示方法同图集11G101-1中梁平面表示法。

图中未注明的墙体配筋见下表

墙厚 (mm)	竖向筋	水平筋	拉筋
200	Φ8@150	Φ10@150	Φ6@600
300	Φ10@150	Φ10@150	Φ6@600
350	Φ12@200	Φ12@200	Φ6@600
400	Φ12@150	Φ12@150	Φ6@600
450	Φ12@150两边 Φ8@150中间	Φ12@150两边 Φ8@150中间	Φ6@600
500	Φ12@150两边 Φ8@150中间	Φ10@150三排	Φ6@600

注:表中未注明的墙筋均为双排布置。

图 8.5-9 某项目标准层墙柱配筋大样图

191

第9章 楼 梯

9.1 框架结构楼梯的震害特点及一般规定

多层和高层建筑中楼梯和电梯是主要的竖向交通通道。在地震、火灾等自然灾害来临时，电梯将无法使用，楼梯就成了唯一的疏散逃生通道。楼梯的设计是多层和高层建筑的一个重要环节。但是，在相当长的一段时间内，设计人员在结构整体分析时忽略了楼梯在结构整体中的作用，楼梯间在整体计算模型中仅仅是当成楼板开洞处理。然而，在汶川地震震害调查中发现大量框架结构中楼梯破坏现象，同时也发现楼梯布置对整体结构影响致使结构扭转破坏的现象。在《建筑抗震设计规范》GB 50011—2010中增加了有关楼梯的抗震设计要求，首先，楼梯的刚度要计入整体刚度进行分析，第二，要对楼梯段及其相关构件加强抗震构造措施。

9.1.1 现浇钢筋混凝土楼梯的种类

楼梯作为建筑中竖向交通和人员紧急疏散的主要交通设施，按使用材料分为木楼梯、钢楼梯和钢筋混凝土楼梯等。钢筋混凝土楼梯的结构刚度和耐久、耐火性能均好于木楼梯和钢楼梯，并且在施工、外形和造价等方面也有较多优点，因此在民用建筑中大量采用钢筋混凝土楼梯。按施工方法不同，钢筋混凝土楼梯可分为现浇楼梯和预制装配式楼梯两大类。由于楼梯的形式多种多样，而预制装配式钢筋混凝土楼梯消耗钢材量大、安装构造复杂、整体性差、不利于抗震，在实际使用中已很少使用。目前建筑中较多采用的是现浇钢筋混凝土楼梯。

根据楼梯段的传力与结构形式的不同，楼梯分成板式和梁式楼梯。在宾馆和庭院等一些公共建筑也采用一些特种楼梯，如悬挑式楼梯和旋转式楼梯。现浇钢筋混凝土楼梯主要有以下几种类型：

（1）板式楼梯

板式楼梯由斜板、踏步、平台梁及平台板组成。常见形式如图9.1-1所示。

（2）梁式楼梯

梁式楼梯由踏步板、斜梁和平台板、平台梁组成。常见形式如图9.1-2所示。

（3）悬挑式楼梯

悬挑式楼梯由斜板和平台板组成，没有中间平台梁和柱，具有较好的建筑效果。常见形式如图9.1-3所示。

（4）旋转式楼梯

旋转式楼梯有两种基本结构形式：扭板式和扭梁式。扭板式即整个楼梯由旋转的踏步板构成，其平面投影通常是圆弧形或椭圆形，这种楼梯在公共建筑和工业建筑常见，如图

9.1-4 所示；扭板式的体型虽然明快，但这种楼梯的踏步通常不设置踢面，灰尘和赃物容易从楼梯踏步间的空隙落下，对环境影响较大。

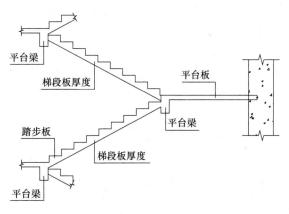

图 9.1-1　板式楼梯

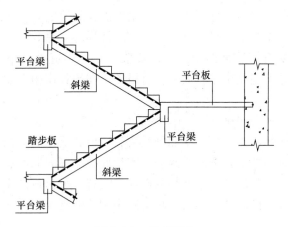

图 9.1-2　梁式楼梯

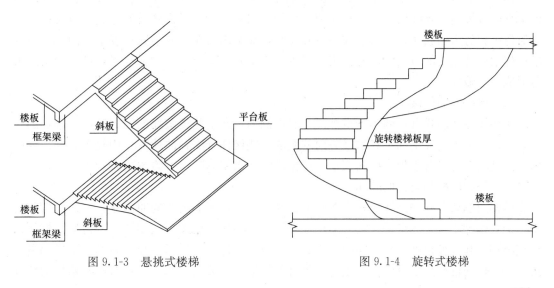

图 9.1-3　悬挑式楼梯　　　　　　图 9.1-4　旋转式楼梯

9.1.2 框架结构楼梯震害特点

楼梯结构是多层及高层建筑结构的重要组成部分，担任着竖向紧急逃生通道的重要角色。强烈地震作用下，楼梯往往先于主体结构破坏前产生严重破坏，难以保证其人员疏散和救援作用。在历次强烈地震中经常见到楼梯发生各种各样的破坏，在国内最为严重和突出的是 2008 年的汶川地震，汶川县城多数房屋楼梯间及楼梯均有不同程度的破坏。框架结构、砖混结构及框剪结构中钢筋混凝土现浇楼梯大量破坏，其中以框架结构中板式楼梯破坏最为严重。

框架结构现浇钢筋混凝土楼梯的具体震害特点包括：

（1）梯板断裂破坏

梯板在结构中起到了 K 形支撑构件的作用，在水平地震作用和竖向力作用下，承受很大的轴向力及不可忽略的剪力，为拉压弯剪复合受力状态，在平面内尚存在弯矩和扭矩，受力十分复杂。梯板破坏主要表现为梯板断裂、梯板底部受力钢筋屈服拉断、梯板底部混凝土大面积脱落及垂直梯板方向产生剪切斜向裂缝等。断裂部位可归纳为几种情况：距离两端支座约 1/4 跨处；楼梯施工缝处等。产生此类破坏的原因有：①在以往的设计中，梯板仅按水平跨度的 1/4 配置上部受弯钢筋，地震时楼梯的支撑效应又使梯板承受较大的轴向力，造成梯板上侧受弯钢筋截断附近发生断裂；②施工缝处理不当，施工缝中大量夹渣，新浇的混凝土和原有混凝土结合面强度有极差，在地震作用下尤其是竖向地震作用下产生上下错动。

（2）梯梁和平台板的剪扭破坏

梯梁在地震中处于平面内受弯、平面外受弯、受剪和受扭的复杂受力状态，梯梁破坏形式有：两端节点出现塑性铰，混凝土碎裂。产生此类破坏的原因有：在地震中梯梁在跨中梯井处发生以剪扭为主的破坏。平台板的破坏形式有：平台板产生剪切裂缝；沿梯梁边缘的受拉裂缝。产生此类破坏的原因有：梯梁跨中裂缝的延伸。

（3）梯柱破坏

梯柱在地震中处于双向压弯和双向剪切受力状态，梯柱破坏形式有：梯柱顶部破坏，梯梁纵筋被拔出；短柱破坏。产生此类破坏的原因有：①现行梯柱设计方法未考虑地震作用对弯矩和剪力的放大；②由于梯柱截面过小，梯梁纵筋在柱内锚固长度不能满足规范要求；梯梁梯柱相交的节点区钢筋较密，混凝土施工质量不合格；③梯柱受休息平台梁约束易形成短柱破坏。

（4）楼梯间墙体破坏

楼梯间破坏形式有：墙体严重开裂，墙体倒塌。产生此类破坏的原因有：①楼梯的梯段斜板、斜梁等构件增加了其水平方向的刚度，使楼梯分配到的地震作用较大；②楼梯间墙体高度较大且没有楼板支撑约束；③楼梯踏步嵌入墙体削弱了墙体截面。

（5）楼梯间框架角柱的破坏

楼梯间框架角柱的破坏形式主要是短柱破坏。产生此类破坏的原因有：①在框架结构中，板式楼梯半层处休息平台大多通过平台梁和平台板与框架角柱相连，平台梁与框架角柱整浇在一起，使得框架角柱净高约为其他位置框架柱的一半形成短柱破坏；②楼梯参与抗侧力工作使框架角柱分到的地震剪力是其他框架柱的数倍，休息平台对框架角柱的约束也增大了框架角柱的跨中弯矩，致使大震下框架角柱跨中发生剪切屈曲破坏。

9.1.3 框架结构楼梯抗震设计一般规定

抗震规范中规定，楼梯间应符合下列要求：

1）宜采用钢筋混凝土现浇钢筋混凝土楼梯

2）对于框架结构，楼梯间的布置不应导致结构平面特别不规则；楼梯构件与主体结构整浇时，应计入楼梯构件对地震作用及其效应的影响，应进行楼梯构件的抗震承载力验算；宜采取构造措施，减少楼梯构件对主体结构刚度的影响。

3）楼梯间两侧填充墙与柱之间应加强拉结。

楼梯间是重要紧急疏散通道。发生地震灾害时如果楼梯间发生破坏，会影响人员的撤离疏散，延误救援工作，从而造成严重伤亡。所以，楼梯间要进行抗震设计。框架结构中的楼梯间与主体框架连成一体整浇时，斜向的楼梯板起到斜支撑的作用，对框架结构的整体刚度、平面规则性有较大影响。楼梯休息平台梁与框架柱相连时，框架柱会形成局部的短柱，影响框架的承载力。当楼梯设计上无法与主体结构完全脱开时，楼梯要参与整体结构的抗震分析计算。

9.2 板 式 楼 梯

9.2.1 板式楼梯的一般配筋构造

板式楼梯主要由斜板承受梯段的全部荷载，通过平台梁将荷载传给墙体。当梯段的水平投影跨度不超过 4m，荷载不太大时，宜采用板式楼梯。板厚通常取 $t = l_n/25 \sim l_n/30$，l_n 为梯段梁的水平投影的净距。常见形式如图 9.2-1 所示。配筋构造要求如下：

1）横向构造钢筋通常在每一踏步下放置 1Φ6 或 Φ6@250。当梯板厚 $t \geqslant 150$mm 时，横向构造筋宜采用Φ8@200。

2）斜板的跨中配筋按计算确定，支座配筋一般取跨中配筋量的 1/4，配筋范围为 $l_n/4$，支座负筋也可在平台梁里锚固。当为上折板式时，在折角处由于节点的约束作用应配置承受负弯矩的钢筋，其配筋范围可取 $l_1/4$。其下部受力筋在折角处应伸入受压区，并满足锚固要求。

3）当板厚 $t \geqslant 200$mm 纵向受力钢筋宜采用双层配筋。

9.2.2 框架结构楼梯的抗震构造

（1）与主体结构整浇时的抗震构造

楼梯与主体结构整浇时，其中楼梯休息平台与框架柱连接，这种楼梯形式参与结构整体抗震计算，具体构造措施见图 9.2-2。

（2）与主体结构脱开的构造措施

楼梯与主体结构脱开的构造措施有两种形式：第一种形式是楼梯休息平台与主体结构脱开，即采用 4 个梯柱将楼梯休息平台与主体结构脱开，且 4 个梯柱落在楼层梁上，这种楼梯形式参与结构整体抗震计算，具体构造措施见图 9.2-3 及图 9.2-4；第二种形式是楼梯设滑动支座，即踏步段两端均以梯梁为支座，且梯板低端支承处做成滑动支座，滑动支座直接落在梯梁上，这种楼梯形式不参与结构整体抗震计算，具体构造措施见图 9.2-5 及图 9.2-6。

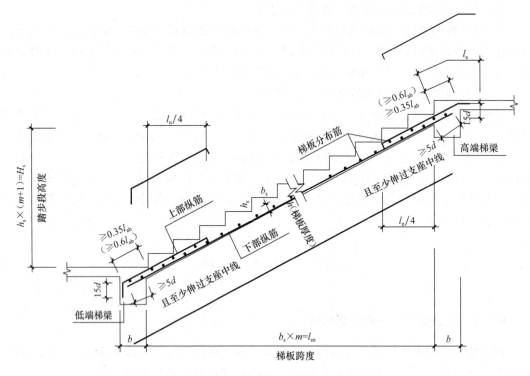

图 9.2-1　板式楼梯配筋构造

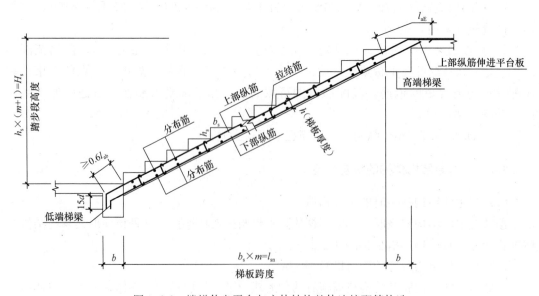

图 9.2-2　楼梯休息平台与主体结构整体连接配筋构造

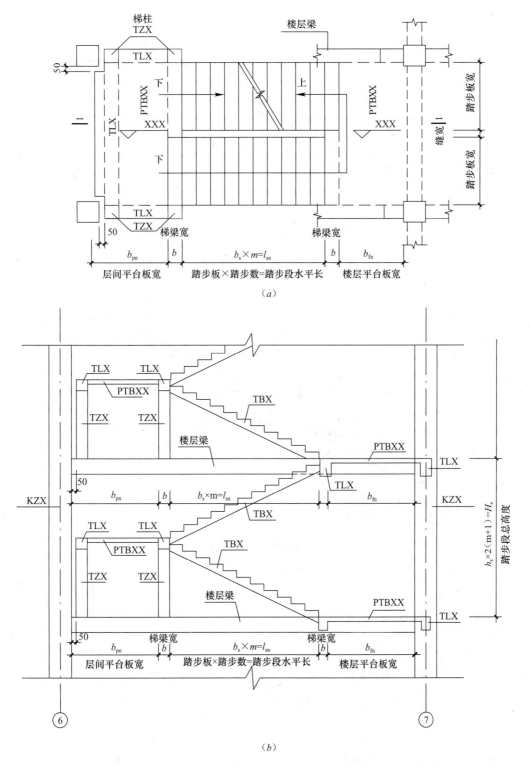

图 9.2-3 楼梯休息平台与主体结构脱开连接

(a) 平面图；(b) 1-1 剖面图

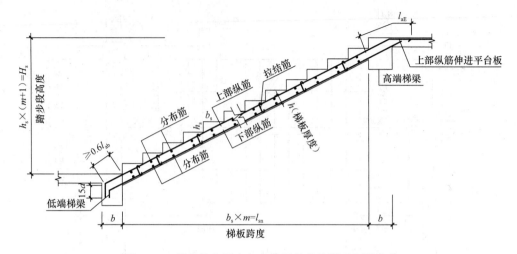

图 9.2-4 楼梯休息平台与主体结构整体脱开配筋构造

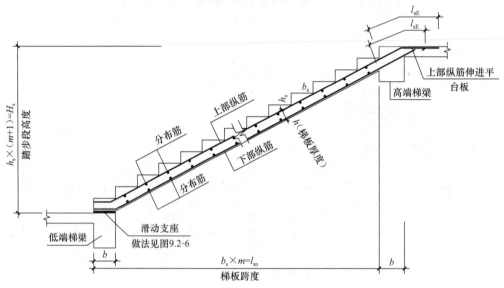

图 9.2-5 楼梯设滑动支座配筋构造

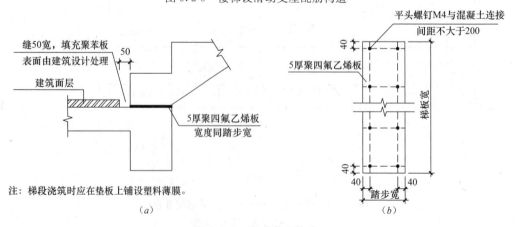

注：梯段浇筑时应在垫板上铺设塑料薄膜。

(a)　　　　　　　　　　　　(b)

图 9.2-6 滑动支座构造

(a) 设聚四氟乙烯垫板滑动支座；(b) 聚四氟乙烯板

9.3 梁式楼梯

梁式楼梯中梯段的荷载由踏步板传给梯梁，再通过平台梁将荷载传给墙体。梯段梁的高度通常取 $h = l_n/18 \sim l_n/12$，l_n 为梯段梁的水平投影的净距。梯段板的厚度 $t \geqslant 400$mm。常见形式如图 9.3-1 及图 9.3-2 所示。配筋构造要求如下：

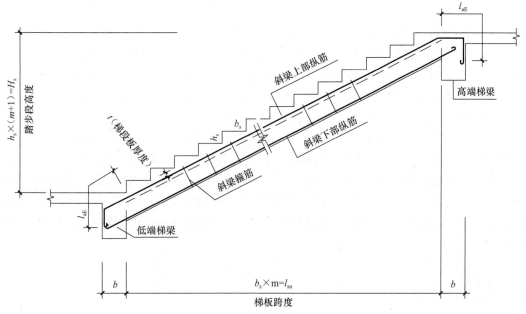

图 9.3-1 梁式楼梯斜梁配筋构造

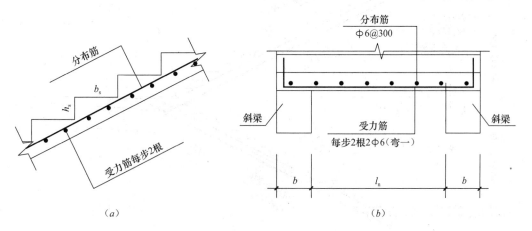

（a）　　　　　　　　　　　（b）

图 9.3-2 梁式楼梯的踏步板和梯段配筋构造
（a）踏步板；（b）梯段

1）踏步板构造要求每一级踏步不应配不少于 2Φ6 的受力钢筋。

2）为了承受支座处的负弯矩，板底受力筋伸入支座后，每 2 根中应弯上一根，分布筋常选用Φ6@300。

3）斜边梁构造要求与一般简支受弯构件相同，斜边梁的纵筋在平台梁中应有足够的锚固长度。

4）平台板的构造与板式楼梯相同；平台梁的一般构造要求与简支受弯构件相同，平台梁的高度应保证斜边梁的主筋能放在平台梁的主筋上，即平台梁的底面应低于斜边梁的底面，或与斜边梁的底面齐平。

9.4　悬挑式楼梯

悬挑楼式梯在基本内力作用下，上楼梯斜板伸长，下楼梯压缩，楼梯总体下垂。楼梯斜板和平台板都承受复杂的内力，属于双向受弯、剪、扭构件。配筋构造要求如下：

1）楼梯斜板采用对称配筋截面，箍筋采用封闭式，弯钩应符合抗扭要求。

2）楼梯斜板纵向钢筋总面积 $A_s = A_{st} + 2A_{sx} + 2A_{sy}$，其中 A_{sy} 应配置在横截面两侧（图），截面上、下均匀配置 $A_{st} + 2A_{sx}$ 钢筋。

3）上、下楼梯斜板配筋计算相同，下楼梯斜板的纵向钢筋及箍筋必须满足受压钢筋的构造要求；特别注意将上楼梯斜板的受拉钢筋可靠地锚固在现浇的梁板中。

4）平台板配筋形式常用的有两种，第一种如图 9.4-1 所示；交线梁计算所得的钢筋全部配置在宽度为 $b/2$ 的箍筋的顶部，箍筋与平台板的钢筋可连成一体，也可以分开设置（图 9.4-2），也有将平台板的钢筋与上、下斜板钢筋连成一体的做法（图 9.4-3 及图 9.4-4）。

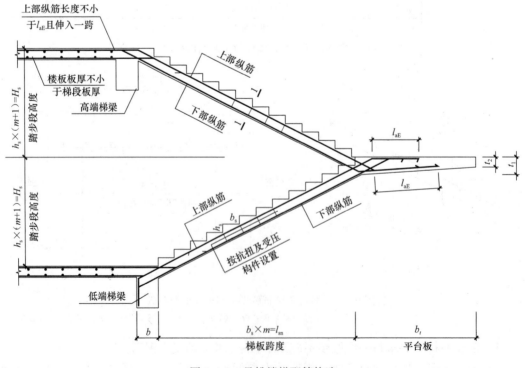

图 9.4-1　悬挑楼梯配筋构造

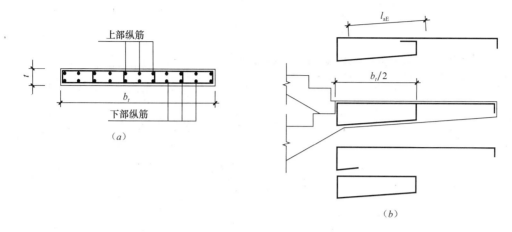

图 9.4-2 梯段和平台板配筋构造

（a）1-1 剖面；（b）平台板

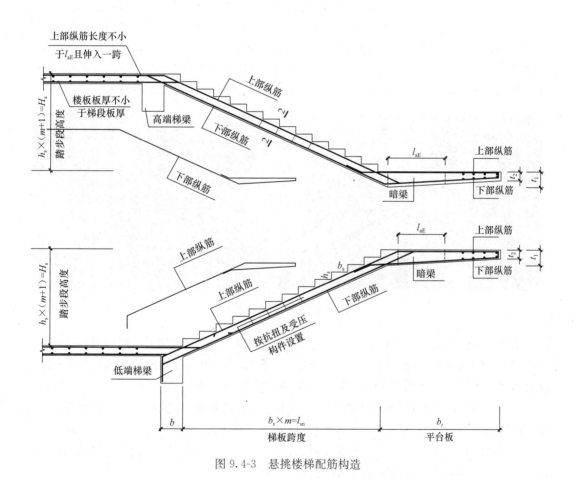

图 9.4-3 悬挑楼梯配筋构造

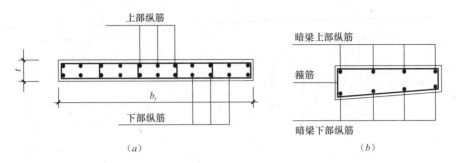

图 9.4-4 梯段和平台板暗梁配筋构造

(a) 2-2 剖面；(b) 暗梁

9.5 旋转式楼梯

旋转楼梯造型美观，常常用于公共建筑如酒店大堂、展览馆建筑等高大空间的室内，是使用功能和装饰功能完美的结合，如图 9.5-1 所示。整个旋转楼梯板如同弹簧一样，梯板同时承受轴力、剪力、弯矩和扭矩，受力复杂。楼梯定部、中部和底部的受力不同，对于钢筋混凝土结构来说，钢筋要求连续，尽量采用机械连接，同时保证顶部能够承受较大的拉力，同时作用有剪力、弯矩和扭矩，要求顶部的钢筋有可靠拉结和锚固。

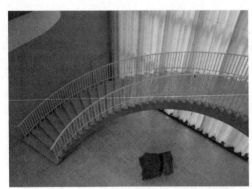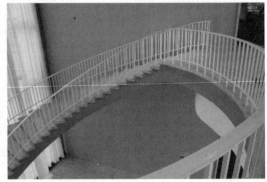

图 9.5-1 旋转楼梯

旋转式楼梯上端是悬挂在上层梁上，下端压在基础上或下层梁上，所以旋转式楼梯承受轴向力的特点是上半段受拉，下半段受压，在楼梯高度中点处轴向力为零，上下支座处轴力达到最大值。立面图和平面图见 9.5-2，配筋构造要求如下：

1）在梯板板面与板底配置由扭矩及由拉力及径向弯矩求得的 A_{st}（上、下纵向钢筋截面面积）与 A_{sr}（上、下偏心受拉纵向钢筋截面面积）配筋如图 9.5-3、图 9.5-4 所示。

2）由法向弯矩求得的 A_{sn}（纵向钢筋截面面积）抗弯钢筋应放在板的外侧边（法向弯矩为正时）或内侧边（法向弯矩为负时）。

3）为了使纵筋螺旋形钢筋便于施工，钢筋直径不宜过粗，最好不要超过 Φ25；由于上段楼梯承受拉力，上层楼盖与楼梯的相连部分应采用现浇梁、板，务必把楼梯的主筋可靠地锚固在现浇梁、板中。

4）为防止纵向钢筋外鼓，应采用封闭箍筋，如图 9.5-4 所示。

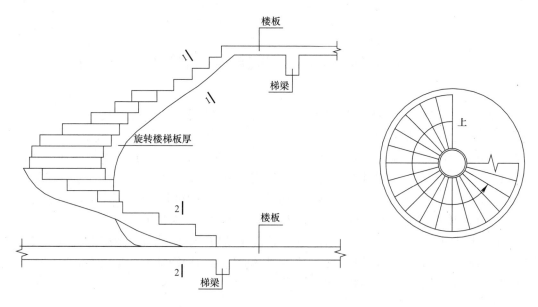

图 9.5-2 板式旋转立面图和平面图

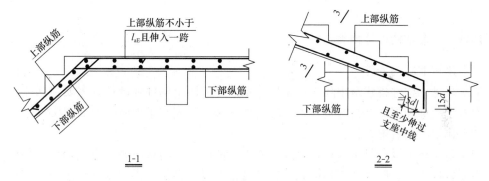

1-1

2-2

图 9.5-3 板式旋转楼梯上部、下部节点配筋图

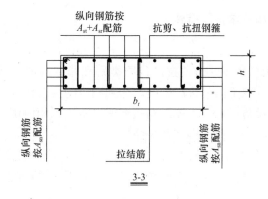

3-3

图 9.5-4 板式旋转楼梯横剖面配筋图

第10章 非结构构件

建筑物的非结构构件是指安装在结构内部的或由结构承托的建筑、设备、电气等部件或构件。建筑构件包括幕墙、非承重墙、吊顶以及广告牌等。设备、电气部件包括风机、空调、水箱、变压器、配电柜，以及设备电气管道、吊架等。所有这些系统及其构件、部件都要固定在楼板上，或悬挂在楼板上。在地震作用下这些非结构构件及其支撑、悬挂系统都可能发生破坏。地震中非结构构件的破坏与主体结构破坏一样，同样会造成人员伤亡。非结构构件的破坏还将中断建筑的使用，并产生大量建筑垃圾。

现代建筑中，非结构构件本身的造价往往高于结构本身的造价，地震中的损坏其修复费用也很高。特别是在主体结构未发生严重破坏时，非结构构件破坏是很不值当的。非结构构件设计不当还会对主体结构产生不利影响。

10.1 一 般 规 定

10.1.1 非结构构件种类

（1）建筑非结构构件

建筑非结构构件指建筑中除承重骨架体系以外的固定构件和部件，主要包括非承重墙体、附着于楼面和屋面结构的构件、装饰构件和部件、固定于楼面的大型储物架等。

（2）建筑附属机电设备

建筑附属机电设备是指为现代化建筑使用功能服务的附属机械、电气构件、部件和系统，主要包括电梯、照明和应急电源、通信设备、管道系统，供暖和空调系统，烟火监测和消防系统，公共天线等。

10.1.2 抗震要求和基本抗震措施

（1）一般规定

1）非结构构件应根据所属建筑的抗震设防类别和非结构地震破坏的后果及其对整个建筑结构影响的范围，采取不同的抗震措施，达到相应的性能化设计目标。

非结构构件的抗震设防目标与主体结构三水准设防目标相协调，容许建筑非结构构件的损坏程度略大于主体结构，但不得危及生命。

2）当抗震要求不同的两个非结构构件连接在一起时，应按较高的要求进行抗震设计。其中一个非结构构件连接损坏时，应不致引起与之相连接的有较高要求的非结构构件失效。

很多情况下，同一部位有多个非结构构件，如出入口通道可包括非承重墙体、悬吊顶棚、应急照明和出入信号四个非结构构件；电气转换开关可能安装在非承重隔墙上等。当

204

抗震设防要求不同的非结构构件连接在一起时，要求低的构件也需按较高的要求设计，以确保较高设防要求的构件能满足规定。

（2）建筑非结构构件的基本抗震措施

1）建筑结构中，设置连接幕墙、围护墙、隔墙、女儿墙、雨篷、商标、广告牌、顶篷支架、大型储物架等建筑非结构构件的预埋件、锚固件的部位，应采取加强措施，以承受建筑非结构构件传给主体结构的地震作用。

2）非承重墙体的材料、选型和布置，应根据烈度、房屋高度、建筑体型、结构层间变形、墙体自身抗侧力性能的利用等因素，经综合分析后确定，并应符合下列要求：①非承重墙体宜优先采用轻质墙体材料；采用砌体墙时，应采取措施减少对主体结构的不利影响，并应设置拉结筋、水平系梁、圈梁、构造柱等与主体结构可靠拉结。②刚性非承重墙体的布置，应避免使结构形成刚度和强度分布上的突变；当围护墙非对称均匀布置时，应考虑质量和刚度的差异对主体结构抗震不利的影响。③墙体与主体结构应有可靠的拉结，应能适应主体结构不同方向的层间位移；8、9度时应具有满足层间变位的变形能力，与悬挑构件相连接时，尚应具有满足节点转动引起的竖向变形的能力。④外墙板的连接件应具有足够的延性和适当的转动能力，宜满足在设防地震下主体结构层间变形的要求。⑤砌体女儿墙在人流出入口和通道处应与主体结构锚固；非出入口无锚固的女儿墙高度，6～8度时不宜超过 0.5m，9度时应有锚固。防震缝处女儿墙应留有足够的宽度，缝两侧的自由端应予以加强。

3）钢筋混凝土结构中的砌体填充墙，尚应符合下列要求：①填充墙在平面和竖向的布置，宜均匀对称，宜避免形成薄弱层或短柱。②砌体的砂浆强度等级不应低于 M5；实心块体的强度等级不宜低于 MU2.5，空心块体的强度等级不宜低于 MU3.5；墙顶应与框架梁密切结合。③填充墙应沿框架柱全高每隔 500～600mm 设 2Φ6 拉筋，拉筋伸入墙内的长度，6、7度时宜沿墙全长贯通，8、9度时应全长贯通。④墙长大于 5m 时，墙顶与梁宜有拉结；墙长超过 8m 或层高 2 倍时，宜设置钢筋混凝土构造柱；墙高超过 4m 时，墙体半高宜设置与柱连接且沿墙全长贯通的钢筋混凝土水平连系梁。⑤楼梯间和人流通道的填充墙，尚应采用钢丝网砂浆面层加强。

4）各类顶棚的构件与楼板的连接件，应能承受顶棚、悬挂重物和有关机电设施的自重和地震附加作用；其锚固的承载力应大于连接件的承载力。

5）悬挑雨篷或一端由柱支承的雨篷，应与主体结构可靠连接。

6）玻璃幕墙、预制墙板、附属于楼屋面的悬臂构件和大型储物架的抗震构造，应符合相关专门标准的规定。

（3）建筑附属机电设备支架的基本抗震措施

1）附属于建筑的电梯、照明和应急电源系统、烟火监测和消防系统。供暖和空气调节系统、通信系统、公用天线等与建筑结构的连接构件和部件的抗震措施，应根据设防烈度、建筑使用功能、房屋高度、结构类型和变形特征、附属设备所处的位置和运转要求等经综合分析后确定。

2）下列附属机电设备的支架可不考虑抗震设防要求：①重力不超过 1.8kN 的设备。②内径小于 25mm 的燃气管道和内径小于 60mm 的电气配管。③矩形截面面积小于 0.38m² 和圆形直径小于 0.70m 的风管。④吊杆计算长度不超过 300mm 的吊杆悬挂管道。

　　3）建筑附属机电设备不应设置在可能导致其使用功能发生障碍等二次灾害的部位；对于有隔振装置的设备，应注意其强烈振动对连接件的影响，并防止设备和建筑结构发生谐振现象。

　　建筑附属机电设备的支架应具有足够的刚度和强度；其与建筑结构应有可靠的连接和锚固，应使设备在遭遇设防烈度地震影响后能迅速恢复运转。

　　4）管道、电缆、通风管和设备的洞口设置，应减少对主要承重结构构件的削弱；洞口边缘应有补强措施。

　　管道和设备与建筑结构的连接，应能允许二者间有一定的相对变位。

　　5）建筑附属机电设备的基座或连接件应能将设备承受的地震作用全部传递到建筑结构上。建筑结构中，用以固定建筑附属机电设备预埋件、锚固件的部位，应采取加强措施，以承受附属机电设备传给主体结构的地震作用。

　　6）建筑内的高位水箱应与所在的结构构件可靠连接；且应计及水箱及所含水重对建筑结构产生的地震作用效应。

　　7）在设防地震下需要连续工作的附属设备，宜设置在建筑结构地震反应较小的部位；相关部位的结构构件应采取相应的加强措施。

10.2　非承重墙与主体结构连接构造

10.2.1　砌体填充墙与混凝土结构的拉结

　　钢筋混凝土结构中的填充墙包括了内隔墙和围护墙。汶川地震中，发现大量钢筋混凝土结构中填充墙发生破坏的现象。一种是填充墙自身发生破坏而危及人员安全，并造成财产损失，如楼梯间周围的填充墙破坏影响人员疏散，墙体倒塌损坏家具和设备等。两外，填充墙对主体结构产生不利影响，填充墙与混凝土结构紧密相连时，其质量和刚度对主体结构往往造成不利影响，比如：由于填充墙布置不均匀造成主体结构在地震作用下产生扭转，以及上下层刚度突变，或者造成框架柱形成短柱等。

　　墙体填充墙抗震构造上首先是要保证自身有足够的强度和稳定性，当采用与混凝土结构不脱开的连接方式时，填充墙与主体结构应有可靠拉结。

　　（1）根据填充墙的高度选择墙体厚度，最小不应小于 90mm。

　　（2）填充墙沿全高设置拉结筋。

　　填充墙沿高度每隔 500～600mm 设置 φ6 拉结筋，墙厚不大于 240mm 时设置 2φ6 拉结筋，墙厚大于 240mm 时设置 3φ6 拉结筋，拉结筋应沿墙长全长贯通。

　　（3）墙顶宜与梁底或板底拉结。

　　（4）墙长大于 4m 时应设构造柱，墙高大于 4m 时应在半高处设置钢筋混凝土水平拉结带，拉结带高度不小于 60mm，拉结带钢筋应与混凝土墙体或框架柱拉结。

　　（5）较大的门窗洞口应设置混凝土门窗框。

　　（6）构造柱、芯柱、混凝土拉结带等混凝土强度等级不低于 C20，钢筋采用 HRB300 热轧光圆钢筋或 HRB335、HRB400 热轧带肋钢筋。

　　（7）填充墙采用混凝土小型空心砌块或烧结空心砖时，其强度等级不得低于 MU3.5，砂浆不低于 M5.0。

填充墙体与主体结构的拉结见图 10.2-1～图 10.2-4。

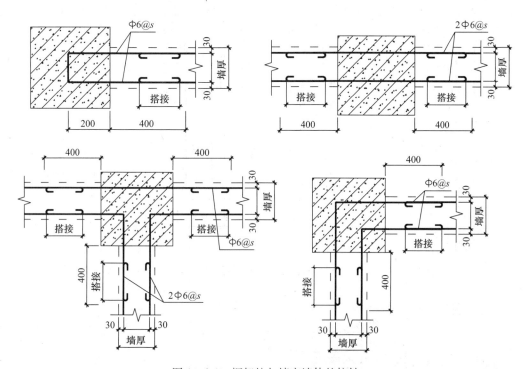

图 10.2-1　框架柱与填充墙体的拉结

注：间距 s 按以下规定取值：

混凝土小型空心砌块砌体：采用 φ6 拉结筋时 s＝600mm，采用 φ4 钢筋网片时 s＝400mm。

普通砖砌体：s＝500mm；烧结多孔砖砌体：s＝500mm；烧结空心砖砌体：s＝500mm。

蒸压加气混凝土砌块砌体：块材高度 250mm，s＝500mm；块材高度 300mm，s＝600mm。

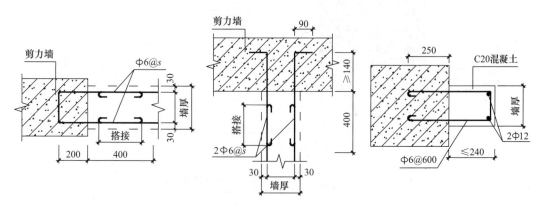

图 10.2-2　剪力墙与填充墙体的拉结

注：间距 s 按以下规定取值：

混凝土小型空心砌块砌体：采用 φ6 拉结筋时 s＝600mm，采用 φ4 钢筋网片时 s＝400mm。

普通砖砌体：s＝500mm；烧结多孔砖砌体：s＝500mm；烧结空心砖砌体：s＝500mm。

蒸压加气混凝土砌块砌体：块材高度 250mm，s＝500mm；块材高度 300mm，s＝600mm。

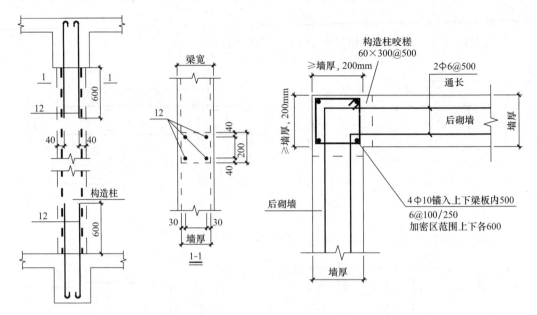

图 10.2-3 填充墙构造柱

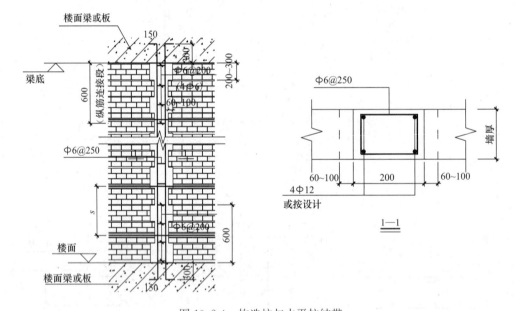

图 10.2-4 构造柱与水平拉结带

10.3 设备基础及广告牌基础

10.3.1 屋顶、板顶设备基础

现代建筑已经不仅仅是遮风避雨的场所，功能复杂，设备繁多，建筑屋顶往往有很多设备基础，包括凉却塔、擦窗机、轴流风机、卫星天线和风道风帽等，见图 10.3-1。

图 10.3-1 屋顶擦窗机轨道及风机基础

（1）小型设备基础及风道出入口

置于室内楼板上的小型设备基础，一般要高出建筑面层 150mm 左右，置于屋面的基础因为有保温层、防水层和找坡层的厚度及铺设防水卷材等因素，一般基础高度较高，要高出建筑屋面层 300～600mm（图 10.3-2、图 10.3-3）。这样，仅混凝土基础本身重量已经很大，混凝土基础往往比设备重量还要大。混凝土厚度较小的基础可以做成实心基础（图 10.3-4），厚度较大的基础应该在基础中心部分填充轻质材料，如空心砌块或加气混凝土砌块等，以减轻设备基础的自重，减少楼板的竖向荷载（图 10.3-5）。屋顶风道出入口见图 10.3-6。

图 10.3-2 室内设备基础

图 10.3-3 室内设备基础

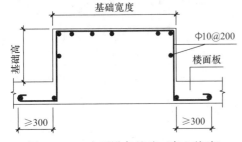

图 10.3-4 小型设备基础（实心基础）

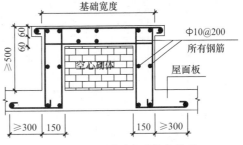

图 10.3-5 屋顶小型设备基础

209

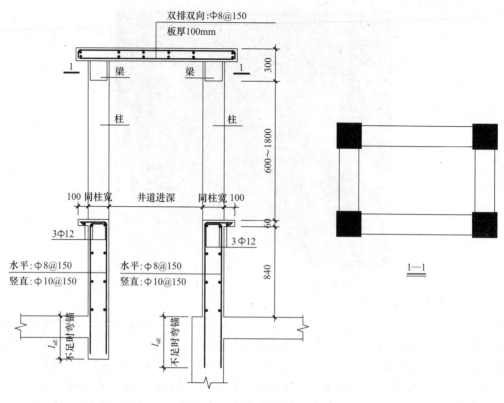

图 10.3-6　屋顶风道出入口

（2）擦窗机轨道基础

擦窗机支墩配筋见图 10.3-7。

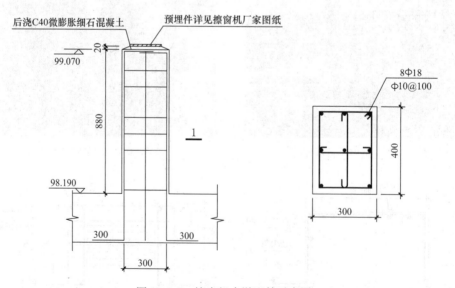

图 10.3-7　擦窗机支墩配筋示意图

（3）冷却塔基础

图 10.3-8　屋顶冷却塔

几乎所有的现代高层公共建筑屋都采用集中空调，屋顶往往设有冷却塔（图 13.3-8），冷却塔和水箱是建筑屋顶上比较重的设备，其基础设计除了要保证竖向荷载作用下的承载力，还要考虑其设备自重引起的地震作用下的惯性力对建筑结构和设备基础的影响。冷却塔和屋顶水箱等属于大型设备，地震作用下的水平力较大，基础要按规范要求考虑水平地震作用。为减轻设备基础本身的自重，一般采用框架式的设备基础，水平力有框架承担，并传至屋顶主体结构。图 13.3-9 和图 13.3-10 是某实际工程的屋顶冷却塔基础设计图。

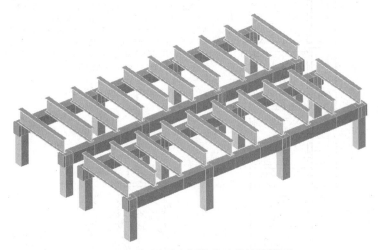

图 10.3-9　屋顶冷却塔基础的计算模型

10.3.2　屋顶广告牌基础

屋顶广告牌本身重量不大，但在高楼的屋顶上，将承受很大的风荷载，屋顶广告牌被大风吹落的事故时有发生。在风荷载的作用下，广告牌的基础会承受拉力和压力，并且，拉力和压力会反复作用于基础及楼盖系统。为保证安全，除应仔细计算风载下的承载力外，还要加强广告牌与基础墩之间的连接，以及基础墩与楼盖系统之间的连接。广告牌支架构造示意见图 13.3-11、图 13.3-12。

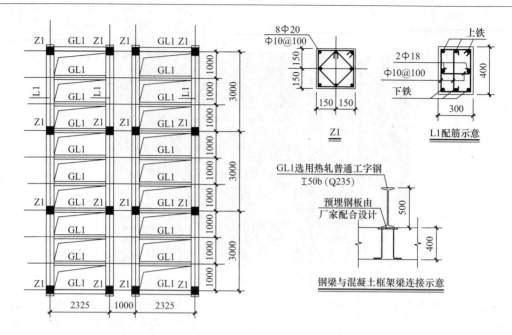

图 10.3-10　屋顶冷却塔基础的施工图

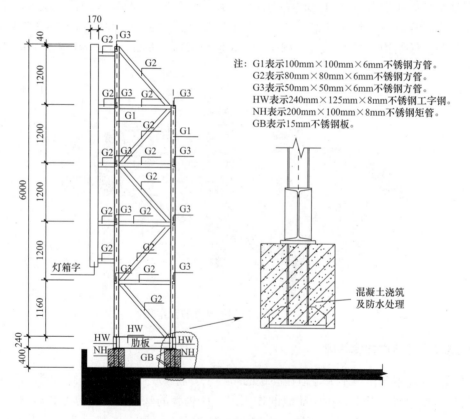

图 10.3-11　广告牌支架构造示意 1

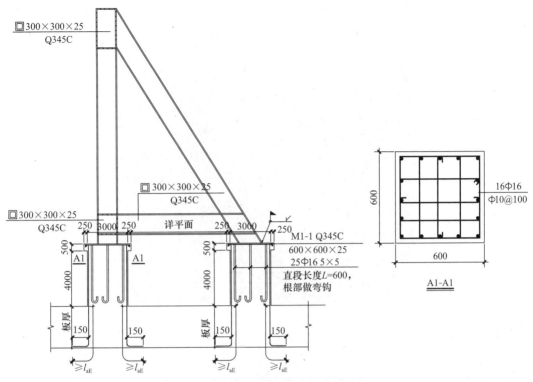

□300×300×25
Q345C

□300×300×25
Q345C

□300×300×25
Q345C

详平面

M1-1 Q345C
600×600×25
25Φ16 5×5
直段长度L=600，
根部做弯钩

16Φ16
Φ10@100

A1-A1

图 10.3-12　广告牌支架构造示意 2

10.4　管道支架

一般小型的管道是有钢筋悬吊在楼板上，楼板在施工时预留钢筋或埋件，管道施工时设置角钢、槽钢等于预留钢筋和预埋件连接承托设备或电气管线。管道的支架、吊架应该根据所承托的管道重量进行设计，相应位置的楼板应该考虑设备的重量。当管线较多支架较高或吊架较长时，还要考虑水平地震作用下管道可能产生水平运动，容易毁坏设备和管道，产生次生灾害。因此，设备、电气管道的支架也要考虑地震作用的影响。由于支架和吊架都是垂直的，水平方向上刚度严重不足，必要时应在支架或吊架竖向杆件之间增设竖向支撑。

图 13.4-1～图 13.4-4 是实际工程的管道支架照片，示意图见图 13.4-5。小型的管道

图 10.4-1　设备管道吊架

支架一般由设备安装厂家完成设计并施工。但管线很多，管道重量较大的位置，结构设计人员要参与管道支架、吊架的设计，以保证结构和设备的安全。

图 10.4-2　设备管道吊架

图 10.4-3　电气管道吊架

图 10.4-4　电气管道吊架

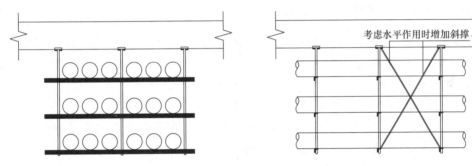

图 10.4-5　管道吊架示意图

第 11 章 复杂高层建筑结构构造设计及实例

11.1 复杂高层建筑结构设计一般规定

11.1.1 复杂高层建筑结构的含义

复杂高层建筑结构一般是指结构平面布置不规则,或竖向刚度变化比较大的不规则建筑结构。这类结构存在明显的抗震薄弱环节。为了适应体型、结构布置比较复杂的建筑发展的需要,《高层建筑混凝土技术规程》JGJ 3(以下简称"高规")的 2002 版就增加了复杂高层建筑结构的设计内容,包括带转换层的结构、带加强层的结构、错层结构、连体结构和多塔楼结构等。2010 版"高规"将多塔楼结构并入竖向体型收进、悬挑结构,因为这三种结构的刚度和质量沿竖向变化的情况有一定的共性。

11.1.2 一般规定

(1)"高规"对复杂高层建筑结构的规定适用范围

带转换层的结构、带加强层的结构、错层结构、连体结构以及竖向收进、悬挑结构为复杂高层建筑结构。

(2)一般规定

1)9 度抗震设计时不应采用带转换层的结构、带加强层的结构、错层结构和连体结构。这些结构在地震作用下受力复杂,容易形成抗震薄弱部位。9 度抗震设计时,这些结构目前尚缺乏研究和工程经验。9 度时不应采用。

2)对于错层结构,"高规"规定 7 度和 8 度设计时,剪力墙结构错层高层建筑的房屋高度分别不宜大于 80m 和 60m;框架-剪力墙结构错层高层建筑的房屋高度分别不应大于 80m 和 60m。

3)抗震设计时,B 级高度高层建筑不宜采用连体结构。

4)底层带转换层的 B 级高度筒中筒结构,当外筒框支层以上采用剪力墙构成的壁式框架时,其最大使用高度应适当降低。

5)7 度和 8 度抗震设计的高层建筑不宜同时采用超过两种上述复杂高层建筑结构。各类复杂高层建筑结构都属于不规则结构,地震作用下的受力情况复杂。在一个工程中同时采用多种复杂结构,会在地震作用下产生多处薄弱部位。一般情况下同一建筑不要采用两种以上的复杂结构。

11.2 带转换层高层建筑结构

11.2.1 带转换层高层建筑的分类

（1）高层建筑带转换层的情况一般分成两类：

一类是上部为剪力墙结构，部分剪力墙不能落地，需要设置结构转换层，这类建筑结构是带托墙转换层的部分框支剪力墙结构，该部分的抗震构造设计内容在第 7 章中已介绍，本节不再重复。

另一类型是托柱转换层，即上部结构的部分框架柱不能直接连续贯通落地，需要设置结构转换层这种情况在框架-剪力墙结构和筒体结构中都有可能出现，一般以筒体结构居多。当筒体结构上部是由密柱与深梁组成的外框筒时，在底层的门厅、出入口或首层大堂等位置需要有较大的柱距，这时就需要设置结构转换层。

托柱转换结构与托墙转换结构受力特点有相近的地方也有不同之处。托墙转换结构与托柱转换结构最大区别就是托墙转换结构转换层上下刚度差别较大，很容易形成底部薄弱层。而托柱转换结构虽然竖向构件同样属于竖向构件不连续，竖向力要由转换构件传至下部结构转换柱上，但整体侧向刚度在转换层上、下变化不如托墙转换结构明显。本节主要阐述托柱转换结构的抗震构造。

（2）托柱转换构件

托柱转换结构转换构件可以采用转换梁、转换桁架、空腹桁架、箱形结构和斜撑等。图 11.2-1 列出了几种转换构件的形式。

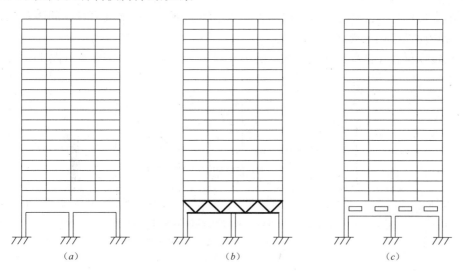

（a）　　　　　　　　　　　（b）　　　　　　　　　　　（c）

图 11.2-1 外框架柱几种转换形式

11.2.2 构造要求

（1）转换梁设计应符合下列要求：

1）转换梁上、下部纵向钢筋的最小配筋率，抗震设计时，特一、一和二级分别不应小于 0.60%、0.50% 和 0.40%。

2）离柱边 1.5 倍梁截面高度范围内的梁箍筋应加密，加密区箍筋直径不应小于 10mm、间距不应大于 100mm。加密区箍筋的最小面积配筋率，抗震设计时，特一、一和二级分别不应小于 $1.3f_t/f_{yv}$、$1.2f_t/f_{yv}$ 和 $1.1f_t/f_{yv}$。

3）偏心受拉的转换梁的支座上部纵向钢筋至少应有 50% 沿梁全长贯通，下部纵向钢筋应全部直通到柱内；沿梁腹板高度应配置间距不大于 200mm、直径不小于 16mm 的腰筋。

（2）转换梁构造应符合下列规定：

1）转换梁与转换柱截面中线宜重合。

2）转换梁截面高度不宜小于计算跨度的 1/8。托柱转换梁截面宽度不应小于其上所托柱在梁宽方向的截面宽度。框支梁截面宽度不宜大于框支柱相应方向的截面宽度，且不宜小于其上墙体截面厚度的 2 倍和 400mm 的较大值。

3）托柱转换梁应沿腹板高度配置腰筋，其直径不宜小于 12mm、间距不宜大于 200mm。

4）转换梁纵向钢筋接头宜采用机械连接，同一连接区段内接头钢筋截面面积不宜超过全部纵筋截面面积的 50%，接头位置应避开上部墙体开洞部位、梁上托柱部位及受力较大部位。

5）转换梁不宜开洞。若必须开洞时，洞口边离开支座柱边的距离不宜小于梁截面高度；被洞口削弱的截面应进行承载力计算，因开洞形成的上、下弦杆应加强纵向钢筋和抗剪箍筋的配置。

6）对托柱转换梁的托柱部位和框支梁上部的墙体开洞部位，梁的箍筋应加密配置，加密区范围可取梁上托柱边或墙边两侧各 1.5 倍转换梁高度；箍筋直径、间距及面积配筋率应符合转换梁的相关规定。

托柱转换梁在托柱部位承受较大的剪力和弯矩，其箍筋应加密配置（图 11.2-2）。

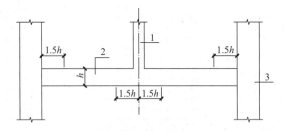

图 11.2-2　托柱转换梁箍筋加密区示意图
1—梁上托柱；2—转换梁；3—转换柱

7）框支剪力墙结构中的框支梁上、下纵向钢筋和腰筋（图 11.2-3）应在节点区可靠锚固，水平段应伸至柱边，且非抗震设计时不应小于 $0.4l_{ab}$，抗震设计时不应小于 $0.4l_{abE}$，梁上部第一排纵向钢筋应向柱内弯折锚固，且应延伸过梁底不小于 l_{aE}（抗震设计）；当梁上部配置多排纵向钢筋时，其内排钢筋锚入柱内的长度可适当减小，但水平段长度和弯下段长度之和不应小于钢筋锚固长度或 l_{aE}（抗震设计）。

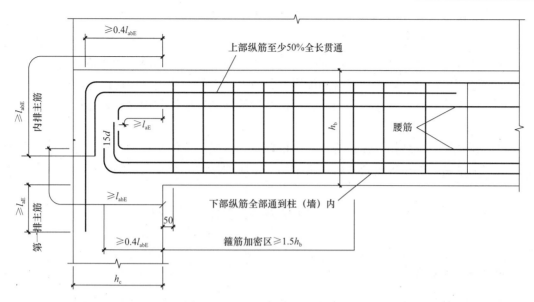

图 11.2-3　框支梁主筋、腰筋锚固构造

8）托柱转换梁在转换层宜在托柱位置设置正交方向的框架梁或楼面梁。对托柱转换梁，在转换层宜设置承担正交方向柱底弯矩的楼面梁或框架梁，避免转换梁承受过大的扭矩作用。

（3）转换柱设计应符合下列要求：

转换柱包括部分框支剪力墙结构中的框支柱和框架-核心筒、框架-剪力墙结构中支承托柱转换梁的柱，是带转换层结构重要构件，受力性能与普通框架大致相同，但受力大，破坏后果严重。转换柱的构造配筋要比普通框架柱有更高的要求。

1）柱内全部纵向钢筋配筋率应符合框支柱的规定。

2）抗震设计时，转换柱箍筋应采用复合螺旋箍或井字复合箍，并应沿柱全高加密，箍筋直径不应小于 10mm，箍筋间距不应大于 100mm 和 6 倍纵向钢筋直径的较小值。

3）抗震设计时，转换柱的箍筋配箍特征值应比普通框架柱要求的数值增加 0.02 采用，且箍筋体积配箍率不应小于 1.5%。

（4）转换柱构造要求应符合下列规定：

1）柱截面宽度，非抗震设计时不宜小于 400mm，抗震设计时不应小于 450mm；柱截面高度，非抗震设计时不宜小于转换梁跨度的 1/15，抗震设计时不宜小于转换梁跨度的 1/12。

2）纵向钢筋间距均不应小于 80mm，且抗震设计时不宜大于 200mm，非抗震设计时不宜大于 250mm；抗震设计时，柱内全部纵向钢筋配筋率不宜大于 4.0%。

3）非抗震设计时，转换柱宜采用复合螺旋箍或井字复合箍，其箍筋体积配箍率不宜小于 0.8%，箍筋直径不宜小于 10mm，箍筋间距不宜大于 150mm。

（5）抗震设计时，转换梁、柱的节点核心区应进行抗震验算，节点应符合构造措施的要求。转换梁、柱的节点核心区应按规定设置水平箍筋。

（6）箱形转换结构上、下楼板厚度均不宜小于 180mm，应根据转换柱的布置和建筑功能要求设置双向横隔板；上、下板配筋设计应同时考虑板局部弯曲和箱形转换层整体弯曲的影响，横隔板宜按深梁设计。

（7）采用空腹桁架转换层时，空腹桁架宜满层设置，应有足够的刚度。空腹桁架的上、下弦杆宜考虑楼板作用，并应加强上、下弦杆与框架柱的锚固连接构造；竖腹杆应按强剪弱弯进行配筋设计，并加强箍筋配置以及与上、下弦杆的连接构造措施。

（8）抗震设计时，带托柱转换层的筒体结构的外围转换柱与内筒、核心筒外墙的中距不宜大于 12m。

（9）托柱转换层结构，转换构件采用桁架时，转换桁架斜腹杆的交点、空腹桁架的竖腹杆宜与上部密柱的位置重合；转换桁架的节点应加强配筋及构造措施。

11.3　带加强层高层建筑结构

11.3.1　一般规定

近年来，带加强层的高层建筑结构已有很多，加强层的设置对于提高结构的侧向刚度，控制结构层间位移是一种很有效的方法。带加强层的结构以往多用于非地震取得抗风设计中，近年随着研究的深入，很多抗震建筑也采用加强层来提高结构的侧向刚度，只是该类建筑还没有经过强震的考验。

"高规"规定，当框架-核心筒、筒中筒结构的侧向刚度不能满足要求时，可利用建筑避难层、设备层空间，设置适宜刚度的水平伸臂构件，形成带加强层的高层建筑结构。必要时，加强层也可同时设置周边水平环带构件。水平伸臂构件、周边环带构件可采用斜腹杆桁架、实体梁、箱形梁、空腹桁架等形式。

11.3.2　设计要点

带加强层高层建筑结构设计应符合下列规定：

1) 应合理设计加强层的数量、刚度和设置位置。当布置 1 个加强层时，可设置在 0.6 倍房屋高度附近；当布置 2 个加强层时，可分别设置在顶层和 0.5 倍房屋高度附近；当布置多个加强层时，宜沿竖向从顶层向下均匀布置。

2) 加强层水平伸臂构件宜贯通核心筒，其平面布置宜位于核心筒的转角、T 字节点处；水平伸臂构件与周边框架的连接宜采用铰接或半刚接；结构内力和位移计算中，设置水平伸臂桁架的楼层宜考虑楼板平面内的变形。

由于加强层的设置，结构刚度突变，伴随着结构内力的突变，以及整体结构传力途径的改变，从而使结构在地震作用下，其破坏和位移容易集中在加强层附近，形成薄弱层，因此规定了在加强层及相邻层的竖向构件需要加强。伸臂桁架会造成核心筒墙体承受很大的剪力，上下弦杆的拉力也需要可靠地传递到核心筒上，所以要求伸臂构件贯通核心筒。

3) 加强层及其相邻层的框架柱、核心筒应加强配筋构造。

4) 加强层及其相邻层楼盖的刚度和配筋应加强。

加强层的上下层楼面结构承担着协调内筒和外框架的作用，存在很大的面内应力，因此本条规定的带加强层结构设计的原则中，对设置水平伸臂构件的楼层在计算时宜考虑楼板平面内的变形，并注意加强层及相邻层的结构构件的配筋加强措施，加强各构件的连接锚固。

5）在施工程序及连接构造上应采取减小结构竖向温度变形及轴向压缩差的措施，结构分析模型应能反映施工措施的影响。

由于加强层的伸臂构件强化了内筒与周边框架的联系，内筒与周边框架的竖向变形差将产生很大的次应力，因此需要采取有效的措施减小这些变形差（如伸臂桁架斜腹杆的滞后连接等），而且在结构分析时就应该进行合理的模拟，反映这些措施的影响。

11.3.3　构造要求

抗震设计时，带加强层高层建筑结构应符合下列要求：

1）加强层及其相邻层的框架柱、核心筒剪力墙的抗震等级应提高一级采用，一级应提高至特一级，但抗震等级已经为特一级时应允许不再提高；

2）加强层及其相邻层的框架柱，箍筋应全柱段加密配置，轴压比限值应按其他楼层框架柱的数值减小 0.05 采用；

3）加强层及其相邻层核心筒剪力墙应设置约束边缘构件。

带加强层的高层建筑结构，加强层刚度和承载力较大，与其上、下相邻楼层相比有突变，加强层相邻楼层往往成为抗震薄弱层；与加强层水平伸臂结构相连接部位的核心筒剪力墙以及外围框架柱受力大且集中。因此，为了提高加强层及其相邻楼层与加强层水平伸臂结构相连接的核心筒墙体及外围框架柱的抗震承载力和延性，本条规定应对此部位结构构件的抗震等级提高一级采用（已经为特一级者可不提高）；框架柱箍筋应全柱段加密，轴压比从严（减小 0.05）控制；剪力墙应设置约束边缘构件。

11.4　错　层　结　构

错层结构是由于建筑需要，一栋建筑的两个部分楼面标高不同，形成楼板不连续，往往形成一个楼面标高上，一部分有楼板，一部分仅有竖向构件，容易产生较大的扭转。错层结构是平面与竖向均不规则的结构。特别是框架结构，在错层位置形成短柱或超短柱，地震中容易发生严重破坏。

一般情况下尽量不要采用错层结构。

11.4.1　一般规定

（1）抗震设计时，高层建筑沿竖向宜避免错层布置。当房屋不同部位因功能不同而使楼层错层时，宜采用防震缝划分为独立的结构单元。

（2）错层两侧宜采用结构布置和侧向刚度相近的结构体系。

错层结构应尽量减少扭转效应，错层两侧宜采用侧向刚度和变形性能相近的结构方案，以减小错层处墙、柱内力，避免错层处结构形成薄弱部位。

（3）错层结构中，错开的楼层不应归并为一个刚性楼板，计算分析模型应能反映错层影响。

相邻楼盖结构高差超过梁高范围的，宜按错层结构考虑。结构中仅局部存在错层构件的不属于错层结构，但这些错层构件宜参考错层结构规定进行设计。

11.4.2　设计要点和构造要求

（1）抗震设计时，错层处框架柱应符合下列要求：

1）截面高度不应小于 600mm，混凝土强度等级不应低于 C30，箍筋应全柱段加密配置；

2）抗震等级应提高一级采用，一级应提高至特一级，但抗震等级已经为特一级时应允许不再提高。

错层结构属于竖向布置不规则结构，错层部位的竖向抗侧力构件受力复杂，容易形成多处应力集中部位。框架错层更为不利，容易形成长、短柱沿竖向交替出现的不规则体系。因此，抗震设计时错层处柱的抗震等级应提高一级采用（特一级时允许不再提高），截面高度不应过小，箍筋应全柱段加密配置，以提高其抗震承载力和延性。

（2）构造要求：

错层处平面外受力的剪力墙的截面厚度，非抗震设计时不应小于 200mm，抗震设计时不应小于 250mm，并均应设置与之垂直的墙肢或扶壁柱；抗震设计时，其抗震等级应提高一级采用。错层处剪力墙的混凝土强度等级不应低于 C30，水平和竖向分布钢筋的配筋率，非抗震设计时不应小于 0.3%，抗震设计时不应小于 0.5%。

如果错层处混凝土构件不能满足设计要求，则需采取有效措施。框架柱采用型钢混凝土柱或钢管混凝土柱，剪力墙内设置型钢，可改善构件的抗震性能。

11.4.3　错层处楼板和梁的加腋构造

（1）当错层处的两侧楼板高差相差不多时，楼板错层位置，可以采取将下层的梁上反与上层梁合成一根梁，见图 11.4-1。

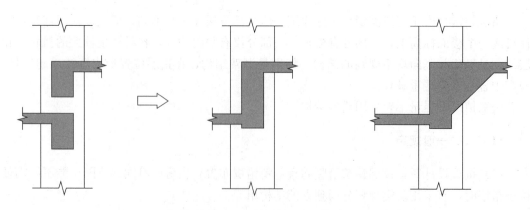

图 11.4-1　错层楼板高差不大时结构示意图

（2）当错层处的两侧楼板高差相差不多时，在有可能的情况下，采用梁加腋的方法，避免超短柱的出现，见图 11.4-2。

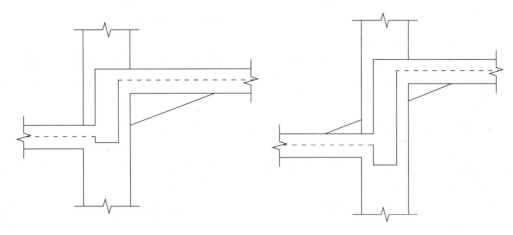

图 11.4-2　错层结构梁加腋

11.5　连体结构

11.5.1　一般规定

连体结构各独立部分宜有相同或相近的体型、平面布置和刚度；宜采用双轴对称的平面形式。7、8 度抗震设计时，层数和刚度相差悬殊的建筑不宜采用连体结构。

连体结构各独立部分宜有相同或相近的体型、平面和刚度，宜采用双轴对称的平面形式，否则在地震中将出现复杂的 X、Y、θ 相互耦联的振动，扭转影响大，对抗震不利。

1995 年日本阪神地震和 1999 年我国台湾集集地震的震害表明，连体结构破坏严重，连接体本身塌落的情况较多，同时使主体结构中与连接体相连的部分结构严重破坏，尤其当两个主体结构层数和刚度相差较大时，采用连体结构更为不利，因此规定 7、8 度抗震时层数和刚度相差悬殊的不宜采用连体结构。

11.5.2　设计要点

（1）7 度（0.15g）和 8 度抗震设计时，连体结构的连接体应考虑竖向地震的影响。

（2）6 度和 7 度（0.10g）抗震设计时，高位连体结构的连接体宜考虑竖向地震的影响。

（3）连接体结构与主体结构宜采用刚性连接。

刚性连接时，连接体结构的主要结构构件应至少伸入主体结构一跨并可靠连接；必要时可延伸至主体部分的内筒，并与内筒可靠连接。

当连接体结构与主体结构采用滑动连接时，支座滑移量应能满足两个方向在罕遇地震作用下的位移要求，并应采取防坠落、撞击措施。罕遇地震作用下的位移要求，应采用时程分析方法进行计算复核。

连体结构的连体部位受力复杂，连体部分的跨度一般也较大，采用刚性连接的结构分析和构造上更容易把握。刚性连接体既要承受很大的竖向重力荷载和地震作用，又要在水平地震作用下协调两侧结构的变形，因此要保证连体部分与两侧主体结构的可靠连接，除了加强连体结构与主体结构连接的要求，也要加强连体部位的楼板，保证水平力的传递，保证两侧主体结构变形协调。

根据具体项目的特点，也可采用滑动连接、弹性连接等非刚性连接方式。震害表明，当采用滑动连接时，连接体往往由于滑移量较大致使支座发生破坏，因此采用滑动连接时，支座设计要留有足够大的滑动量，并要设有防坠落措施。

（4）刚性连接的连接体结构可设置钢梁、钢桁架、型钢混凝土梁，型钢应伸入主体结构至少一跨并可靠锚固。

连接体结构的边梁截面宜加大；楼板厚度不宜小于 150mm，宜采用双层双向钢筋网，每层每方向钢筋网的配筋率不宜小于 0.25%。

（5）当连接体结构包含多个楼层时，应特别加强其最下面一个楼层及顶层的构造设计。

11.5.3　构造要求

抗震设计时，连接体及与连接体相连的结构构件应符合下列要求：

（1）连接体及与连接体相连的结构构件在连接体高度范围及其上、下层，抗震等级应提高一级采用，一级提高至特一级，但抗震等级已经为特一级时应允许不再提高。

（2）与连接体相连的框架柱在连接体高度范围及其上、下层，箍筋应全柱段加密配置，轴压比限值应按其他楼层框架柱的数值减小 0.05 采用。

（3）与连接体相连的剪力墙在连接体高度范围及其上、下层应设置约束边缘构件。

11.6　竖向体型收进、悬挑结构

11.6.1　一般规定

多塔楼结构以及体型收进、悬挑较大的竖向不规则高层建筑结构属于复杂高层建筑结构。对于多塔楼结构、竖向体型收进和悬挑结构，其共同的特点就是结构侧向刚度沿竖向发生剧烈变化，往往在变化的部位产生结构的薄弱部位，因此，多塔楼结构与体型收进、悬挑结构合并，统称为"竖向体型收进、悬挑结构"。

11.6.2　设计要点及构造要求

（1）多塔楼结构以及体型收进、悬挑结构，竖向体型突变部位的楼板宜加强，楼板厚度不宜小于 150mm，宜双层双向配筋，每层每方向钢筋网的配筋率不宜小于 0.25%。体型突变部位上、下层结构的楼板也应加强构造措施。

竖向体型收进、悬挑结构在体型突变的部位，楼板承担着很大的面内应力，为保证上部结构的地震作用可靠地传递到下部结构，体型突变部位的楼板应加厚并加强配筋，板面负弯矩配筋宜贯通。体型突变部位上、下层结构的楼板也应加强构造措施。

（2）抗震设计时，多塔楼高层建筑结构应符合下列规定：

1）各塔楼的层数、平面和刚度宜接近；塔楼对底盘宜对称布置；上部塔楼结构的综合质心与底盘结构质心的距离不宜大于底盘相应边长的 20%。

试验研究和计算分析表明，多塔楼结构振型复杂，且高振型对结构内力的影响大，当各塔楼质量和刚度分布不均匀时，结构扭转振动反应大，高振型对内力的影响更为突出。因此多塔楼结构各塔楼的层数、平面和刚度宜接近；塔楼对底盘宜对称布置，减小塔楼和底盘的刚度偏心。大底盘单塔楼结构的设计也应按多塔楼的相关规定。

2）转换层不宜设置在底盘屋面的上层塔楼内。

震害和计算分析表明，转换层宜设置在底盘楼层范围内，不宜设置在底盘以上的塔楼内（图11.6-1）。若转换层设置在底盘屋面的上层塔楼内时，易形成结构薄弱部位，不利于结构抗震，应尽量避免；否则应采取有效的抗震措施，包括增大构件内力、提高抗震等级等。

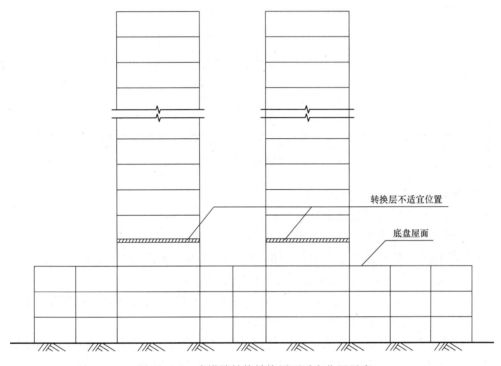

转换层不适宜位置

底盘屋面

图 11.6-1　多塔楼结构转换层不适宜位置示意

3）塔楼中与裙房相连的外围柱、剪力墙，从固定端至裙房屋面上一层的高度范围内，柱纵向钢筋的最小配筋率宜适当提高，剪力墙宜设置约束边缘构件，柱箍筋宜在裙楼屋面上、下层的范围内全高加密；当塔楼结构相对于底盘结构偏心收进时，应加强底盘周边竖向构件的配筋构造措施。

4）大底盘多塔楼结构，可按整体和分塔楼计算模型分别验算整体结构和各塔楼结构扭转为主的第一周期与平动为主的第一周期的比值。

为保证结构底盘与塔楼的整体作用，裙房屋面板应加厚并加强配筋，板面负弯矩配筋宜贯通；裙房屋面上、下层结构的楼板也应加强构造措施。

为保证多塔楼建筑中塔楼与底盘整体工作，塔楼之间裙房连接体的屋面梁以及塔楼中与裙房连接体相连的外围柱、墙，从固定端至出裙房屋面上一层的高度范围内，在构造上应予以特别加强（图11.6-2）。

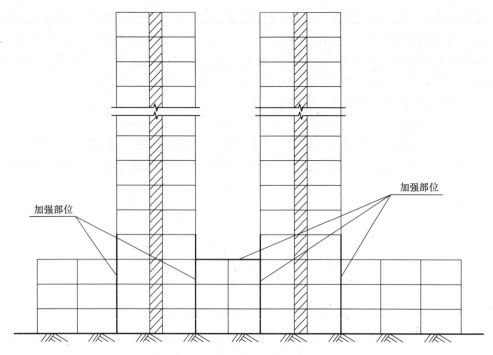

图 11.6-2 多塔楼结构加强部位示意

（3）悬挑结构设计应符合下列规定：

1）悬挑部位应采取降低结构自重的措施。

2）悬挑部位结构宜采用冗余度较高的结构形式。

3）结构内力和位移计算中，悬挑部位的楼层宜考虑楼板平面内的变形，结构分析模型应能反映水平地震对悬挑部位可能产生的竖向振动效应。

4）7 度（0.15g）和 8、9 度抗震设计时，悬挑结构应考虑竖向地震的影响；6、7 度抗震设计时，悬挑结构宜考虑竖向地震的影响。

5）抗震设计时，悬挑结构的关键构件以及与之相邻的主体结构关键构件的抗震等级宜提高一级采用，一级提高至特一级，抗震等级已经为特一级时，允许不再提高。

6）在预估罕遇地震作用下，悬挑结构关键构件的截面承载力应符合规程要求。

（4）体型收进高层建筑结构、底盘高度超过房屋高度 20％的多塔楼结构的设计应符合下列规定：

1）体型收进处宜采取措施减小结构刚度的变化，上部收进结构的底部楼层层间位移角不宜大于相邻下部区段最大层间位移角的 1.15 倍；

2）抗震设计时，体型收进部位上、下各 2 层塔楼周边竖向结构构件的抗震等级宜提高一级采用，一级提高至特一级，抗震等级已经为特一级时，允许不再提高；

3）结构偏心收进时，应加强收进部位以下 2 层结构周边竖向构件的配筋构造。

大量地震震害以及相关的试验研究和分析表明，结构体型收进较多或收进位置较高时，因上部结构刚度突然降低，其收进部位形成薄弱部位，因此规定在收进的相邻部位采取更高的抗震措施。当结构偏心收进时，受结构整体扭转效应的影响，下部结构的周边竖向构件内力增加较多，应予以加强。图 11.6-3 中表示了应该加强的结构部位。

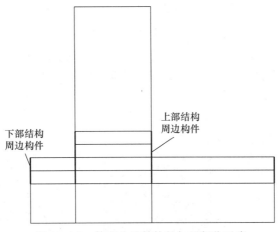

图 11.6-3　体型收进结构的加强部位示意

11.7　复杂高层建筑结构的几个实例

11.7.1　连体结构

以往的震害经验表明，连体结构破坏严重，连接体本身塌落较多，为保证连接体与高层塔楼整体协同工作，首先要从塔楼和连体结构的动力特性以及连体与主体结构的连接方式等概念设计上入手。"高规"第 10.5.1 条规定，连体结构各单体应具有相似或相近的体形、平面和刚度，且平面宜对称布置。但规范并未就连体所在位置等其他因素作人为规定。连体结构设计要根据两侧主楼的刚度、质量，以及连接体的刚度、质量等因素综合考虑采取什么样的连接方式。同时，连体结构设计还要保证"大震不塌落"。以下介绍两个实际工程的连体结构连接方式。

（1）刚性连接方案

北京凯晨广场是一三塔连体采用了刚性连接方案的结构。该项目是一个办公建筑群，包括三幢内部相连的办公楼，单塔建筑底座面积为 85m×38m。三座单塔之间是两个 27m 宽的全高中庭空间，在不同的楼层，由六组连体结构横跨中庭将单体建筑连在一起，形成多塔连体复杂高层建筑结构，三维空间模型如图 11.7-1 所示。

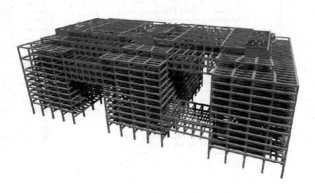

图 11.7-1　三维空间模型示意

　　在六组连体结构中，四组为用作办公空间的连桥，以之字形的布置方式分别将三座单体结构的 3、4 层和 9～13 层相互连接贯通，形成一个整体；为了在中厅设置拉索幕墙，又在结构的 11～13 层分别架设两组 2 层高的交叉桁架作为拉索的支座。平面如图 11.7-2～图 11.7-4 所示。连桥一般宽 18m（局部 27m），两侧为两个腹杆中心距 4.5m 的空腹桁架，

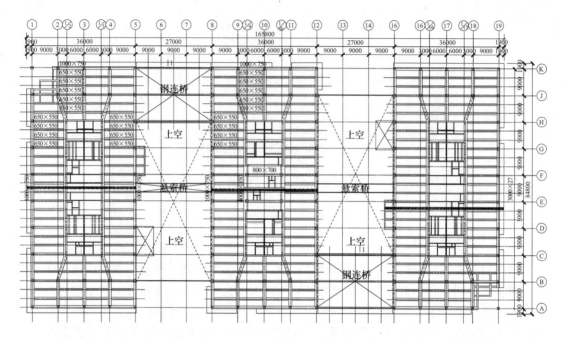

图 11.7-2　3～5 层顶板结构平面图

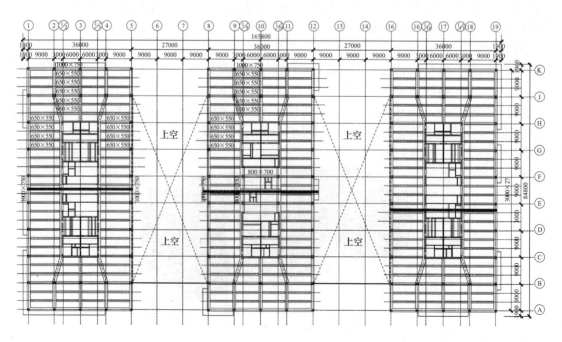

图 11.7-3　6～7 层（无连桥层）顶板结构平面图

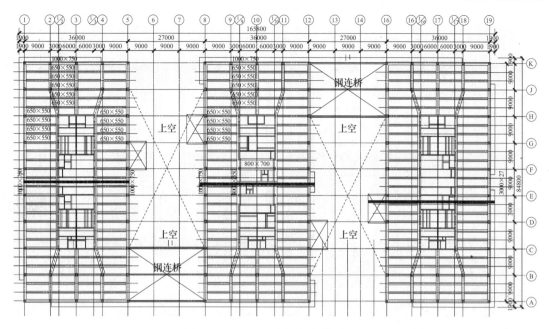

图 11.7-4 8～13 层顶板结构平面图

桥中部为了满足建筑要求,变为腹杆间距 9m 的空腹桁架,桁架的腹杆和弦杆截面为 H 型钢,桁架之间用间距 3m 的 H 型钢次梁相连;交叉桁架 9m 宽,为加强其刚度除中层平面外四周均布置截面为圆钢的斜腹杆;建筑顶层,由跨度为 27m 的张弦梁玻璃屋顶作为两塔之间中庭的屋顶天窗。连桥示意图及施工情况如图 11.7-5～图 11.7-7 所示。

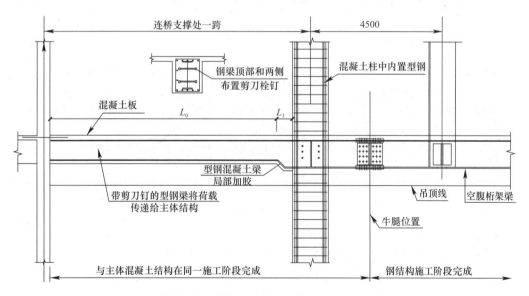

图 11.7-5 钢梁与混凝土主体结构连接示意

(2)非刚性连接方案

当连接体结构自身刚度较弱时与两端主楼宜采用非刚性连接。非刚性连接有两种形式:

229

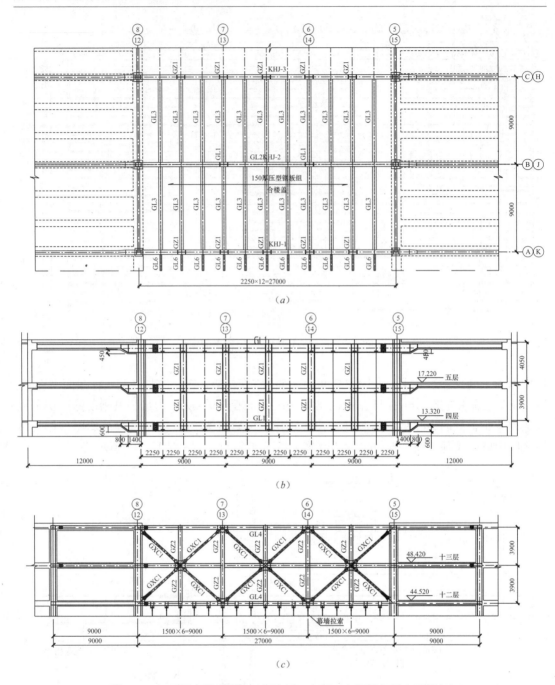

图 11.7-6 两层高的连接体（钢连桥）立面（空腹桁架及交叉桁架）

(a) 典型空腹桁架平面；(b) 典型空腹桁架立面；(c) 典型交叉桁架立面

1）一端铰接、一端滑动

当连接体结构的刚度较弱时，即使与主体结构采用刚性连接，连接体结构也不能协调左、右塔楼的变形，并且主楼的水平位移会对连接体产生很大影响，增加了连接体的内力。此时应该采用滑动连接方式，一般是一端与主楼采用铰接，一端滑动连接。在水平地震作用下，连接体的水平惯性力只传给采用固定铰接的一端主楼，滑动的一端主楼结构承受竖向力。

图 11.7-7 连接体施工情况

采用滑动连接时，主楼对连接体结构的受力影响较小，连接体结构也不再能协调两侧主楼的变形。此时，应重点考虑滑动支座的做法、限复位装置的构造，并应提供滑动支座的预计滑移量大小。在地震作用下、两塔楼相对振动较大时，要注意避免连接体滑落及连接体结构与主体结构发生碰撞对主体结构造成破坏。实际工程中，可在连接体结构与主体结构的滑动连接端设置限位装置，要做到"大震不塌落"。

2) 两端均采用可滑动的弹性连接

弹性连接是介于刚性连接和滑动连接之间的一种连接方式，通过选择合适的连接刚度，减少主楼与连接体各自振动产生的相互不利的影响。弹性连接可采用橡胶支座，或者单独设计的带有阻尼器的可自复位的滑动支座等。

以下是某工程四塔连体结构采用非刚性连接的设计实例：

该工程由四座对称布置的 L 形塔楼组成，四座塔楼结构布置相同，在地上六层，用四座钢结构连体结构（图 11.7-8、图 11.7-9）将四座 L 形单栋结构连通，形成一个整体，标

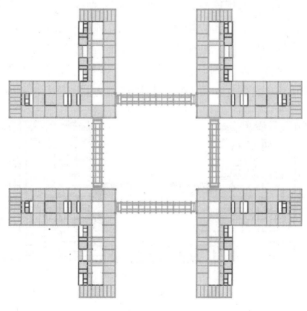

图 11.7-8 四塔连体的计算模型平面

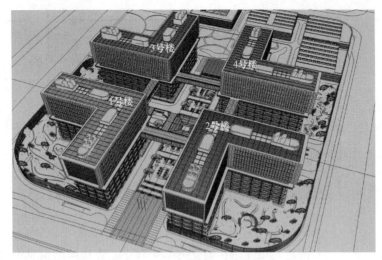

图 11.7-9　四塔连体的建筑模型

准柱跨均为 8.4 米，其中 x 向塔楼之间的距离为 58.8m，y 向塔楼之间的距离为 50.4m。每栋 L 形结构采用混凝土框架-剪力墙结构体系，每个单塔结构平面呈 L 形，平面凹凸不规则。每个 L 形单塔肢长为 75.6m，肢宽 25.6m，结构总层数为 11 层，首层至五层层高为 5.4m，六层至十一层层高为 4.5m，总高度为 54m。

连接体（连桥）采用空间桁架结构形式，横截面呈梯形，上弦平面为人行室外连桥，楼面为压型钢板混凝土组合楼板，下弦仅为检修马道，无其他建筑功能，无其他幕墙荷载，为镂空的室外钢结构构件。由图 11.7-8、图 11.7-9 可以看到，本工程主楼刚度较大，连接体相对较弱，连接的跨度较大，连接体每端与主楼相连的只有两个支座节点，采用刚性连接显然会对连接体及其相连的支座节点产生较大内力。考虑到连接体刚度较弱，不可能做成与主体结构完全刚接。因此可行的连接方式有两种，一种为一端滑动连接，一端刚接；另一种为两端均为可滑动的弹性连接。考虑到连桥跨度较大，一端刚接在地震作用下将产生如下三种不利影响：①在水平惯性力作用下，连桥相当于悬臂梁，刚接端将产生较大内力；②连桥质量较大，质心远离主体结构刚度中心，刚接端塔楼会在连桥层产生较大质量偏心；③一端刚接会造成滑动端的滑动量较两端均为滑动的增大很多，造成建筑节点处理上的困难。综上几点，目前方案按两端可滑动的弹性连接考虑，具体连接方式见图 11.7-10～图 11.7-12。

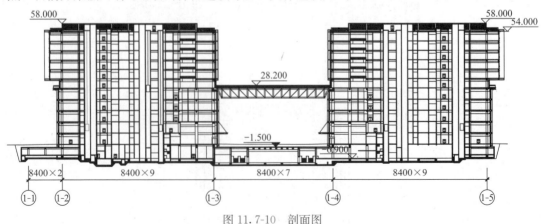

图 11.7-10　剖面图

图 11.7-11 连接体的计算模型

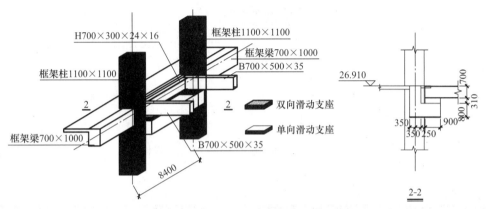

图 11.7-12 连接体与主体结构滑动连接构造示意图

滑动支座内部设置弹簧，有复位功能且为连桥提供一定的刚度，使其在地震作用下不产生较大位移。连桥支座与型钢混凝土梁内型钢焊接，保证大震作用下支座不与主体结构脱离。见图 11.7-13～图 11.7-17。

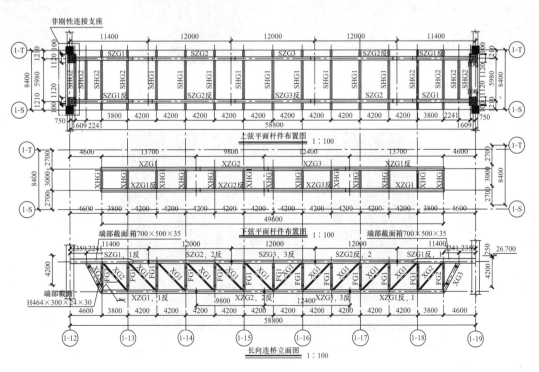

图 11.7-13 连接体施工图

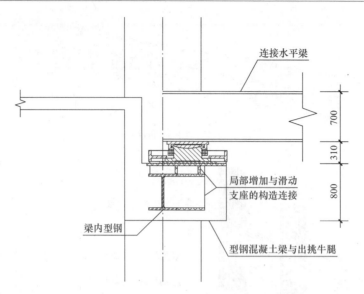

图 11.7-14 连桥支座与主体结构的连接构造

图 11.7-15 连接体的施工图

图 11.7-16 连接体的整体提升(一)

图 11.7-17 连接体的整体提升(二)

11.7.2 带加强层的结构

雪莲大厦（中冶大厦）采用了带加强层的高层混合结构方案。

（1）工程概况

本工程为大型综合性建筑，由地上超高层商务办公写字楼和配套商业用房，以及地下商业和停车库组成。地下部分长约 100.3m，宽约 76.6m，共四层。地下 1 层为商业层；地下 2～4 层为车库和设备电气机房，其中地下 4 层为车库兼战时物资库。地上部分为一栋 36 层高层写字楼（包括设备层及避难层），局部出屋顶 1 层，建筑总高度（室外地面至主要屋面）为 146.30m。最高檐口处高度 153.70m。图 11.7-18 是立面效果图，图 11.7-19 是建成后的实景照片。

图 11.7-18　效果图　　　　　　　　　　图 11.7-19　实景照片

工程的建筑结构安全等级为二级，结构设计使用年限为 50 年。抗震设防类别为丙类。抗震设防烈度为 8 度，设计基本加速度值为 0.20g，设计地震分组为一组。建筑场地类别为Ⅲ类。

（2）结构选型

本工程有以下特点：建筑高度较高，建筑总高度 146.30m；高宽比 4.3；图 11.7-20 为剖面图。场地地震安全性评价报告要求主体结构的抗震构造措施应符合比一般建筑抗震设防更高的要求，宜具备 9 度抗震能力；建筑场地类别为Ⅲ类，地震反应大；由于建筑平面外边缘不规则，使得纵横两个方向的外框架不能正交，外框架不能形成有效的抗侧力体系。且梁柱节点斜向相交的梁较多，施工困难。图 11.7-21 为标准层结构平面。

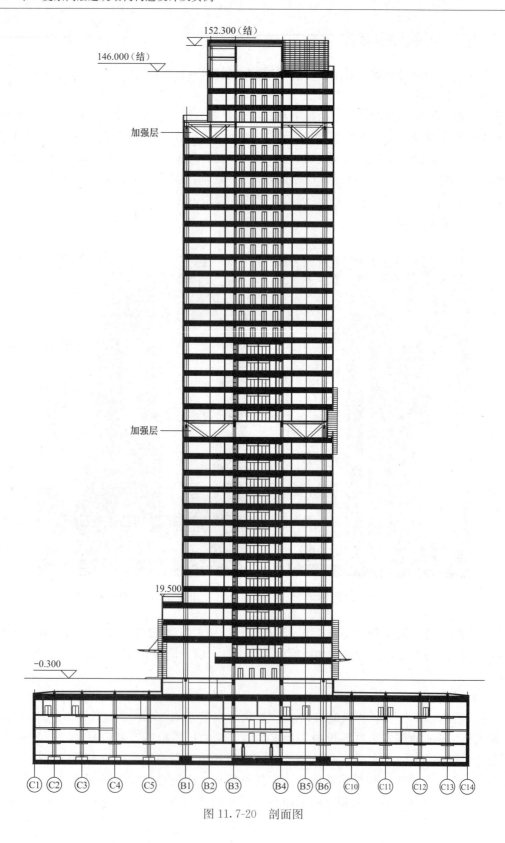

图 11.7-20　剖面图

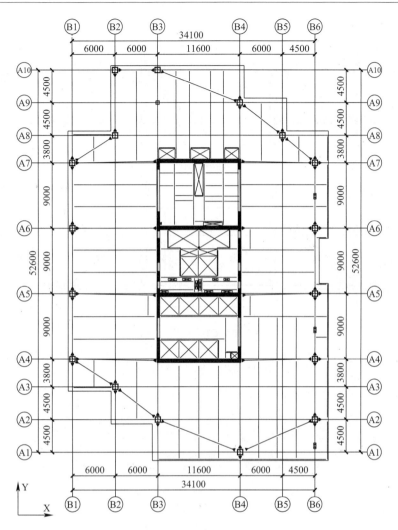

图 11.7-21 标准层面图

高层建筑结构水平荷载对结构承载力和变形起控制作用，在满足抗震设防要求和舒适度要求的情况下，为做到经济合理，结构方案采用了型钢（钢管）混凝土框架—钢筋混凝土核心筒结构体系，设加强层的结构体系。

（3）加强层设计

建筑使用要求外框架保持较大柱距，这样侧向刚度只能由核心筒和外框架提供，而外框架不能设置支撑，不设置加强层结构时，侧向刚度不能满足规范要求，为控制结构的水平位移必须设加强层。利用建筑的 15 层和 33 层避难层设置加强层。加强层采用伸臂桁架，其腹杆采用人字形斜撑。如图 11.7-22 所示。桁架上、下弦杆为本层及下一层的框架梁，腹杆为斜撑。沿结构短向，在桁架与核心筒相交处的剪力墙内也设了钢梁及斜撑形成一完整的桁架；而沿结构长向，主要是在外圈框架柱间设斜撑形成完整桁架。由于设置加强层后会出现刚度的突变，与之相连的框架柱受力复杂，所以加强层的上下相邻层都要加强。设计中根据弹性分析结果，对加强层上下相邻层的柱及核心筒进行了适当加强，并且，加强层上下 3 层与交叉桁架相连的矩形钢管柱采用全熔透焊接。

237

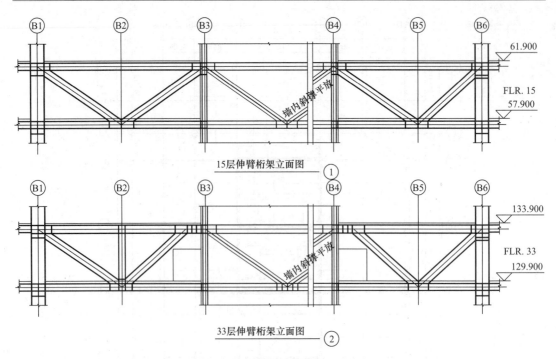

15层伸臂桁架立面图 ①

33层伸臂桁架立面图 ②

图 11.7-22 伸臂桁架立面图

第12章 楼板的抗震设计及构造做法

12.1 楼板的作用及分类

楼板的主要作用是承受竖向荷载。楼面的竖向荷载通过板传到梁、柱、墙上。在水平荷载作用下楼板起到将水平荷载分配到竖向抗侧力构件上的水平传力功能。抗震设计时，虽然没有针对楼板的延性要求，但楼板保持一定的平面内刚度，以及与周边构件的可靠拉结，以通过保证结构的整体性能，从而保证结构的抗震性能。

12.1.1 楼板的作用

（1）有效传递水平力

一般情况下，平面较规则的多层和高层钢筋混凝土结构在进行整体抗震分析时，为了简化计算，将楼板作为刚性板。水平力按抗侧力构件的刚度进行分配，楼板仅起到水平隔板的作用。通常楼板不考虑平面内的变形问题和延性问题。

实际结构中，楼板不是完全刚性的。水平力在竖向构件中的分配取决于楼板刚度大小。

（2）对梁柱节点的约束

楼板的另一个作用是对梁柱节点核心区混凝土的约束。研究表明中柱的梁柱节点由于四周均有混凝土楼板的约束，其竖向承载力和水平受剪承载力比边柱和角柱高。

12.1.2 楼板的分类

（1）现浇整体式楼板和装配整体式楼板

混凝土结构常用的楼盖形式有两种，一种是现浇钢筋混凝土楼盖，另一种是预制混凝土楼板体系。

在预制楼板体系中，为了保证整个楼盖系统能够起到刚性楼盖的作用，就必须使得楼板平面的连接部分有足够的强度、刚度和整体性，通常是在预制板上现浇50mm左右的叠合层来实现。

（2）刚性楼板和弹性楼板

现浇钢筋混凝土楼板和带有叠合层的预制混凝土楼板体系（或称装配整体式楼盖），在没有较大洞口时，可以看做刚性楼盖。不带叠合层的预制楼板体系不能作为刚性楼盖，一般也不在抗震建筑中使用。即使是现浇钢筋混凝土楼盖和装配整体式楼盖体系也不能一概按刚性楼板考虑，还要根据楼盖的平面尺寸和平面内的变形能力作出判断。建筑平面狭长，而剪力墙间距较大时，就不能不考虑楼板的变形。所有，规范中还规定了剪力墙最大间距的要求。

12.2　楼板的抗震设计及构造做法

12.2.1　需要进行抗震验算的楼板

（1）转换层楼板

当结构沿竖向上下层之间存在刚度突变时，在水平力作用下在会楼板中产生很大的剪力。

部分框支剪力墙结构中，框支转换层楼板是重要的传力构件，不落地剪力墙的剪力需要通过转换层楼板传递到落地剪力墙，为保证楼板能可靠传递面内相当大的剪力（弯矩），除了满足规范构造要求，还应该根据具体情况对转换层楼板进行抗剪截面验算、楼板平面内受弯承载力验算。

1）部分框支剪力墙结构中，抗震设计的矩形平面建筑框支转换层楼板，其截面剪力设计值应符合下列要求：

$$V_\text{f} \leqslant \frac{1}{\gamma_\text{RE}}(0.1\beta_\text{c} f_\text{c} b_\text{f} t_\text{f})$$

$$V_\text{f} \leqslant \frac{1}{\gamma_\text{RE}}(f_\text{y} A_\text{s})$$

式中　b_f、t_f——分别为框支转换层楼板的验算截面宽度和厚度；

V_f——由不落地剪力墙传到落地剪力墙处按刚性楼板计算的框支层楼板组合的剪力设计值，8 度时应乘以增大系数 2.0，7 度时应乘以放大系数 1.5；

A_s——穿过落地剪力墙的框支转换层楼盖（包括梁和板）的全部钢筋的截面面积；

γ_RE——承载力抗震调整系数，可取 0.85。

2）部分框支剪力墙结构中，抗震设计的矩形平面建筑框支转换层楼板，当平面较长或不规则以及各剪力墙内力相差较大时，可采用简化方法验算楼板平面内受弯承载力。

（2）采用刚性连接时的连接体楼板

在连体结构中，当采用刚性连接时，由于连接体两侧的主楼在地震作用下的振动不可能是同步的，除了平动。连体结构要协调两侧主楼结构的变形。

12.2.2　楼板的抗震构造

（1）抗震墙之间楼、屋盖的长宽比

框架-剪力墙、板柱-剪力墙结构以及框支层中，剪力墙之间无大洞口的楼、屋盖的长宽比，不宜超过表 12.2-1 的数值；超过时，应计入楼盖平面内变形的影响。

剪力墙之间楼屋盖的长宽比　　　　　　　　　　　　　　　　表 12.2-1

楼、屋盖类型		设防烈度			
		6	7	8	9
框架-剪力墙结构	现浇或叠合楼、屋盖	4	4	3	2
	装配整体式楼、屋盖	3	3	2	不宜采用
板柱-剪力墙结构的现浇楼、屋盖		3	3	2	—
框支层的楼、屋盖		2.5	2.5	2	—

（2）地下室顶板作为上部结构嵌固部位的构造要求

作为嵌固部位的地下室顶板应避免开设大洞口；地下室在地上结构相关范围的顶板应采用现浇梁板结构，相关范围以外的地下室顶板宜采用现浇梁板结构；其楼板厚度不宜小于 180mm，混凝土强度等级不宜小于 C30，应采用双层双向配筋，且每层每个方向的配筋率不宜小于 0.25%。

（3）楼板端部与剪力墙或梁要有可靠拉结

楼板端部与混凝土墙或梁的拉结方式如图 12.2-1 所示。

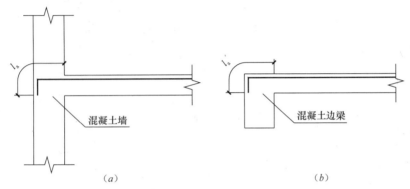

（a）   （b）

图 12.2-1　与混凝土梁、墙整浇的板上部受力钢筋充分利用其抗拉强度的锚固

（a）与混凝土墙整浇；（b）与混凝土边梁整浇

（4）预制板上现浇叠合层做法

采用装配整体式楼、屋盖时，应采取措施保证楼、屋盖的整体性及其与抗震墙的可靠连接。装配整体式楼、屋盖采用配筋现浇面层加强时，其厚度不应小于 50mm，见图 12.2-2、图 12.2-3。

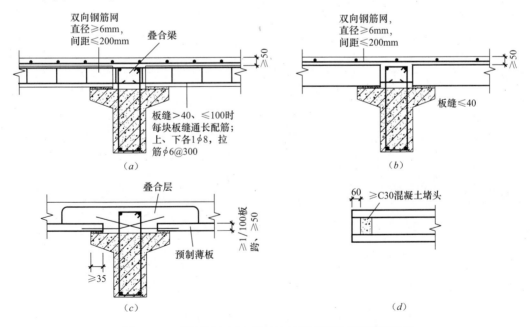

图 12.2-2　预制板与叠合梁的连接及预制板板缝配筋构造

（a）板缝加焊网构造；（b）板面加现浇层构造；（c）叠合板连接构造；（d）空心板堵头大样

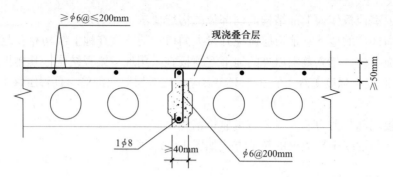

图 12.2-3　预制空心板顶面加现浇混凝土叠合层

参 考 文 献

[1] 中华人民共和国国家标准. 建筑工程抗震设防分类标准 GB 50223—2008 [S]. 北京：中国建筑工业出版社，2008.

[2] 中华人民共和国国家标准. 混凝土结构设计规范 GB 50010—2010 [S]. 北京：中国建筑工业出版社，2010.

[3] 中华人民共和国国家标准. 建筑抗震设计规范 GB 50011—2010 [S]. 北京：中国建筑工业出版社，2010.

[4] 中华人民共和国行业标准. 高层建筑混凝土技术规程 JGJ 3—2010 [S]. 北京：中国建筑工业出版社，2010.

[5] 11G329-1 建筑物抗震构造详图（多层和高层钢筋混凝土房屋）[S]. 中国建筑标准设计研究院，2011.

[6] 11G101-1 混凝土结构施工图平面整体表示方法制图规则和构造详图（现浇混凝土框架、剪力墙、梁、板)[S]. 中国建筑标准设计研究院，2011.

[7] 11G101-1 混凝土结构施工图平面整体表示方法制图规则和构造详图（现浇混凝土板式楼梯). 中国建筑标准设计研究院，2011.

[8] 李杰，李国强. 地震工程学导论 [M]. 北京：地震出版社，1992.

[9] 国家标准建筑抗震设计规范管理组. 建筑抗震设计规范（GB 50011—2010）统一培训教材 [M]. 北京：地震出版社，2010.

[10] 王亚勇，戴国莹. 建筑抗震设计规范疑问解答 [M]. 北京：中国建筑工业出版社，2006.

[11] 过镇海. 钢筋混凝土结构原理 [M]. 北京：清华大学出版社，1999.

[12] 李国胜. 高层混凝土结构抗震设计要点、难点及实例 [M]. 北京：中国建筑工业出版社，2009.

[13] 李国胜. 怎样当好建筑结构设计专业负责人 [M]. 北京：中国建筑工业出版社，2007.

[14] 高立人，方鄂华，钱稼茹. 高层建筑结构概念设计 [M]. 北京：中国计划出版社，2005.

[15] 牛晓荣，应芬芳. 建筑结构构造设计手册 [M]. 北京：中国建筑工业出版社，1995.

[16] 中国有色工程有限公司. 混凝土结构构造手册 [M]. 北京：中国建筑工业出版社，2012.

[17] 龚思礼. 建筑抗震设计手册（第二版）[M]. 北京：中国建筑工业出版社，2002.

[18] 张叙，李军. 常用建筑结构节点设计施工详细图集 [M]. 北京：中国建筑工业出版社，2002.

[19] [新西兰]鲍雷，[美] M．J．N．普里斯特利著，戴瑞同，陈世鸣等译. 钢筋混凝土和砌体结构的抗震设计 [M]. 北京：中国建筑工业出版社，2011.

[20] [美]法扎德．奈姆主编，王亚勇 校译. 抗震设计手册 [M]. 北京：中国建筑工业出版社，2008.

[21] 建设部抗震办公室. 建筑抗震设计规范 GBJ 11—89 统一培训教材 [M]. 北京：地震出版社，1990.

[22] 黄南翼，张锡云，姜萝香. 日本阪神大地震建筑震害分析与加固技术 [M]. 北京：地震出版社，2000.

[23] 刘大海，杨翠如，钟锡根. 高楼结构方案优选 [M]. 西安：陕西科学技术出版社，1992.

[24] 国家标准《混凝土结构设计规范》编制组. 混凝土结构设计规范 GB 50010—2002 宣贯培训教材. 中国建筑科学研究院建筑结构研究所，2002.

［25］ 《高层建筑混凝土结构技术规程》编制组. 高层建筑混凝土结构技术规程 JGJ 3—2002 宣贯培训教材［M］. 中国建筑科学研究院建筑结构研究所，2002.

［26］ 徐培福. 复杂高层建筑结构设计［M］. 北京：中国建筑工业出版社，2011.

［27］ 朱炳寅. 建筑抗震设计规范应用与分析 GB 50011—2010［M］. 北京：中国建筑工业出版社，2013.

［28］ 包世华，张铜生. 高层建筑结构设计和计算（上、下册）［M］. 北京：清华大学出版社，2007.

［29］ 张维武. 多层及高层钢筋混凝土结构设计释疑及工程实例［M］. 北京：中国建筑工业出版社，2005.

［30］ 舒士霖. 钢筋混凝土结构［M］. 浙江：浙江大学出版社，1999.

［31］ 沈聚敏，周锡元，高小旺，刘晶波. 抗震工程学［M］. 北京：中国建筑工业出版社，2000.

［32］ 李国胜. 混凝土结构设计禁忌及实例［M］. 北京：中国建筑工业出版社，2008.

［33］ 北京市建筑设计研究院. 建筑结构专业技术措施［M］. 北京：中国建筑工业出版社，2007.

［34］ 李国胜. 多高层钢筋混凝土结构设计中疑难问题的处理及算例［M］. 北京：中国建筑工业出版社，2008.

［35］ 李国胜. 多高层钢筋混凝土结构设计优化与合理构造［M］. 北京：中国建筑工业出版社，2008.

［36］ 郑琪. 钢筋混凝土大偏心梁柱节点抗震性能的试验研究［D］. 清华大学硕士学位论文，1999.